彩图 1　男装图案设计

彩图 2　男装配饰设计

彩图 3　T 形轮廓男装

彩图 4　X 形轮廓男装

彩图 5　H 形轮廓男装

彩图 6　男性礼服衬衫

彩图 7　男性便装衬衫

彩图 8　男性普通型西装裤

彩图 9　男性宽松型裤子

宽阔型西装

修身型西装

彩图 10　西装的轮廓造型

彩图 11　男性晨礼服

彩图 12　男性晚礼服

彩图 13　男性夹克设计

彩图 14　中山装

彩图 15　H 形男大衣

彩图 16　X 形大衣

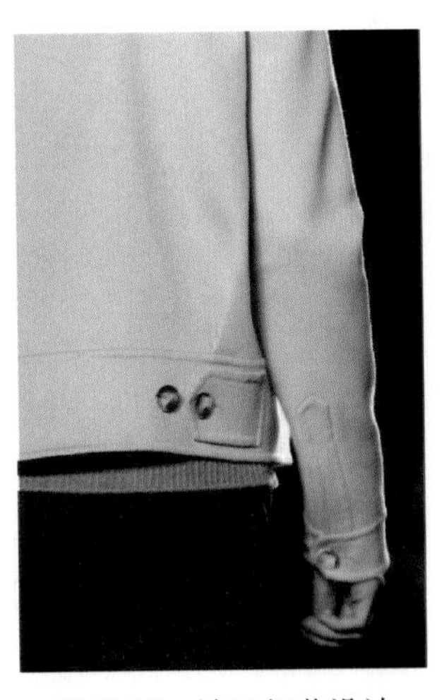

彩图 17　袖口细节设计

彩图 18　面料再造设计

彩图 19　女裤细节设计

彩图 20　小礼服与晚礼服

彩图 21　童装中的褶

彩图 22　婴儿装色彩

彩图 23　中童装色彩

彩图 24　大童装色彩

彩图 25　童装图案

彩图 26　纯棉婴幼儿连体衣

彩图 27　细针织面料童装

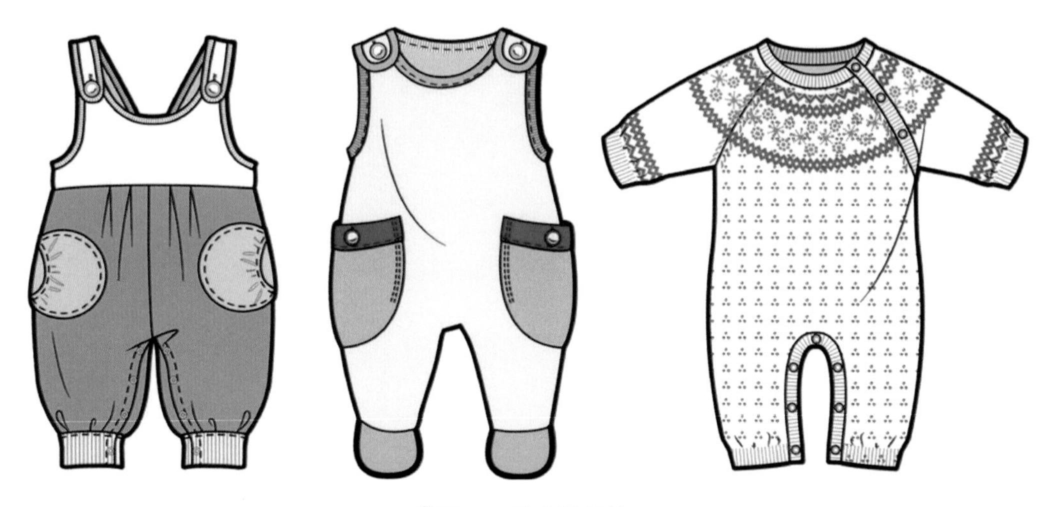

彩图 28　婴儿装设计

彩图 29　女婴胸部打揽工艺连衣裙

彩图 30　面料舒适的婴儿装

彩图 31　A 字形幼儿裙装

彩图 32　幼儿装设计

彩图 33　小童装图案设计

彩图 34　小童装设计 1

彩图 35　小童装设计 2

彩图 36　幼儿园冬季校服设计

彩图 37　NIKE 中童运动装

彩图 38　中童装设计

彩图 39　大童装设计 1

彩图 40　大童装设计 2

彩图 41　狭义的服装色彩

彩图 42　广义的服装色彩

彩图 43　广义的服装色彩设计

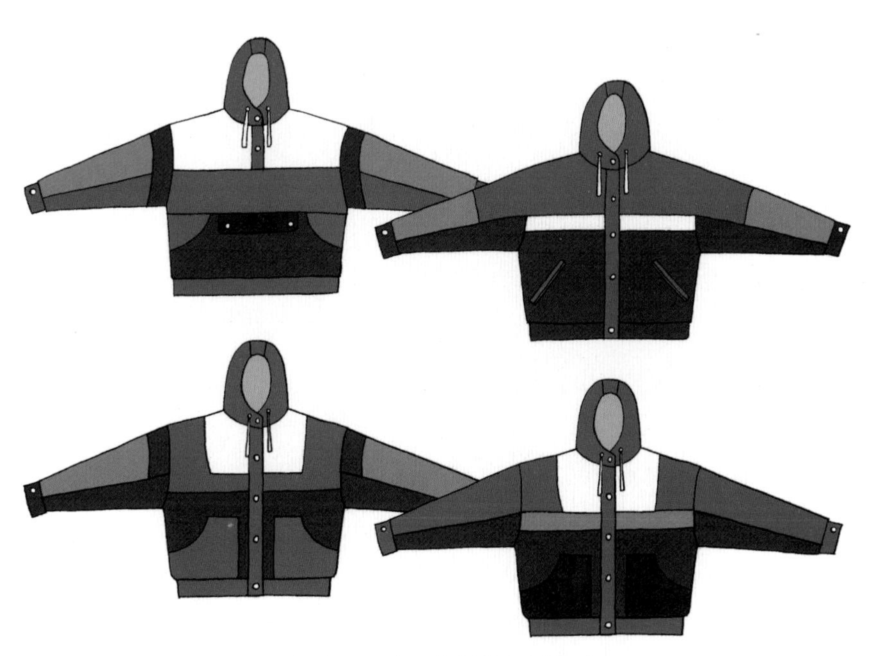

彩图 44　狭义的服装色彩设计

彩图 45　冕服色彩的象征性

彩图 46　白色服装的象征性

彩图 47　原始部落装饰

彩图 48　服装色彩装饰性

彩图 49　绿色头巾

彩图 50　服装色彩民族性

彩图 51　可视性高的服装

彩图 52　迷彩服

彩图 53　学生服

彩图 54　显脏性服装

彩图 55　耐脏性服装

彩图 56　儿童服装色彩

彩图 57　女子服装色彩

彩图 58　内向个性服装色彩

彩图 59　外向个性服装色彩

彩图 60　温柔个性服装色彩

彩图 61　服装色彩立体流动性

彩图 62　服装色彩与背景的协调

彩图 63　服装色彩与饰品的协调

彩图 64　服装色彩与环境的协调

彩图 65　服装色彩的协调性

彩图 66　单一色相配色

彩图 67　两种色相配色
（单一色相与无彩色）

彩图 68　两种色相配色
（同类色例 1）

彩图 69　两种色相配色
（同类色例 2）

彩图 70　两种色相配色
（邻近色）

彩图 71　两种色相配色图例
（对比色例 1）

彩图 72　两种色相配色图例
（对比色例 2）

彩图 73　两种色相配色图例（对比色例 3）

彩图 74　三种色相配色图例

彩图 75　多种色相配色图例（渐变）

彩图 76　多种色相配色图例(等差)

彩图 77　多种色相配色(多色相)

彩图 78　暖色调服装

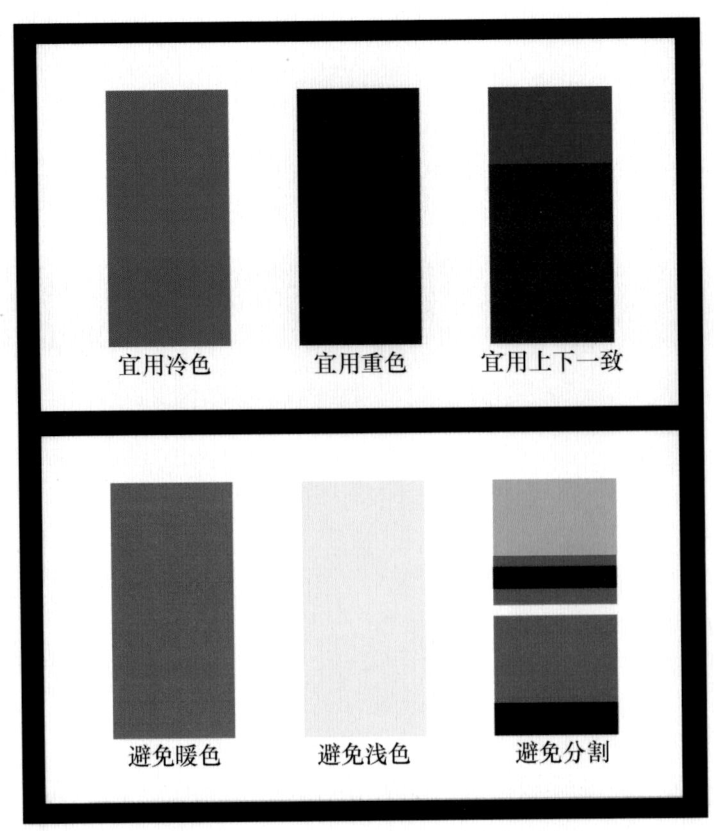

彩图 79　体形过胖人群适宜的服装色彩

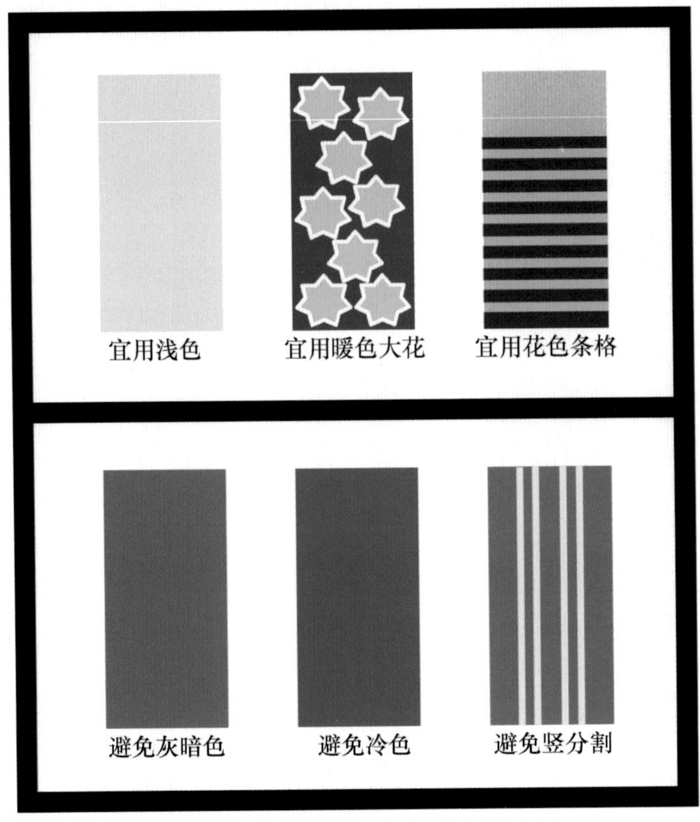

彩图 80　体形消瘦人群适宜的服装色彩

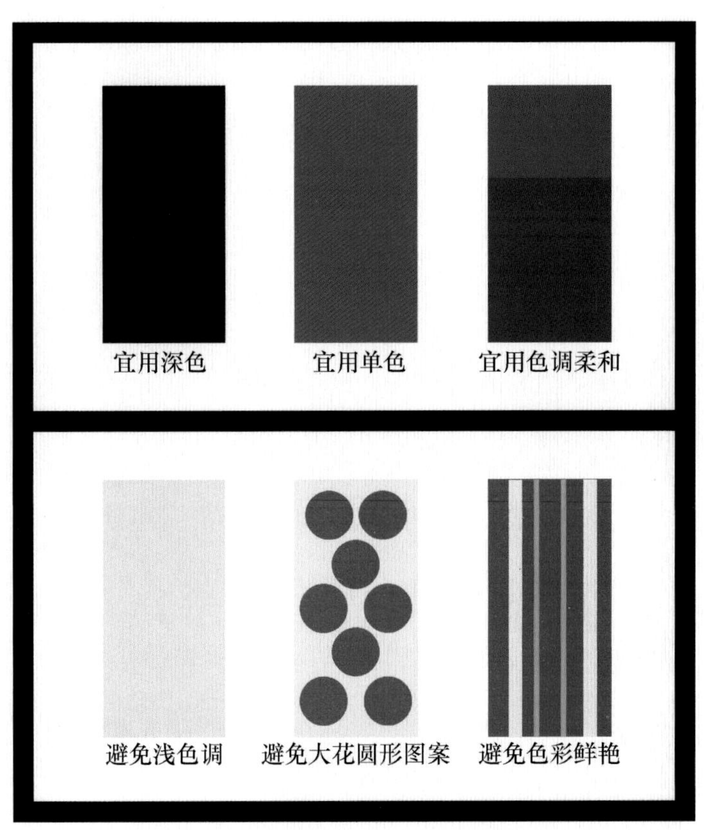

彩图 81　体形高大人群适宜的服装色彩

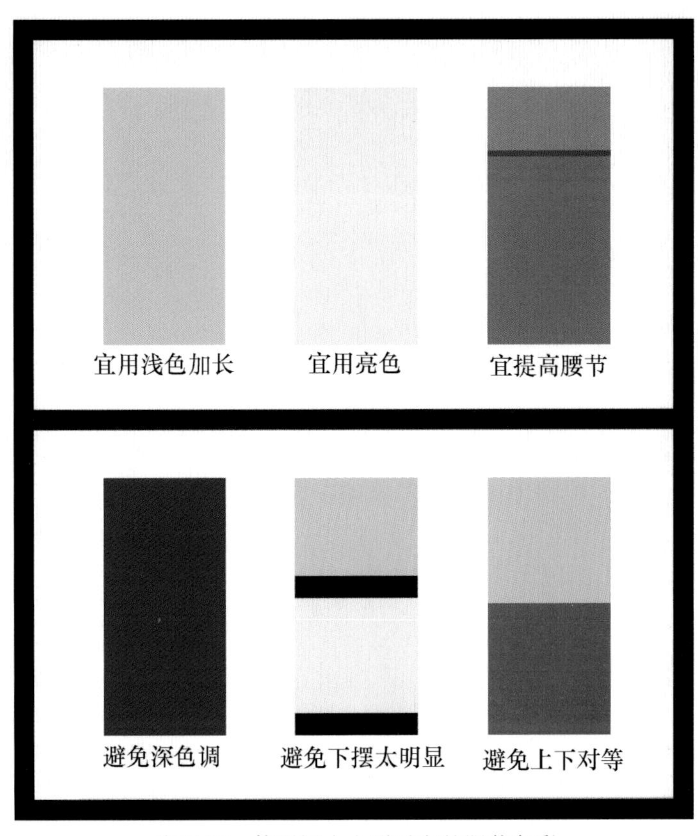

彩图 82　体形矮小人群适宜的服装色彩

彩图 83　使臂部扩大的设计

彩图 84　服装色彩与人体肤色

彩图 85　服装色彩与黑色发色

彩图 86　服装色彩与褐色发色

彩图 87　服装色彩与染色发色

彩图 88　童年时期服装色彩

彩图 89　青年时期服装色彩

彩图 90　中年时期服装色彩

彩图 91　老年时期服装色彩

彩图 92　服装色彩与自然环境

彩图 93　服装色彩与社会环境(喜庆)

彩图 94　服装色彩与社会环境(悲伤)

彩图 95　服装色彩与社会环境(政治)

彩图 96　服装色彩与社会环境(竞技)

彩图 97　服装色彩与社会环境(休闲)

彩图 98　服装色彩与社会环境(休养)

彩图 99　服装色彩与社会环境(娱乐)

彩图 100　服装色彩与社会环境(工作)

彩图 101　服装色彩与社会环境(学习)

彩图 102　服装色彩与面料材质

彩图 103　服装色彩与面料花纹图案

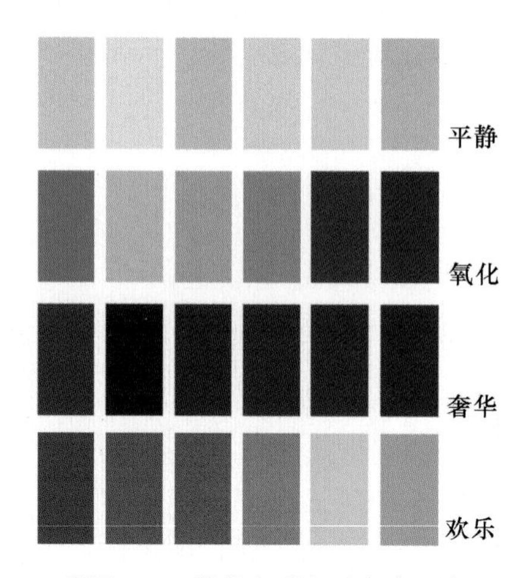

彩图 104　服装色彩与流行色图例

彩图 105　晚礼服效果图

彩图 106　休闲装效果图

彩图 107　中国风格裙装效果图

彩图 108　戒指及包装盒效果图

ZHIYE JINENG PEIXUN JIANDING JIAOCAI • FUZHUANG SHEJISHI

职业技能培训鉴定教材

服装设计师

中级

编审委员会

本书编审人员

主　编　于宏卫　张岸芬

副主编　夏兆鹏　张　楠

编　者　赵　刚　于宏卫　夏兆鹏　张岸芬

张　楠　马艳丽　许　娟　刘　芳

蒋　纯　丁文花

主　审　于丽华

审　稿　杨丽娜

中国劳动社会保障出版社

图书在版编目(CIP)数据

服装设计师：中级/人力资源和社会保障部教材办公室组织编写. —北京：中国劳动社会保障出版社，2015

职业技能培训鉴定教材

ISBN 978-7-5167-2080-6

Ⅰ.①服… Ⅱ.①人… Ⅲ.①服装设计-职业技能-鉴定-教材 Ⅳ.①TS941.2

中国版本图书馆 CIP 数据核字(2015)第 227559 号

中国劳动社会保障出版社出版发行

(北京市惠新东街 1 号 邮政编码：100029)

*

北京市艺辉印刷有限公司印刷装订 新华书店经销

787 毫米×1092 毫米 16 开本 12.75 印张 14 彩插页 277 千字

2016 年 1 月第 1 版 2016 年 1 月第 1 次印刷

定价：35.00 元

读者服务部电话：(010) 64929211/64921644/84626437

营销部电话：(010) 64961894

出版社网址：http://www.class.com.cn

内容简介

本教材由人力资源和社会保障部教材办公室组织编写。紧紧围绕“以企业需求为导向，以职业能力为核心”的编写理念，力求突出职业技能培训特色，满足职业技能培训与鉴定考核的需要。

本教材详细介绍了中级服装设计师要求掌握的最新实用知识和技术。全书分为5个模块单元，主要内容包括服装设计造型规律、服装色彩设计、服装效果图 Photoshop 表现技法、服装材料、少数民族服饰。

本教材是中级服装设计师职业技能培训与鉴定考核用书，也可供相关人员参加在职培训、岗位培训使用。

前　言

1994年以来，原劳动和社会保障部职业技能鉴定中心、教材办公室和中国劳动社会保障出版社组织有关方面专家，依据《中华人民共和国职业技能鉴定规范》，编写出版了职业技能鉴定教材及其配套的职业技能鉴定指导200余种，作为考前培训的权威性教材，受到全国各级培训、鉴定机构的欢迎，有力地推动了职业技能鉴定工作的开展。

原劳动保障部从2000年开始陆续制定并颁布了国家职业标准。同时，社会经济、技术不断发展，企业对劳动力素质提出了更高的要求。为了适应新形势，为各级培训、鉴定部门和广大受培训者提供优质服务，人力资源和社会保障部教材办公室组织有关专家、技术人员和职业培训教学管理人员、教师，依据国家职业标准和企业对各类技能人才的需求，研发了职业技能培训鉴定教材。

新编写的教材具有以下主要特点：

在编写原则上，突出以职业能力为核心。教材编写贯穿“以职业标准为依据，以企业需求为导向，以职业能力为核心”的理念，依据国家职业标准，结合企业实际，反映岗位需求，突出新知识、新技术、新工艺、新方法，注重职业能力培养。凡是职业岗位工作中要求掌握的知识和技能，均作详细介绍。

在使用功能上，注重服务于培训和鉴定。根据职业发展的实际情况和培训需求，教材力求体现职业培训的规律，反映职业技能鉴定考核的基本要求，满足培训对象参加各级各类鉴定考试的需要。

在编写模式上，采用分级模块化编写。纵向上，教材按照国家职业资格等级单独成册，各等级合理衔接、步步提升，为技能人才培养搭建科学的阶梯型培训架构。横向上，教材按照职业功能分模块展开，安排足量、适用的内容，贴近生产实际，贴近培训对象需要，贴近市场需求。

在内容安排上，增强教材的可读性。为便于培训、鉴定部门在有限的时间内把最重要的知识和技能传授给培训对象，同时也便于培训对象迅速抓住重点，提高学习效率，在教材中精心设置了“培训目标”等栏目，以提示应该达到的目标，需要掌握的重点、难点、鉴定点和有关的扩展知识。

本书在编写过程中得到山东省纤维检验局、齐鲁工业大学、山东工艺美术学院、山东青年政治学院、山东英才学院等单位的大力支持和热情帮助，在此一并致以诚挚的谢意。

编写教材有相当的难度，是一项探索性工作。由于时间仓促，不足之处在所难免，恳切希望各使用单位和个人对教材提出宝贵意见，以便修订时加以完善。

人力资源和社会保障部教材办公室

目录

第1单元

服装设计造型规律

第一节 男装设计造型规律

→ 了解男装的概念、特点、分类
→ 熟悉男装的分类设计要点
→ 能进行不同风格的男装设计

一、男装概述

1. 男装的概念

男性穿的衣服称为男装。现在很多女性也穿着传统意义上的男装，给男装添加了别样的韵味。

2. 男装的特点

与女装相比，男装要严谨得多，在材料选择、设计、造型和加工手段上和女装大有不同。

整体来讲，男装的特点是款式上强调严谨、挺拔、简练、概括，制作与装饰工艺严格、精致，选用的服装面料优质、实用，色彩较为沉着、和谐，配饰追求品质与协调。

3. 男装的分类

男装的种类有很多，有正式服装和日常便服等。按服装用途分类，男装可以分为礼服、常服和内衣三大类。

4. 男装的色彩

相对于缤纷绚丽的女装来说，男装的色彩稳重而素雅。男性的社会角色决定了服装色彩的基调。男性在社会中往往需要体现出强悍自信、踏实稳重的特点，而稳重的男装色彩正能给人以老练、深邃的印象，从而进一步使人产生信任和可靠的心理感受。近几年来，男装的色彩变化越来越丰富，但日常生活中多数的男装还是以中性色和深色为主。同时，男装在色调的处理上，多采取统一的色调，或采用大面积统一色系、小面积对比的方法，以体现男子稳重的风格，特别是在一些中年男装的设计上，常常采用质朴、稳重的色调。

5. 男装的图案

与纷繁的女装相比，不难发现男性穿着比女装要严谨得多。男装不仅在结构上以稳求变，在色彩上含蓄内敛，而且在图案设计上也较为谨慎和保守。近 20 年来，由于人们对服饰的需求日益趋新、趋变、趋向个性化，男性图案设计也发生了很大的变革。千篇一律的程式化设计，已经远远不能满足人们的需求，特别是年轻人追求自由、追求个性的着装心理，种类日趋丰富的图案越来越多地应用到男性休闲服、运动服等日常服装的设计中。

服饰图案的作用在于增强服饰的艺术魅力和精神内涵。男装的服饰图案在宣扬个性的同时，更强烈地表达了一种阳刚的气质。一般来说，男装中的图案设计大气雄浑，通过自身的美以及与色彩、材质、工艺的协调形成外在美和内在美的统一，或表现粗犷豪迈，或表现高贵庄重。丰富多彩的图案和多种多样的工艺手法，增强了男装的表现效果，更好地烘托出不同着装者的气质涵养。男装图案设计如彩图 1 所示。

6. 男装的面料

服装面料有粗细、厚薄、轻重之别，不同的材料也有不同的表现手法和视觉效果。随着科技的发展，运用于服装中的材料越来越丰富。就男装来说，其面料的显著特征表现为粗犷、挺括、有质感。面料的挺括对男装硬朗造型的塑造有决定性的影响，而面料优良的质地更能体现出穿着者的身份和地位。

7. 男装的服饰配件

现代服饰的设计中，服装与配饰越来越密不可分。近几年来，服装配件更多的是融入服装中去，呈现出配件服饰化的趋势。虽然男性配饰远不如女性配饰那样多姿多彩，让人眼花缭乱，但在配饰的设计和搭配上也有自己的独到之处。对于男装来说，配饰品类是比较固定的，其在搭配上也需与服装的整体风格相协调，并且男装中的配饰比女性配饰更讲究品质，高品质的包、手表，领带和皮带，是男性在正规场合必不可少的装备，也在一定程度上成为男性身份的象征。另外能否选择合适的墨镜、围巾等配饰，更是评判男性品位的一大因素。男装配饰设计如彩图 2 所示。

二、男装设计定位

1. 男装的造型（外轮廓）

（1）T 形（Y 形、V 形）。T 形也就是人们常说的欧版。这种廓型的服装具有明显的男性造型特征，呈现三角形，适合五官大气，身材高大、魁梧的男性穿着。T 形轮廓男装如彩图 3 所示。

（2）X 形。这类男装肩型丰满，腰部略收，配以适当的放摆、合体的造型，时尚而浪漫，一般身后会有两个开叉。X 形轮廓男装如彩图 4 所示。

（3）H 形。此类男装款式偏休闲，它的裁剪线条比较符合男士的自然体态，肩部精巧，不强调垫肩，领口深度适中，大多数人都适合这款造型。H 形轮廓男装如彩图 5 所示。

2. 男装的风格

根据传统男装的设计要素，从风格特征来讲，男装的风格具体分为古典风格、阳刚风格、运动风格和休闲风格这四种风格。

（1）古典风格。古典风格发源于欧洲传统文化，带有浓郁的欧洲贵族气息，表现出理性、高雅、华贵、严谨、和谐、精致唯美的特点。这类服装从合体的廓型、严谨的结构，到优质的面料、协调的色彩，无一不显示出宫廷王室和贵族主导的男性的衣着风格和审美意识。具有代表性的有燕尾服、礼服、西装等。

（2）阳刚风格。阳刚风格最具有男性化特征。这些服装的设计灵感多来自于战争题材和军服样式，可以说军人形象是男性阳刚风格的最高境界，其造型简洁而有力度，较多运用H形或V形廓型。在细节上，大量应用具有男性气概的设计元素，宽肩设计是其主要特点之一，这与阳刚男子气概所强调的肌肉感有密切的关系。另外，大规格口袋的应用，粗犷的线迹，金属拉链、铆钉以及皮靴、墨镜等男性化的装饰都是阳刚风格的表现元素。色彩上多选用沉稳的男性化色彩，如黑色、深蓝、墨绿等。材料以质地结实、有粗糙肌理感的面料为主。一些军用服装因其高实用性和功能性，深受一些追求阳刚气质男性的喜爱，如飞行员夹克、海军衫、军大衣等。

（3）运动风格。运动风格是充满活力、穿着面较广的具有都市气息的服装风格。具有运动符号的男装一直在现代男装中占有重要的一席之地，并且伴随着时代的发展和观念的更新，日益成为传统男装中重要的风格之一。这类风格的男装在设计上借鉴运动服的设计元素，同时又可以在运动场合以外的非正式场合穿着。款式简洁实用，多使用面造型和线造型，多为对称造型；廓型大多以H形、O形为主，自然宽松，便于活动；材质大多使用纯棉针织面料，具有良好透气与吸湿功能的面料；在色彩搭配方面，加入许多明亮色，如红色、黄色、蓝色、绿色等高纯度色彩，对比强烈并富有朝气和活力。

（4）休闲风格。休闲风格以穿着与视觉上的轻松、随意、舒适为主，是适应多个阶层日常穿着的服装风格。休闲风格的线型设计自然、弧线较多，外廓型简单，面料多为天然面料，如棉、麻等，经常强调面料的肌理效果或者使面料经过涂层或亚光处理。代表种类如休闲衬衫等。这类服装主要有款式宽松、细节设计多样的外穿式衬衫，其变化主要在克夫、口袋、面料图案的选择上。领口设计一般以翻领为主，也有在领角加上两粒小纽扣的纽扣领衬衫样式；口袋设计多样，如加大口袋面积、做立体袋、加袋盖等；材质一般以棉麻织物为主，除衬衫常用的细平布外，还有纽扣领衬衫常用的衣料牛津布，平织，纹路较粗，颜色有白、蓝、绿、灰等，以及色织的条格平布，大都为淡色，柔软、透气、耐穿，符合休闲风格的要求。

三、男装的分类设计

1. 男衬衫设计

衬衫的名称是从“WHITE SHIRT”转化而来的，是生活中广泛穿着的一类服装。男衬衫因功用不同以及穿着的场合不同，在面料、图案、色彩、装饰和款式风格上也有所不同。

（1）男衬衫的种类和特征

1）礼服衬衫。这类衬衫是为搭配男子礼服穿用的，按照西方人的穿着习惯，礼服衬衫为白色，款式为坚胸（前胸弧线分割）、襞胸（前胸襞裙），有翼领或剑领并带双层袖头的适体造型，如彩图6所示。

2）日常衬衫。用于上班、办公、会客、访客等场合的衬衫，以白色、素色、无花或条纹的最常用。此类衬衫有长、短袖之分。夏装用短袖，适合单穿或搭配领带穿，长袖衬衫则要考虑与套装、领带的搭配关系，在色彩和装饰的选择上要与外衣的色彩和款式风格相协调，当然也可以根据穿着场合设计出某种个性风格。

3）便装衬衫。此类衬衫是男子在度假、休闲、运动时所穿的比较活泼、随意的衬衫。其自然的造型、简洁的线条、变化丰富的款式和可搭配性以及由此而体现出的豪放、潇洒、质朴的着装风格，深受人们的喜爱，如彩图 7 所示。

(2) 男衬衫的设计要点

1) 男衬衫外轮廓以紧身或宽松的 H 形、T 形等造型线为主。

2) 礼服衬衫多为合体结构，常通过前胸分割线和腰侧边缝进行余缺处理，使之合身；日常衬衫多为直身结构，大方而简洁；便装衬衫结构简洁、清爽而平面化，装饰手法运用较多。

3) 衬衫的面料很丰富，可以根据不同的设计要求和穿着习惯选择不同的色彩、图案以及材质。

4) 装饰部位一般在领部、前胸、门襟、袖头、下摆等处。礼服衬衫的装饰配件一般有约定俗成的程式，不可随意搭配；其他衬衫的装饰通常可根据流行时尚而定；便装衬衫的设计空间更大些。

2. 男裤设计

世界上许多地方虽仍保留着男子穿裙的习俗，流行风潮在全球突变时也会以此来标榜时尚和前卫，但从主流社会的接受程度来看，裤子依然是男子下装的固定形式。

(1) 男裤的种类与特征。男裤的种类很多，由于穿着的时间、场合、功用、目的不同，裤子的造型和结构变化非常丰富，大致可以分为普通型、适体型、宽松型三类。

1) 普通型。以男子西裤为代表的一类男裤可以归为普通型（见彩图 8）。这类裤子的合体程度适中而功能性强，其造型优美、结构简洁、线条流畅，能将人体的自然美和服装的礼仪美高度结合起来，呈现出庄重大方而又舒适实用的特征。

2) 适体型。牛仔裤、舞蹈练功裤属于典型的适体型裤，凸显自然体型的美是这类裤子的宗旨。造型上的适体性使裤子的结构变得非常紧凑、各部位的放松度很小，除了围度和直裆量的限定外，在不考虑面料弹性时，多数的内结构线会因符合造型特征与穿着功能的要求而由曲变直。例如裆弯、侧缝等处的变化极为明显。面料的弹性则可以在一定程度上弥补造型与结构上的缺点，这似乎就是近年来弹性面料流行的一大原因。

3) 宽松型。宽松型裤子一向是年轻人的最爱（见彩图 9）。这类裤子在设计上常带有许多独创的个性元素，丰富的装饰手法和配饰品，实用而美观的袋型、袋位以及分割线，腰臀部位突破常规的分体结构方式等，都使设计元素的可组合性较少地受到程式的限定，因而能在休闲和随意中透出一种漫不经心的浪漫气质。

(2) 男裤设计要点

1) 男裤的造型可采用 H 形（钟形）、T 形（锥形）、A 形（喇叭形）以及各种组合型。

2) 男裤的结构应随裤型的变化而变化。首先，无论裤型如何变化，围度和直裆的增长关系是成比例的。此外，中裆线的位置随适体程度而上升或下降。其次，越是正统、普通的裤型，结构形式越内在，越不会用表象化的方式来追求功能，而宽松型的则相反。适体型裤子则以其结构符合和修正体型为首要目的。

3) 男裤的细节设计大多集中在腰臀部位，而且裤子的后片是细节变化的重点，有时流行的变化也会使视觉中心集中在底摆、侧面、前面，这在宽松裤型中表现得比较明显。

4）普通型男裤大多采用具有较好可塑性和保形性的面料，高档西裤常用品质极好的纯毛或混纺面料，易洗、快干、不变形则是许多化纤面料的优势。适体型和宽松型的裤子的用料范围较广，各种梭织、针织类的棉、麻、丝、毛面料均可使用。近年来弹性纤维的开发和应用使裤子的面料品种更加丰富，面料性质的变化也促使裤子的造型方式发生了很大变化，特别体现在余缺处理的手法等方面。

5）裤子的色彩、图案、装饰一般要与上衣配套，不论怪诞、前卫，还是经典、保守，均应视整体造型和体现设计主题的要求而定。

3. 男西装设计

（1）男西服特征及种类。根据款式特点和用途的不同，西装可以分为传统型西装、休闲运动型西装、前卫型西装等。

传统型西装（见图1—1）一般常见形式为平驳领单排扣上衣，可单粒、双粒、三粒、四粒，另一种常见形式为枪驳领双排扣，有双粒、四粒、六粒几种。传统型西装的面料与色彩选择都十分正统，以黑、深藏蓝、黑灰等色居多，面料多为毛呢混纺，内里十分考究，备多个口袋，风格保守，只在细部变化，如兜型、领型和外轮廓造型。

单排两粒扣平驳领

单排一粒扣枪驳领

双排六粒扣枪驳领

图1—1　传统西装

休闲运动型西装（见图1—2）是在传统西装的基础上演化而来的，更突出男性曲线，强调舒适性和时尚性的结合。这种西装适合在非正式场合穿着，是一种较为轻松、方便的生活装，在设计上，可以大胆使用新面料、新工艺，符合现代人的穿着习惯。

前卫型西装（见图1—3）在设计上打破传统西装的固有模式，从外形、色彩、面料到细节处理都有耳目一新的感觉。轮廓可以很修长，也可以窄身合体，甚至是紧裹的，适合中性化风潮。款式上驳领造型丰富，贴袋、缉线比较活泼，面料、图案突破传统与正规，色彩也不再是黑白灰，可使用鲜艳的色彩，给人耳目一新的感觉。

西装的设计首先应明确是哪一类西装，明确穿着的场合，然后正确选择面料，以及采取的相应工艺。在设计时还必须分析流行趋势，对轮廓造型、肩袖形态，以及领的宽度、长度之间的比例等多种造型因素进行研究。

图 1—2　休闲西装

图 1—3　前卫型西装

（2）男西服的设计要点

1）轮廓造型（见彩图 10）

西装的流行变化，首先表现在轮廓的变化上。主要有以下几种造型：

①修身型：肩宽与肩斜按形体设计，通常以合身为标准。

②宽阔型：夸张肩部及胸围，收紧臀位，形成上大下小的 V 字形或 T 字形。

2）结构设计与部件设计。西装的结构形式较为固定，变化不大，尤其是礼服西装更有严格规定的式样。日常西装的结构与部件设计可着眼于门襟、下摆的形式，驳领形状、大小、宽窄以及驳口的高低，袋形结构等处的适当变化。

3）面料选用。日常西装多选用精纺呢，在非正式场合穿着也可选用粗纺呢、灯芯绒等。豪华的礼服西装选用优质的礼服呢制作，夏日西装则选用薄型的毛织物或亚麻、混纺织物。西便装选料则十分广泛。

4. 男礼服设计

礼服是指出席正式场合，符合特定礼仪穿的服饰总称。大体上，礼服都采用燕尾服制式，其衣摆由前至后呈大弧状，前短后长，单排一个扣，后片开衩，因造型宛如燕尾而得名。

男礼服有晨礼服和晚礼服之分。

男性晨礼服（见彩图 11）属燕尾服结构，只是前片由前向后基本裁成斜线，而非弧线，领型为枪驳领或平驳领，面料为黑色或灰色呢料，胸前手巾袋露出白色麻质或绢质手帕。马甲通常采用与上衣同样的面料，夏天用白色面料，双排六粒扣，枪驳领型，衣长至腰间。衬衫前片饰褶裥，袖口纽扣多为纯金、宝石或珍珠，搭配蝉形领结，或为黑白斜纹或为银灰色领带。

男性晚礼服（见彩图 12）是按国际惯例只能在下午六点以后穿着的礼服，是男装中的第一礼服，用于最正式场合。正规燕尾服样式为双排六纽式设计（左右各三，一般不扣住），枪驳领或丝瓜领，领面用缎料，衣料为高档黑色呢料，衣下摆呈弧线状裁剪，前胸口袋插有白色手帕。搭配同质料马甲，白色礼服衬衫加有 U 形胸衬，配有白色蝴蝶领结，手套为白色小山羊皮，鞋子是黑色漆皮牛津型。

5. 休闲外套设计

休闲类服装源于运动、郊游和非正式的聚会，自 20 世纪流行以来，一直深受社会不同阶层、不同性别、不同年龄人群的喜爱。它们通常造型优美、结构简洁、用料广泛、色彩和款式变化丰富，穿着轻松、朴实，功能性好，具有较强的趣味性和可搭配性，能于平凡中见高雅，于朴实中显品位。

（1）休闲外套的形式与特征。男子休闲外套大多以夹克（JACKET）的形式出现，“JACKET”的原意为短上衣，但夹克的样式很丰富，在造型上的差异也很大，不一定都是短上衣。一般的大类品种有西便装夹克（CASUAL JACKET）、衬衫夹克（SHIRTS JACKET）、运动夹克（SPORTS JACKET）、工作夹克（JUMPER）等。由此，我们可将“穿着随意和非正式”视为夹克类休闲外套的共同特征。男性夹克设计如彩图 13 所示。

休闲外套往往具有轻松柔和的造型和精彩别致的细节，如在分割线、零部件、装饰配件等元素的处理方面会更多地考虑它的趣味和形式；在造型和结构上为了表现设计主题中轻松、朴实、性感、慵懒的特点，常常利用人体的体表曲线和动态规律来体现着装效果中的松紧、疏密、对比和强调，以此来丰富设计趣味，增加形式的多样性。此外，休闲外套那种轻松而随意的感觉还可以用来弥补或忽视人们体型上的某些缺陷，这也是休闲装吸引各类人群的一大原因。那些依托造型、结构、色彩、图案、配饰构成的视错觉和视幻觉设计在休闲装中并不鲜见。

（2）休闲外套的设计要点

1）休闲外套常用宽松或略宽松的 H 形（见图 1—4）、V 形、T 形等造型。

2）休闲外套常以直线形结构、半合身结构、局部紧身结构为主。

3）由于男装传统上具有一定的程式化语言，具体款型品种上也时常受到既往服装类别的限定，所以设计男休闲装不应忽视大众衣着的实际需求，针对较大年龄层的男装设计更应如此。

4）柔和的灰色调和明快、激越的高明度、高纯度色以及深色调均能为不同年龄段消费群体所喜爱。

5）休闲外套经常采用纯天然、环保型面料和辅料，也常采用经高科技合成、处理过的具有特殊风格、特殊肌理的流行面料。

6）根据设计主题，休闲外套可配置突出天然材质的、讲求质朴素雅的、张扬前卫性感的、展现怪诞等各种造型风格的装饰配件。

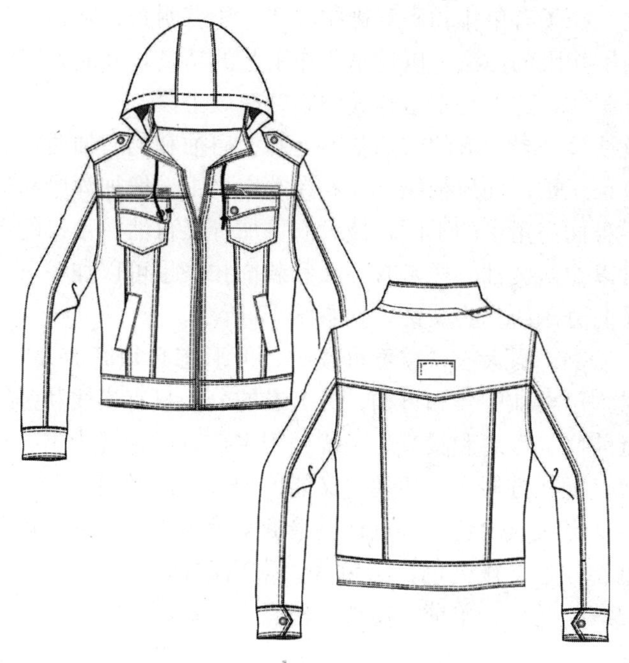

图 1—4　男性 H 形夹克款式图

6. 其他外套设计（中山装、大衣）

（1）中山装。中山装是富有中国特色的男子基本服装款式，它是中国的“西装”，最先由孙中山先生参照西式学生服装，结合中国传统文化改良后作为国民政府文职官员的制服。它的造型严谨大方，端庄稳重，主要特点是西服身造型，立领式关门领，四个明贴袋有袋盖，领子、门襟、袋盖等需明缉线。颜色沉稳，面料采用手感丰满、质地柔软的呢料。中山装的设计只宜在局部微调微变，如果改动太大，很容易失去中山装原有的风格。中山装的款式特点常常成为中国风的设计灵感，被应用在其他时装，休闲装和运动装上。中山装如彩图 14 所示。

（2）大衣设计

1）大衣的种类及特征。大衣是一种衣身较长、面料偏厚、穿着在上衣外面的冬装款式。大衣是比较传统和正式的服装款式，分为单大衣、棉大衣两类。棉大衣由于具有厚重、笨拙等缺点，已逐渐被轻便、活泼的防寒服所取代。单大衣由于具有庄重、挺括、优雅等优点，一直受到机关公务员、企业经理、教师等群体的喜爱，仍然具有十分广阔的市场。

2）大衣的设计要点

①衣形态及长短。男大衣的造型基本上有 H 形和 X 形两类。H 形多为膝盖偏上的半大衣或短大衣（见彩图 15），X 形大多是收腰的长及小腿肚的长大衣（见彩图 16）。收腰的方法主要是利用腰带来收紧，腰带同时还具有装饰作用。

②衣领形态及门襟。男大衣的造型基本上以小翻领、大翻领、翻驳领、西装领、大衣领、青果领、立翻两用领、立领等为主。

立领上面通常用扣袢或带有卡子的带子做扎，以增加大衣的活泼。门襟处的扣合方式主要以扣子为主。扣子有单排扣和双排扣两类，还有明扣、暗扣之分。扣眼除锁扣眼的方法外，还常用挖扣眼的方法，以显示制作工艺的精良，并起到装饰作用。衣领边和门襟边上，常缉有明线，这也是丰富款式内容的有效手段。

③衣袖形态及袖口。男大衣的衣袖基本上有上肩袖和插肩袖两种类型。上肩袖可使大衣肩部平展、效果庄重；插肩袖能让大衣在端庄之中，增加浑厚和流畅的感觉。插肩袖还可以利用前后身插肩角度的不同，使大衣更加舒展自然。袖口的形态也常常是设计的重点。袖子既可以像西装袖一样带有开叉和装饰扣，也可以加一条带子作为装饰，或加袖袢或加一条横向分割线作为装饰，如彩图 17 所示。

④口袋形态及分割。男大衣口袋不可或缺，但形态必须简洁大方。通常有明贴袋、暗挖袋两种类型，均可再加兜盖和钉扣。男大衣的分割只有横线和竖线两种形式。横线分割的常用部位有前肩、后肩和腰节。竖线分割主要以后中缝为主。在后中缝下端，有的大衣还要有开叉。既能方便人的活动，又能增加大衣的动感。

⑤色彩及面料。男大衣的色彩以沉稳偏暗的素色为主。常用的色彩有银灰色、蓝灰色、深灰色、米色、棕色、藏蓝色、黑色等。常用的面料有麦尔登呢、海军呢、拷花呢、大衣呢、法兰绒、驼绒、羊绒、皮革、仿麂皮等。

第二节　女装设计造型规律

→ 了解女装的概念、特点、分类
→ 熟悉女装的分类设计要点
→ 能进行不同风格的女装设计

一、女装概述

1. 女装的概念

女士穿着的服装统称为女装。

2. 女装的特点

女装偏重于突出表观女性娟秀的体态，并极尽所能采用各种美化的表现手法，制成具有装饰多、皱褶多和露肤多等特点的风格式样。女装虽因时代的变化而趋向简约练达，但较男装而言还是显得有些繁复矫饰。总体来说，女装的特点是款式丰富多变、色彩艳丽明快、面料细柔优雅、装饰工艺繁复、配饰丰富多彩。

3. 女装的分类

（1）按女装的不同风格分类

1）淑女风格女装。淑女风格女装体现出一种文化内涵，一种着装时所展现的韵味，同时体现出女性的柔美感。反过来说，也体现出这个品牌服装的设计理念。如“淑女屋”的服装、“浪漫一身”的服装等。

2）休闲风格女装。休闲风格品牌女装主要追求的是自然的风格，崇尚自由、个性。

3）中性风格女装。中性风格女装造型设计的重点在于强调直线性设计，巧妙地将女性的柔美与男性的阳刚美融为一体。

4）浪漫风格女装。浪漫风情风靡于20世纪90年代，它将女性的妩媚妖娆通过服装与人体的完美结合体现得淋漓尽致。其中蕾丝花边与薄纱的运用更好地体现了这一主题。

5）民族风格女装。民族服饰是各民族流传下来的瑰宝，是各种文化的延续。世界各国的服装大师在各民族元素的冲击下，一次次设计出惊艳的具有民族服饰特点的经典品牌服装。如服装设计大师Dior在2008年发布会上推出的以日本民族传统服饰元素为灵感设计的服装，将日本民族文化再一次带到了世界舞台之上，从而进一步向世人推广了日本的民族文化。

6）前卫风格女装。随着人类的推陈出新，现代前卫的设计风格不仅不会衰落，反而会在内容和形式上更加出人意料、夺人耳目。

7）田园风格女装。田园风格，就是追求自然的人生，尊重自由真实的感受，不追逐流行，不附庸风雅。

（2）按女装的种类分类

1）职业型女装。此类服装要将时尚感与工作性质很好地体现于一身，它不仅具有标志性，而且具有很强的时代感与时尚感。从1998年开始，职业装从四十多个服装大类中分离出来，成为一个独立的新产业，这在中国服装史上是一个大事件。历经十几年的发展，中国职业装有了长足的进步，形成了以千千万万个职业装企业为后盾，以千千万万个职业装企业的团结合作为基础的职业装团队；并且从小到大，从少到多，从弱到强，逐步形成了一个产业大军，涌现出一批知名职业装企业和品牌，并且以前所未有的速度不断壮大。

2）家居型女装。健康、舒适、简单，是当代家居服设计的主线，并且在21世纪的发展趋势是使用更薄、更软的面料，进行多层处理，使家居服具有更软的手感，所以今后将出现更丰富、更细致的家居服装。同时由于时尚的魅力越来越受推崇，时尚的影响已无处不在，因此今后的家居服也会像时装一样，呈现出更时尚、更美丽的特点。

2007年3月16日，中国纺织品商业协会家居服专业委员会在南京正式成立，该组织初步提出了家居服的定义，即与家有关，能体现家文化的一切服饰产品。由睡衣演变而来的家居服，其穿着的范围扩大，可以说是青出于蓝而胜于蓝。家居服包括传统的穿着于卧室的睡衣、浴袍、性感吊带裙，以及现在可以出得厅堂体面会客的家居装，可以入得厨房的工作装，可以出户到小区散步的休闲装等。

3）休闲型女装。休闲型女装是指在逛街时所穿的服装，最能体现街头时尚流行元素，此类服装的消费群体是偏向年轻化的阶层。

4）运动型女装。运动型女装将服装的技能性很好地体现出来，强调服装的耐用性、舒适性及便于运动等特点。

二、女装设计定位

1. 女装的造型

女性人体的形态和运动需要直接影响了服装的款式。女装的外部轮廓与内部结构，多使用曲线或曲线与直线交错的形式。服装中常见的 H 形、X 形、T 形、S 形、O 形等轮廓，在女装设计中广泛应用。

2. 女装的色彩

女装的各设计元素中最吸引人的是色彩。鲜丽活泼或柔和素雅是女装用色的突出特点，女装色彩直接关系到服装风格的表达，不同颜色给人的感受是不同的。女装设计师必须了解每一季流行色的动向及消费群体对不同色彩的需求和认知等，然后再借助个性与共性色彩来表现流行时尚。另外，一套服装的上下搭配、里外搭配及系列女装的配色运用，都能展现出女装的熠熠光彩。

3. 女装的图案

女性自身具有安谧、敏感的性格和优雅生动、秀丽多姿的外观，女性服饰图案的设计要偏重于突出表现女性柔美的性格特点，并要尽可能采用各种美化的表现手法。图案的题材也比较多样，植物、动物、人物、建筑、几何图形等都是女装图案的内容。

4. 女装的面料

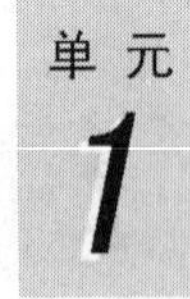

女装设计的材料除了我们日常生活中所见的棉、麻、丝、毛、化纤以外，还有许多现代服饰的新型材料。柔软、滑爽、轻薄、光亮是女装用料的明显特征。裘皮给人以柔软的视觉感受，制成的女装华贵高雅；富春纺、塔夫绸给人以滑爽的视觉感受，制成的女装优雅性感；皮革、漆皮等材料的光感很强，给人以冷峻、中性化的视觉感受。女装设计师只有善于运用材料的性能和特点，才能更准确地表达设计作品。

面料再造（见彩图 18）也是现代女装设计中的重要元素，面料再造是用布、线、针及其他有关材料和工具，通过精湛的手工技法，如抽纱、镂空、缀补、打褶、镶拼、刺绣、滚边、花边、盘花扣、编织、编结等，与时装造型相结合，达到美化时装的目的。它的种类和技法千变万化，巧妙地应用于时装中，可以提高时装的附加值，同时还能突出时装的风格。另外，现代技术的发展，新颖装饰材料的不断出现，更为女装的面料设计提供了更为广阔的表现空间。

5. 女装的服饰配件

现代女装设计不是单一性的，而是以全视的角度来审视人对衣装的各方面需求。女装通常分为晚礼服、婚礼服、外套、套装、休闲便装、裙装、裤子、内衣等。此外女装还有经典风格、前卫风格、优雅风格、休闲运动风格、都市风格、田园风格、浪漫风格、中性风格等。不同种类和风格的女装需要与之相适应的头饰、颈饰、腰饰、包饰、鞋饰等统一搭配，配饰起到画龙点睛的作用，有效地烘托出女性动人的穿着形象。全方位考虑穿衣人各方面需求，是每一位女装设计师必须重视的问题。

三、女装的分类设计

1. 裙装设计

（1）连衣裙。连衣裙是衣身与裙身拼接在一起的女性服装。连衣裙可以设置腰分割线也可以不设置，运用交换分割位置或胸浮余量的处理方式，可以得到各种有活力且美丽的造型。

1）连衣裙的基本形（见图 1—5）。按外轮廓形状对连衣裙进行分类，可分为直筒形、合体兼喇叭形、梯形、倒三角形。

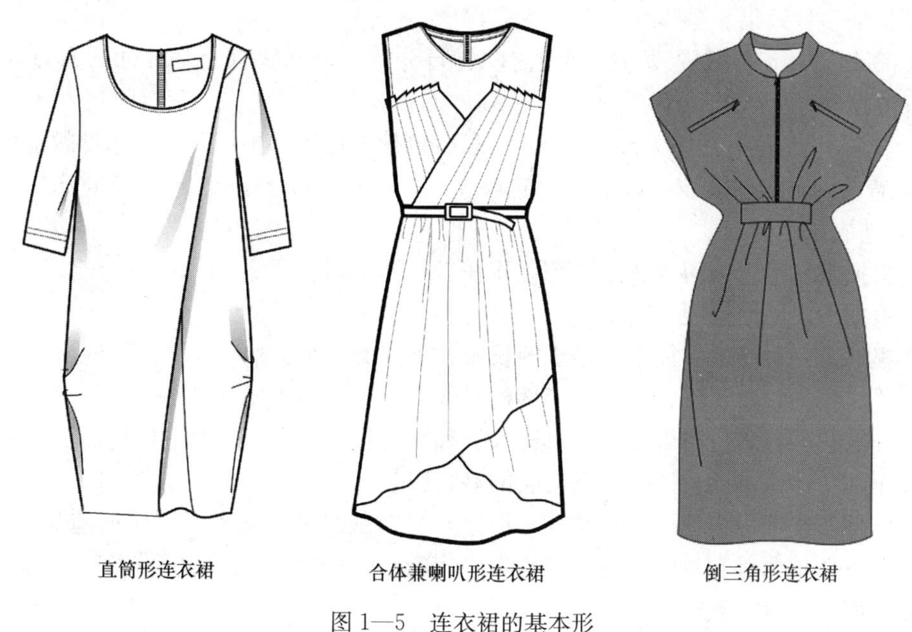

图 1—5　连衣裙的基本形

①直筒形。比较宽松，不强调人体曲线，下摆稍收紧，呈直线外轮廓型，也称箱型轮廓。常见于有军装风格的连衣裙，避免采用薄形且透明的面料。采用纱向不易变动的棉、麻、化纤织物、毛料等面料。

②合体兼喇叭形。上身贴合人体，腰线以下呈喇叭状，是连衣裙最基本的款式。改变材料与喇叭量，可使连衣裙有不同的味道。

③梯形。肩部较窄，从胸部到底摆自然加入喇叭量，底摆较大，整体呈梯形，是一款可以包住人体且掩盖人体曲线的经典廓型。对于梯形轮廓设计而言，造型线或细节处于上部，衣身才比较平衡。选择略带弹性、织物组织比较紧密、纱向不易改变的材料更能体现梯形的美。

④倒三角形。上半身的肩部较宽，往底摆方向的衣身渐渐变窄，整体呈倒立的三角形，比较适合肩部较宽，臀部较窄的人。设计时可选择育克分割并在分割线上抽褶，或是在衣身上装袖或者肩章，要尽量显得肩部端平。选择有硬度的材料会比较好。

2）连衣裙的分割线（造型线）设计

①纵向分割

a. 中心线。只在前后中心与侧缝处有接缝，故收腰效果不明显，整体外轮廓接近于直筒。

b. 公主线。公主线是从肩至底摆且通过胸高点的纵向分割线，突出表现胸、腰，底摆自然放宽，是比较优雅的外轮廓。

c. 刀背线。一般从袖窿开始，经过胸高点附近，腰线至底摆，产生的轮廓造型线与公主线相同。

②横向分割

a. 正常腰。在腰部最细处进行分割，是连衣裙最基本的分割方式，改变裙长与外轮廓可得到多种效果。

b. 高腰。在正常腰围线与胸围线之间进行分割，分割线以上是设计的重点，且裙外轮廓要流畅。

c. 低腰。在正常腰围以下进行分割。若分割位置低于臀围线，则称超低腰造型。

d. 育克。一般在胸围线以上进行分割。育克以下的部分往往会采用纵向分割线。

3）连衣裙的设计要点

①根据流行可以采用X形、A形、T形、O形、H形等廓型。

②根据构思采用连腰、断腰或变化型的腰线结构。

③根据流行时尚的特征确定裙子的长短、下摆的大小、袖、领等部位的形式。

④连衣裙的领口、胸、腰、臀等部位常作为视感中心而加以强调。

⑤连衣裙的色彩搭配可以根据目标人群和时尚趋势而定，一般中性色适合于多种场合，甚至加一串珠链就可以作为酒会装的略式服装。

⑥配件与装饰可根据连衣裙的款式而定，日常服装中一般不以夸张的造型来取胜，而在于重点体现典雅高贵的气质，配件大多为精致的胸针、扣饰、腰带等装饰物。年轻人可以搭配得活泼一点。

⑦连衣裙的面料有各种丝绸、呢绒、棉、麻及化纤织物，织物素材的自然美、肌理美的表现很重要，利用材质烘托人的天生丽质是设计师的常用手法。

（2）裙子。通常用裙摆的宽度来划分裙子的类型，不同类型的裙子有不同的设计要点。

1）直筒裙。直筒裙臀部余量少，裙侧缝线从臀部到裙摆线是垂直的。另外，裙摆变得很窄，为了增加走路时裙摆的活动量，加入褶裥、侧开叉、后开叉，以方便行走。

在材料方面，由于直筒裙的松量较少，所以适合选择撕裂强度高的面料和结实有弹性的面料，且缝份应适当加大一些。

①紧身型。紧身型特点是从腰围至臀围比较合体，从臀围至下摆为直线型轮廓，是裙子中最基本的款式。

②窄裙型。窄裙型特点是狭窄、纤细，从腰围至臀围合体，从臀围线以下至下摆逐渐变窄，在当时的称呼也有所不同，又称为紧身裙、锥形裙、铅笔裙。

2）A字裙。A字裙由直裙展开而成，下摆略放开，裙形似A字。根据裙形展开的形式，又可分为四片裙、五片裙、六片裙等。A字裙的裙摆大小适中，便于行走、行动，造型大方流畅。在面料选择上，针对不同的穿着场合选择不同风格的面料，选择范围较广。A 字裙如图 1—6 所示。

3）圆台裙。圆台裙由 A 字裙再次展开而成，以腰为中心，裙摆为圆周，完全展开时为 360°的圆形。圆台裙采用斜向的裁法，使裙摆自然下垂，形成起伏有致、线条柔和的褶皱。面料以柔软、悬垂性好的薄呢、细棉布、丝绸、仿真丝绸为佳。圆台裙如图 1—6 所示。

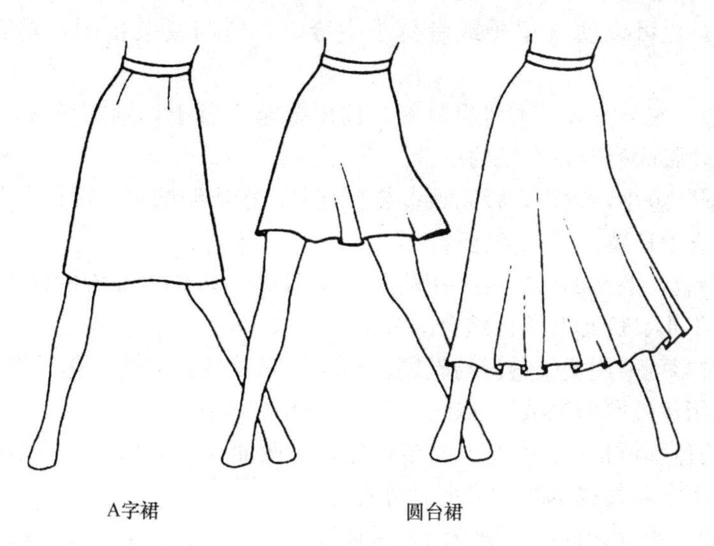

图 1—6　A 字裙与圆台裙

4）褶裥裙。将布按折痕折起，重叠的部分成为褶裥。根据面料、褶裥的不同折法、褶裥的大小，可做出款式不一的褶裥裙，如图 1—7 所示。

图 1—7　褶裥裙

①暗裥裙。暗裥是面料的对折处理，裥折痕隐藏在折起面料的内部。

②单向褶裥裙。单向褶裥裙即褶裥向同一个方向倾倒，也称为顺风褶、连接褶。

③伞褶裙。裙下摆褶裥张开后，造型与伞相同，褶幅上窄下宽。

④自由褶裥裙。布料形成自由、随意的褶裥，裙形灵活多变，线条疏密自然，具有浪漫而别致的风格。

5）女裙综合设计要点

①女裙常用 H 形、A 形、O 形以及各种组合的造型线。

②一步裙、A 形裙、喇叭裙是三种最典型的基本裙款，各种裙型可以据此变化。

③裙子的设计重点通常放在腰臀部位、裙摆、分割线、袋位等处。

④裙子的面料选择余地很大，每一种材料所构成的风格不同，往往要与外形和结构对应起来。此外，经高科技处理后，面、辅料材质所体现的肌理效果在现代时尚中越来越重要。

2. 女衬衫设计

女衬衫是妇女上半身穿着衣服的总和，包括衬衫、罩衫等。按照穿着方式可分为罩在下装外面穿的女衬衫，塞在下装里面穿的女衬衫及作为衬衣穿在外衣里面的女衬衫。

（1）女衬衫的造型与结构设计。衬衫由衣身、袖片、领、门襟、克夫等几个部分组成。根据形态，衬衫可分为适体型衬衫、宽松型衬衫和夹克型衬衫。

1）适体型。适体型，衬衫的基本形式，衣身较长，宽松适度，底摆可以罩在裙子或者裤子外面，也可以塞进裙子或者裤子中穿。一般与套装搭配，具有端庄大方的效果。

2）宽松型。衣身宽大，类似男衬衫，袖山落至手臂上，袖窿肥大，称为落肩袖，衣长常盖过臀，腰间有时系宽松的皮带。

3）夹克型。短小，宽松，腰间大多装有克夫，在造型结构上带有夹克衫的特点。

（2）女衬衣设计要点

1）搭配套装、毛衫的衬衣常采用略宽松的 X 造型，单独穿着的衬衣可采用 X 形、A 形、H 形、T 形、O 形和不同组合的造型。

2）夏季衬衫可采用透气透湿的丝绸、棉布、麻及各种混纺、化纤类薄型织物；春秋季衬衫可选用比较厚的呢绒、棉布、丝绸以及化纤面料。

3）衬衣的色彩可根据流行色和季节而定，一般而言，人们在夏季多选择素雅浅淡的色彩和花纹图案，显得洁净、清爽而明朗。

4）衬衣的款式设计重在对细节的把握程度，搭配套装、毛衫穿着的衬衣在这方面应该尤其重视，领型的繁简、领口的高低、袖子的长短、腰身的宽窄均应考虑内外装之间的尺寸配套关系。

5）女衬衫常使用刺绣进行装饰，还常以花边、褶裥、缉线、蝴蝶结、荷叶边等进行装饰。另外，还适量使用一些带有装饰性的配件，如纽扣、珠子、人造花、胸针等。

6）单独穿着的衬衣要与下装搭配协调，一般这类衬衣由于穿着形式的改变，其他部位与领子同样拥有了展示流行元素的空间，所以在设计上的限定主要在于整体与局部的主次协调关系、流行元素之间的对比呼应关系。

3. 女裤设计

（1）裤型

1）直筒裤。直筒裤是基本款型，讲究合身。

2）紧身裤。紧身裤多用弹性面料，如打底裤。

3）小脚裤。小脚裤是都市时尚风单品，特点是修身。

4）阔腿裤。阔腿裤带有职业风格。

5）喇叭裤。喇叭裤带有怀旧气息的时尚风格。

（2）女裤设计要点

1）裤子的造型线可采用 H 形、A 形、Y 形、O 形以及相互间的组合型。

2）可以根据不同的裤型设计风格选择高、中、低腰位以及前、后、上、下各裤片的结构和组合方式。

3）裤子细节处理上着重于前后侧腰、臀部、门襟、裤口、袋位、侧缝等处，各种分割、褶皱、省型、图案、装饰、磨损等工艺手法也多集中于此，如彩图19所示。

4）根据不同的裤型设计要求选择面料，主要体现在设计所要求的服装风格与面料所体现的材质感之间的协调性上。

4. 女套装设计

（1）女套装的形式与特征。套装泛指一切套在衬衫、毛衫外，与裙、裤配合穿着的外套服装。套装是春秋季的常用女装，穿用极为广泛。

套装的款式大多从西装形式派生而出，有的朴素，有的高雅，有的怪诞等。在进行造型结构设计时，需考虑穿着对象和场合。由于套装非常注重风格与品位，所以套装需要考虑要表达的整体效果。

（2）女套装设计要点

1）根据流行，女套装多采用X形、H形、T形的适体或半适体外形线。

2）套装设计，整体感觉要强。

3）领子、门襟以及上装分割线习惯作为视觉中心，因而需进行细节上的重点设计。

4）可以将厚、中、薄各类型毛织物，毛丝、毛麻、丝棉混纺织物和各种化纤及混纺织物作为套装的面料。

5）传统的无彩色系、中性色系加入流行色构成或端庄，或柔和，或鲜明，或轻快的色彩风格。

6）精巧、雅致、不经意与狂放、夸张、激越构成配饰与图案的二极倾向。套装的设计注重轮廓线的清晰、优美和挺拔，同时要认真考虑省道、开刀线、褶叠线等内部结构线的合理使用。

5. 女性礼服设计

礼服作为社交用服，具有豪华精美、标新立异的特点，并带有很强的炫示性。礼服十分注重传统与流行的完美结合，着意于服饰风格的表露。女性礼服与男性礼服相比，无论从风格造型、色彩装饰、面料配饰上都更为丰富，同时成为女装的主要设计素材和亮点。

（1）礼服分类（见彩图20）

1）晚礼服。晚礼服产生于西方社交活动中，是指在晚间正式聚会、仪式、典礼上穿着的礼仪用服装。裙长长及脚背，面料追求飘逸、垂感好，颜色以黑色最为隆重。晚礼服风格各异，西式长礼服袒胸露背，呈现女性风韵；中式晚礼服高贵典雅，塑造特有的东方风韵；还有中西合璧的时尚新款。与晚礼服搭配的服饰适宜选择典雅华贵、夸张的造型，凸显女性特点。

2）小礼服。小礼服是指在晚间或日间的鸡尾酒会、正式聚会、仪式、典礼上穿着的礼仪用服装。裙长在膝盖上下5 cm，适宜年轻女性穿着。与小礼服搭配的服饰适宜选择简洁、流畅的款式，着重展现服装所表现的风格。

3）裙套装礼服。裙套装礼服是指职业女性在职业场合出席庆典、仪式时穿着的礼仪用服装。裙套装礼服显现的是优雅、端庄、干练的职业女性风采。与裙套装礼服搭配的服饰体现的是含蓄庄重的女性特点，以珍珠饰品为首选。

（2）礼服设计要点

1）造型设计要点。礼服的流行与变化，主要在于轮廓造型，礼服的轮廓造型有四种形式。

①古典式。古典式轮廓造型带有一定的夸张意味，常根据时尚流行夸张某一部位，如胸部、臀部等。

②直筒式。直筒式轮廓造型按人体自然形态设计，为修长适体的直线形轮廓，端庄文雅，最能体现女性的曲线体态。

③披挂式。轮廓和线条具有希腊式俭朴、自然和随意的风格。常将布料披挂在人身上，用褶裥、打皱的方法进行设计、剪裁，轮廓柔和、宽松。

④层叠式。层叠式轮廓造型模仿吉普赛民族的裙形，层层叠叠，裙外轮廓如宝塔形状，具有活泼、华美的特点。裙表面常由一层又一层的荷叶边、花边等相叠，裙里面有布制的层叠式裙撑，以撑开裙摆，夸张轮廓。

2）装饰设计要点。礼服设计离不开各种装饰手法的运用，无论是礼服的整体设计还是局部设计，精心而别致的装饰点缀是至关重要的。适度的装饰不但使礼服显得雅致秀美，花团锦簇，而且能提高身价。许多高贵的礼服常镶嵌价值昂贵的珠宝、钻石及金银线等，以展露华丽绝伦的气派。

礼服常用的装饰手法有刺绣（见丝线绣、盘金绣、贴布绣、雕空绣等），褶皱，钉珠（见钉或者烫钻，人造珍珠、亮片），珍珠镶边，人造绢花等。

礼服上的装饰部位十分讲究，所以装饰图案的形态、大小、色彩、材料等都与装饰部位有关。一般多装饰于颈部、胸部、肩部、袖部、腰部，其次是裙摆、门襟、袖口等处。礼服的装饰应在不妨碍整体效果的前提下，突出重点，以增添面料的生动感与华丽感，更好地体现礼服的造型风格。

3）面料选择要点。礼服的面料选择应考虑款式的需要，面料的材质、性能、光泽、色彩、图案以及门幅等，均需要切合款式的特点与要求。由于礼服注重展现豪华富丽的气质和婀娜多姿的体态，因此大多采用光泽型的面料，以展现礼服的华贵感。此外，面料的柔软、轻薄与厚重、坚挺等，对礼服的轮廓造型与风格有极大的影响。

第三节　童装设计造型规律

- 了解童装的概念、特点及分类
- 熟知童装的造型、色彩、图案和配饰设计的特点及方法
- 掌握童装从婴儿、幼儿、小童、中童到大童五个阶段的分类设计特点及方法

一、童装概述

1. 童装的概念

童装即儿童服装，是指未成年人的服装，它包括婴儿、幼儿、学龄儿童（小童、中

童）以及少年儿童（大童）等各年龄段儿童的服装。与成年人服装意义相同的是，童装也是人与衣服的结合，是未成年人着装后的一种状态。在这种状态组合中，服装不仅是指衣服，也指与衣服搭配的服饰品。与成年人服装不同的是，由于儿童的心理不成熟，好奇心强且没有行为控制能力或行为控制能力较弱，而且儿童的身体发育快、变化大，所以童装设计比成年装设计更强调装饰性、安全性和功能性。

2. 童装的特点

整体来说，童装在款式上，受成人服装的影响，品种齐全，同时，童装的款式更注重舒适性和活动性；在色彩上，一般选择儿童喜欢的鲜艳明快的色彩，色彩的明度和纯度都比较高，与儿童活泼好动的性格相符；在材料上，重点采用柔软舒适，排汗透气好的面料，符合儿童的生理和心理特点；在装饰上，运用的手法丰富，滚边、嵌镶，装饰配的带、袢的应用，贴花绣、挖花绣、绒绣、丝绣等独特的工艺处理，以及各种花边装饰以及花卉、动物图案的点缀，给儿童服增添了天真活泼的美感；在配饰上，品种齐全、风格多样，包、鞋、帽等配饰品也同样丰富多彩，色彩亮丽，造型可爱，有效地烘托出儿童天真烂漫、活泼可爱的特征。

3. 童装的分类

（1）根据季节分类

1）春秋装。春秋装是指在春秋季穿着的服装。如套装、单衣。

2）夏装。夏装是指在夏季穿着的服装。如短袖衬衣、短裤、背心。

3）冬装。冬装是指在冬季穿着的服装。如滑雪衫、羽绒服、大衣等。

（2）根据形式分类。

符合品种划分要求的服装有大衣、风衣、套装、衬衣、T 恤、背心、裤子、裙子等。

（3）根据性别分类

1）男童装。男童装指男性儿童穿着的服装。

2）女童装。女童装指女性儿童穿着的服装。

（4）按年龄分类

1）婴儿装。婴儿装指 0～1 岁婴儿穿着的童装。

2）幼儿装。幼儿装指 1～3 岁儿童穿着的童装。

3）小童装。小童装指 4～6 岁儿童穿着的童装。

4）中童装。中童装指 7～12 岁儿童穿着的童装。

5）大童装。大童装指 13～16 岁儿童穿着的童装。

二、童装设计的定位

1. 童装的造型

影响童装造型的因素有童装的廓型设计、结构线设计、部件设计。

（1）童装的廓型设计。童装廓型设计主要是指童装外形线的变化，外形线亦称轮廓线，主要是指童装的外部界线所表现出的剪影般的轮廓特征。童装廓型是一种非常直观的视觉形象，能给人深刻的印象。

服装按字母廓型分类，主要有H形、A形、O形、X形、T形，童装外形主要有H形、A形、O形。

H形服装具有修长、简约、宽松、舒适的特点。童装的款式种类有直身外套、大衣、直筒裤、低腰连衣裙、直筒背心裙等。

A形线具有活泼、可爱、造型生动、流动感强、富于活力的特点，是童装中常用的造型样式。童装中的斗篷形披风、小号型大衣、喇叭式长短裙和连衣波浪裙等都是上半身贴身而下摆外张的样式。

O形线具有休闲、舒适、随意的性格特点。童装中的斗篷形外套、半截裙和连衣裙等都是具有O形圆润感外观的样式。同时，这种造型还具有丰富多变的艺术效果。婴幼儿服装和小童装多采用这种外形。

另外，在童装中，X形廓型多用在年龄较大的女童穿的服装上，比如少女装的大衣、风衣、连衣裙、小外套大都使用X形廓型，具有一种优雅而青春的独特韵味。

（2）童装细节设计中的结构线设计。服装的结构线是指体现在服装的各个拼接部位，构成服装整体形态的线。结构线有塑形性和合体性，相对于形态美观而言，更主要是为了使结构合理。服装结构线是根据人体而确定的，因此合身舒适、便于行动是其首要的特点。在此基础上，还要强调其装饰美感，以达到美化人体的效果。

服装结构线主要包括省道线、分割线、褶等。

1）省道线。在童装设计中，省道在婴儿装和幼儿装中使用不多，有时甚至不使用，在大童装和少年装中使用较多。在实际设计中，省道的具体形状也很多，且大都是将基本省道进行相应的省道转移得来的。省道转移也是儿童服装结构设计中的重要内容。

2）分割线。服装中的分割可分为垂直分割、水平分割、斜线分割、曲线分割和不规则分割等不同分割形式。

女童服装和婴幼儿装大多采用曲线型分割线，外形轮廓线也以曲线居多，以显示出活泼、可爱的感觉。但是男童服装尤其是男少年装的线条无论怎样变化，刚直豪放的直线一直是服装分割线的主旋律。此外，秋冬季童装中的大部分服装，如大衣、牛仔装、夹克等也大都使用直线分割。为了塑造较完美的造型和显示童装特有的活泼趣味，以及迎合某些特殊造型的需要，童装中经常使用较多的分割线造型。

3）褶。褶是服装结构线的另一种形式，它将布料折叠缝制成多种形态的线条，给人以自然、飘逸的感觉。褶在童装中运用十分广泛，男女童衬衫、女童衣裙（见彩图21）等都有不同褶的使用。在服装设计中，为了达到宽松的目的，常会留出一定的余量，使服装有膨胀感，便于活动，同时它还可以弥补体形的不足，也可作为装饰之用。由于打褶位置及方向、褶量不同，即使同样技法，也会产生不同效果。根据形成手法和方式的不同，褶可分为两种：自然褶和人工褶。

①自然褶。由于自然褶自然下垂、生动活泼，具有洒脱浪漫的韵味，所以，在女童装中经常运用自然褶，多运用在夏季连衣裙、衬衣上以及上衣的胸部、领部、腰部、袖子等处，如领子的涡状波浪造型、胸围线以下的皱褶处理、层叠的曲线底摆等。

②人工褶。人工褶可分为褶裥、抽褶、堆砌褶。由于儿童特有的体形特征和好动的天性，褶裥在童装中使用较多。它既可以满足造型需要，又有足够方便儿童活动的余

量。抽褶在男童装中很少使用，在女童装中却运用非常普遍，而且有时还会成为某一季度女童装的流行热点。堆砌褶常用在儿童礼服、节日盛装、表演装中，日常生活装中则较少使用，一般使用较为柔软华丽的面料。

（3）童装的部件设计。服装部件通常指与服装主体相配置、相关联的，突出于服装主体之外的局部设计，是服装中兼具功能性与装饰性的主要组成部分，俗称“零部件”，如领子、袖子、腰节、口袋等。零部件在服装造型设计中最具变化性且表现力很强，相对于服装整体而言，部件受其制约但又有自己的设计原则和设计特点。

1）衣领设计。衣领是服装中至关重要的部分，因为其接近人的头部，映衬人的脸部，所以最容易成为视线集中的焦点。领子在童装造型中起着重要的作用，童装的领型设计要考虑儿童的体型特征。儿童的头部较大，颈短而细，肩窄，所以一般衣领以不宜过分脱离脖子为宜，领座也不能太高。幼儿期孩子的脖子较短，大多选用无领的款式，也可选用领腰很低的领子。学龄期及以后的儿童要依其脸型和个性选择合适的领型。如果款式需要抬高其领座，也要以不妨碍颈部的活动为准。

2）衣袖设计。衣袖设计也是服装中非常重要的部件。人的上肢是人体活动最频繁、活动幅度最大的部分，它通过肩、肘、腕等部位进行活动，从而使上身各部位的动作发生改变，同时袖窿处特别是肩部和腋下是连接袖子和衣身最重要的部分，如果设计不合理，就会妨碍人体运动。衣袖设计主要分为袖山设计、袖身设计、袖口设计三部分。

3）口袋设计。在成人服装的部件设计中，与领子、袖子设计相比，口袋可以算是比较小的零部件。但在童装设计中，口袋却是一个非常重要的部件，而且童装中的口袋经常会成为一件童装的视觉中心。对于童装而言，大多时候口袋的装饰性比其功能性更突出，口袋的变化较丰富，位置、形状、大小、材质、色彩等可以自由交叉搭配。童装中经常使用各种形状的口袋，看上去活泼可爱，富有情趣。根据口袋的结构特点分类，口袋主要分为贴袋、挖袋、插袋、假袋、里袋、复合袋等几种。设计时要注意袋口、袋身和袋底的细节处理。

4）连接设计。连接设计是指在服装中起连接作用的部件的设计，具有实用功能和审美功能。最常用的连接设计主要包括纽结设计、拉链设计、粘扣设计以及绳带设计。

5）腰节设计。腰节设计指的是上装或上下相连服装腰部细节的设计。腰节设计是服装中变化较丰富的细节设计，腰节的变化可以使服装具有完全不同的风格。腰节设计除了省道设计以外，还有许多种设计手法，如进行收腰设计时，可以使用褶裥设计、抽褶设计或使用松紧带、罗纹带设计，还可以使用纽结和袢带设计，或使用绳带设计在腰部系成蝴蝶结或其他花结。使用腰带也是腰节设计的重要方法，腰带色彩、长短、宽窄的不同变化会使腰节变化丰富。在女童上衣或连衣裙中经常见到腰节设计。

6）门襟设计。门襟是服装的“门脸”，是服装中非常重要的部位。门襟的设计方法、制作工艺、装饰手法等非常丰富，因此会有种类繁多的外观表现。门襟根据服装前片的左右两边是否对称可分为对称式门襟和偏襟。大多数童装使用对称式门襟。偏襟也叫侧开式门襟，偏襟的设计相对比较灵活，多运用在民族风格服装设计中。

2. 童装的色彩

儿童所处的生长阶段不同，其生理和心理特点也不同，因此不同年龄段童装的色彩设计也会随着年龄的变化出现相应的变化和要求。

（1）婴儿期服装色彩。婴儿睡眠时间长，眼睛适应能力弱，服装的色彩不宜太鲜艳、太刺激，应尽量减少用大红色布料做衣料，一般采用明度、彩度适中的浅色调，如白色、浅红粉色、浅柠檬色、嫩黄色、浅蓝色、浅绿色等，以映衬出婴幼儿纯真娇憨的可爱。而淡蓝、浅绿、粉色的色彩则显得明丽灿烂，白色显得纯洁干净。服装花纹也要小而清秀，经常使用浅蓝色、粉红色、奶黄色等颜色的小花或者小动物图案花纹，如彩图 22 所示。

（2）幼儿期服装色彩。幼儿服装宜采用明度适中、鲜艳明快的色彩，与他们活泼好动的特征相协调。幼儿服装常采用鲜亮而活泼的对比色、三原色，给人以明朗、醒目和轻松的感觉。将色块进行镶拼、间隔，可使色彩更加丰富。

（3）小童期服装色彩。小童期儿童的服装色彩与幼儿期相似，这时的孩子有好学好动的特点，喜欢看一些明度较高的鲜艳色彩，而不喜欢含灰度高的中性色调。如果对有童趣的卡通画、动物、花卉进行装饰，则需要选用浅色组。设计时可选用一些明亮、鲜艳的色彩和比较醒目的色彩以表达孩子们活泼、天真的特点，也可以根据个人特点和需要选用浅色组。

（4）中童期服装色彩。中童正处于学龄期，进入小学的儿童的服装色彩要看场合而定，可以使用较鲜艳的色彩，但不宜用强烈的对比色调，主要出于安全和低龄学童的心理考虑，那样会分散学生的上课注意力。一般可以利用调和的色彩取得悦目的视觉感受，节日装色彩可以比较艳丽，校服色彩则要庄重大方。中童也存在体型和肤色上的千差万别，性别和年龄是穿着者服装色彩心理的生理依据之一，影响服装色彩的审美与偏爱。中童服装的冬季色彩可选用深蓝、浅蓝与灰色、土黄与咖啡色，墨绿、暗红与亮灰色；春夏宜采用明朗色彩，如白色与天蓝色、浅黄色与草绿色、粉红色与黄色等，也可利用面料本身的图案与单色面料搭配，如彩图 23 所示。

（5）大童期服装色彩。大童服装的色彩多参考青年人的服装色彩，需降低色彩明度和纯度（见彩图 24）。色彩所表达的语言和含义都要适合他们，少年装色彩主要表达积极向上、健康的精神面貌。但是又要比成年装的色彩显得青春有活力，因此灰度和明度也不能太低。夏季日常生活装可选择浅色偏冷的色调，冬季可选择深色偏暖的色调；学校制服颜色稍偏冷，色彩搭配要朴素大方，如白色、米色、咖啡色、深蓝色或墨蓝色等色彩的搭配；运动装则可使用强对比色彩，如白色、蓝色、红色、黄色、黑色等的交叉搭配。

3. 童装的图案

（1）童装图案设计特征。童装除了色彩鲜艳、质地柔软之外，图案的点缀和装饰也是童装的一个重要方面。儿童热爱自然界中的花草、动物、虫鱼，对世界万物有着天生的好奇心。根据儿童的心理特点，生动可爱的动植物卡通图案是童装设计的典型图案（见彩图 25）。童装图案不仅具有审美功能，在一定程度上还担负着教育的责任。

设计图案时，要根据儿童在各生长期的爱好、特点，选用适当的素材，经过艺术加工，形成图案的纹样。

图案的素材主要来源于生活和自然界。例如太阳、月亮、星星、云彩、雪花、人造卫星、宇宙飞船、山川海河、花草树木、飞禽走兽、昆虫鱼虾、飞机轮船、车辆、器皿、房屋、人物形象、社会生活景象，以及几何图形等，都可用作图案的素材。当然，这些素材要经过加工改造，才能变成精美的装饰纹样。

(2) 童装图案的运用形式。跟所有服装图案运用形式一样，童装图案的运用形式分为对称形式、平衡形式、适合形式和强调形式。

1) 对称形式。由于人体结构是基本对称的，因此对服装的边缘襟边、领部、袖、袋边、裤脚口、裤侧缝、肩部、臂侧部、体侧部、下摆等部位进行装饰时，一般采用对称形式，以增强服装的轮廓感，体现稳健、安定的特点。这种饰边图案装饰性十分强，在使用时要较为谨慎，避免产生太过死板的感觉，一般在民族风格服装中常用这种图案形式。

2) 平衡形式。平衡形式是对对称的结构做平衡的动态或形态变化，通过“同形等量”或“异形等量”的手法使人体服装产生一种平衡的视觉效果。比如女童连衣裙中常在左胸和连衣裙右摆放置相关又不相同的两个图案，既形成一种生动的不对称，又达到一种视觉上的平衡。

3) 适合形式。适合就是将一个或几个完整的图案形象，恰到好处地安排在一个完整的服装廓形内。这个轮廓可大可小，大到整个衣片、整个后肩部，小到一片领子、一个口袋、一只袖克夫等。

4. 童装的面料

(1) 童装面料特点。童装面料要求比成人更严格。面料和辅料越来越强调天然、环保，针对儿童皮肤和身体特点，多采用纯棉、涤棉、天然彩棉、毛、皮毛一体等无害面料。

(2) 童装面料的应用方法

1) 光泽型面料。光泽型面料为表面有光泽的面料，由于光线有反射作用，能增强人体的膨胀感。童装中也常常采用或搭配采用一些鲜艳光泽的面料，不仅是为了配合儿童活泼的性格，同时也为了让大人们能够更加注意和保护儿童，比如在童装上搭配一些荧光色的条纹，夜晚车辆就比较容易注意到儿童，从而避免发生危险。

2) 无光泽面料。无光泽面料多为表面凹凸粗糙的吸光布料。无光泽面料的覆盖面非常广，包括多种原料的面料。无光泽且质地较为轻薄柔软的面料造型一般比较随意自然，具有轻松感，是休闲童装的常用面料；无光泽但质地厚实挺括的面料适合平直挺括的造型，给人率性稳重的感觉，童装西服、礼服等在较正式场合穿着的服装多用这种面料。

3) 厚重硬挺型面料。厚重型面料质地厚实挺括，有一定的体积感和扩张感，给人以稳重温暖的感受。由于比较厚重，厚重型面料多用于秋冬季大衣或外套，如粗纺呢，质地粗犷质朴，适合制作休闲冬装外套。

4) 轻薄柔软型面料。轻薄柔软型面料包括棉（见彩图 26）、丝和化纤织物，如乔其纱、柔姿纱、雪纺纱以及尼龙、透明塑料材料、真丝等。这种类型的材料多在春夏童装中特别是女童装中运用，适合前卫风格和都市风格的设计，给人以现代、时髦的感觉。

5）弹性面料。弹性面料主要是指针织面料，还包括尼龙、氨纶等纤维织成的织物，以及由棉、麻、丝、毛等纤维与尼龙、氨纶混纺的织物。粗针织面料蓬松具有体积感，适合夸张、宽松的造型，典型款式为儿童针织毛衣，给人温暖柔和的感觉。细针织面料（见彩图 27）细腻柔软，款式简洁，风格细腻婉约。大多儿童内衣面料以针织面料为主，款式比较宽松，风格轻松活泼。便装外套也普遍使用针织面料，给人以舒适且随意轻松的感觉。加了氨纶或尼龙的面料则特别适合制作贴体服装，适合人体运动，特别适合儿童装、健美服等。

5. 童装的服饰配件

服饰品是和服装一样在人身上穿戴或携带的东西，具有附属补助性和装饰美观性，既是服装整体搭配的需要，也是服装的附属物。儿童服饰品主要包括帽子、围巾、手套、袜子、包袋等实用性服饰品和头饰、手镯、项链等装饰性服饰品。

（1）常用实用性服饰品

1）帽子。儿童帽子按用途可分为便帽、太阳帽、棒球帽、风雪帽等。帽子由冒顶、帽围、帽檐组成，设计师可分别对三者进行加减法或变形处理。没帽顶的帽子，如无顶太阳帽、各种凉帽；没有帽檐的帽子，如一些针织绒线帽、瓜皮帽等。帽子的材料可以是全棉、呢绒、绒线等。

儿童帽子上的装饰也是帽子设计不可忽视的组成部分，儿童帽子装饰惯用的手法是在帽顶或帽围上添加绢花、鲜花、锻带、花结等，也可以用别针、袢带、纽扣等，既可以起到固定某一部位的作用，同时又具有一定的装饰作用。此外，帽子上还经常使用绒线球、流苏或者珠片坠等。

2）包袋。包袋是儿童储物的服饰品。按功能用途可分为书包、休闲包、钱包、钥匙包等。儿童的包袋主要是上学用的书包，书包一般使用双肩背带设计，两边肩膀可以分担书包的重量，而且比较稳，外形比较规整、硬挺，多使用化纤面料。幼童的小书包多在上幼儿园时或外出时使用，形状可以有很多变化，如方形、圆形、动物、花草等物象形，装饰作用较强，使用化纤、绒布等面料。

3）鞋子。鞋子一般按照季节来分类，一般分为冬季鞋子、夏季鞋子和春秋季鞋子。

冬季的鞋子一般以保暖性为设计目标，以棉鞋、靴为主，材料多为牛皮、羊皮、猪皮、麂皮、合成革等，还有防水、耐磨、防起绒的高密织物、毛毡等。皮靴分为短靴、中靴、长靴，短靴一般配长裤，有时还会将各种花色棉袜露在外面以丰富搭配。长靴适合女中学生穿着，中、短靴适合低龄儿童穿着。

夏季鞋子多为凉鞋。凉鞋材质有真皮、合成革、纺织品、塑料、藤、草、麻等，外观有透明、亚光、涂层之分，可以采用多种装饰手法，如编结、轧花、流苏、手工镶花等，有系带、橡皮筋、搭扣等不同的穿着方式。

春秋季鞋子轻捷舒适，或浅口，或低帮，鞋面随脚型变化，材料可用高档柔软的羊皮、牛皮、麂皮等，也可用舒适的纺织品，如缎面、布料等，给人休闲随意的感觉，而且便于活动。

儿童鞋子中还有一大种类，那就是运动鞋，因其轻便、耐穿的特点深受各个年龄段的儿童喜爱。

以上是最常用的童装服饰品，此外，儿童服饰品还有手套、围巾、眼镜、伞、扇子等，它们在儿童服装中兼有实用性和装饰性的功能。

（2）装饰类服饰品。装饰类饰品包括头饰、颈饰、胸饰、耳饰、臂饰、腕饰、足饰以及领结、领花等，多为女孩子使用。如今，饰品已经打破旧有模式，从造型、色彩、质地等诸因素都有丰富的变化，以满足不同服装以及不同消费群体的各种要求。例如，少女腕饰，有手镯、手链等，佩戴方式有全封闭式、半封闭式等。

三、童装的分类设计

1. 婴儿装设计

（1）婴儿期的心理和生理特点。从出生至周岁为婴儿期。这个时期，儿童体型的特点是头大身小，身高比例是3.5～4个头长，这个时期婴儿的睡眠时间较多，属于静态期，服装的作用主要是保护身体和调节体温。所以，服装的式样变化不多，结构要求简单（见彩图28）。婴儿服设计的一个要点是强调其面料选择的合理性，另一要点是强调其结构的合理性。

（2）婴儿期服装设计要求。婴儿服的造型结构表现为简洁、舒适而方便。婴儿的服装一般是上下相连的长方形，须有适当的放松度，以便孩子的发育生长。因此，打揽（用各种颜色的绣花线将布抽缩成各种有规则的图案，起到装饰与松紧作用，通常用于袖口和前胸及腰围上，见彩图29）是婴儿服中最常用的装饰与造型手法。由于婴儿皮肤嫩，睡眠时间长且不会自行翻身，因此衣服的结构应尽可能减少机缝线，不宜设计有腰接线和育克的服装，也不宜在衣裤上使用松紧带，以保证衣服的平整、光滑、不致损伤皮肤。婴儿颈部很短、皮肤娇嫩，因而对服装的领型有一定要求。一般婴儿服的领口要求相对宽松、领高偏低，其目的是减少与婴儿颈部皮肤的摩擦。

婴儿的生理特点是缺乏体温调节能力，易出汗，排泄次数多，皮肤娇嫩。因此，婴儿服的面料选择必须十分重视其卫生与保护功能。面料应选择柔软宽松，具有良好的伸缩性、吸湿性、保暖性与透气性的织物。一般选用极为柔软的超细纤维织成的高支纱的精纺面料（纯棉、混纺）和可伸缩的高弹面料，如彩图30所示。

2. 幼儿装设计

（1）幼儿期心理和生理特点。1～3岁为幼儿期。这个时期的孩子体重和身高都在迅速增长，体型特点是头部大，身高为头长的4～4.5倍，脖子短而粗，四肢短胖，肚子圆滚，身体前挺。男女幼儿基本没有大的形体差别。此时孩子开始学走路，学说话，活泼可爱，好动好奇，有一定的模仿能力，能简单认识事物，对醒目的色彩和活动极为注意，游戏是他们的主要活动。幼儿对自己行为的控制能力较差，设计时要考虑安全和卫生功能。这个时期也是心理发育的启蒙时期，因此，要适当加入服装品种的男女倾向。

（2）幼儿期服装设计要求。幼儿期的童装设计应着重于形体造型，尽可能少使用腰线。轮廓以方形、A字形（见彩图31）为宜。如女童的罩衫、连衣裙，可在肩部或前胸设计育克、裙、细裥、打揽绣等，使衣服从胸部向下展开，自然地覆盖住凸出的腹部。同时，裙不宜太长，以长度至大腿为佳，利用视错可产生下肢增长的感觉。

同时，幼儿服的结构应考虑其实用功能。为训练幼儿自己穿脱衣服，门襟开合的位置与尺寸需合理，按常规多数设计在正前方位置，并使用全开合的扣系方法。幼儿的颈短，不宜在领口上设计烦琐的领型和装饰复杂的花边，领子应平坦而柔软。春、秋、冬季使用小圆领、方领、圆盘领等关门领，夏季可使用敞开的 V 字领和大、小圆领等，有硬领的立领不宜使用。为了穿着方便，还可以将外套设计为可两面穿，还可以配有可拆卸衣领。幼儿装设计如彩图 32 所示。

幼儿服的面料，夏日可用泡泡纱、条格布、色布、麻纱布等透气性好、吸湿性强的布，使孩子穿着凉爽。尤其是各类高支纱的针织面料（如纯棉、麻棉混纺、丝棉混纺等），更具有柔软、吸湿、舒适的服用效果。秋冬季幼儿内衣宜选用保暖性好、吸湿、柔软的针织面料，全棉或精梳棉涤混纺料均可。外衣以耐洗耐穿的灯芯条绒、纱卡、斜纹布、加厚针织料为主。不同面料的组合拼接，也能产生十分有趣的设计效果。在经常摩擦的部位，可用一些防撕扯的新型面料和经过防污处理的布料、辅料及佩饰，以使用方便的细尼龙取代拉链和扣子，使孩子在玩耍时避免因任何人为因素而发生危险。

3. 小童装设计

（1）小童期心理和生理特点。4～6 岁儿童正处于学龄前期，又称幼儿园期，俗称小童期。小童期体形的特点是挺腰、凸肚、肩窄、四肢短，胸、腰、臀三部位的围度尺寸差距不大。身体高度增长较快，而围度增长较慢，四岁以后身长已有 5～6 个头高。这个时期的孩子智力、体力发展都很快，能自如地跑跳，有一定的语言表达能力，且意志力逐渐加强，个性倾向已较明显。同时这个时期的儿童已能认识外界事物和接受教育，学唱歌、跳舞、画画、识字，男孩与女孩在性格上也显出了一些差异。

（2）小童期服装设计要求。为适应这一年龄期儿童的心理，在服装上经常使用一些具有趣味性、知识性的图案，装饰图案十分丰富，有人物、动物、花草（见彩图 33）、景物、玩具、文字等。取材多带神话和童话色彩，以动画形式表现，具有浪漫天真的童趣性。而五六岁的孩子求知欲强，好问，对动画片特别感兴趣，则可在服装上选择在儿童中正流行的卡通片、动画片里的人物和动物做装饰，这个年龄的儿童装可以使用多种装饰手法，可以有婴幼儿的活泼随意的装饰，但因其有了一定的自理能力，在结构处理和装饰处理上又可以多讲究一点装饰性，如彩图 34 和彩图 35 所示。

小童已进入幼儿园过集体生活，已懂得根据需要穿脱衣服，因此，在设计童装结构时要考虑孩子自己穿脱的方便性，因此上下装分开的形式比较多。服装的开口或系合物应设计在正面或侧面比较容易看得到摸得着的地方，并适量加大开口尺寸，扣系物要安全易使用。小童期儿童活动量大，服装从结构上讲需要有适当的放松量，但是下摆、袖子、裤脚不宜过于肥大，且袖管、裙长、裤长也不宜太长，以防止孩子走动时被绊倒或勾住其他东西。小童的服装在腰腹部可适当做收入处理。小童的西服上衣在前身呈上小下大的结构，利用分割线在胸围线处收入，在腰围线以下放开，前身不设腰省。

小童服装品种有女童的连衣裙、背带裙、短裙、短裤、衬衣、外套、大衣，以及男童的圆领运动衫、衬衣、夹克衫、外套、长西裤装、短西裤装、背心、大衣等。这类服装既可做幼儿园校服（见彩图 36）用，也可以做家庭日常生活装用。面料以纯棉起绒针织布、纯棉布、灯芯绒布及混纺涤棉布居多。一般夏日可用泡泡纱、纯棉细布、条格布、色织布、麻纱布等透气性好、吸湿性强的布料，使孩子穿着凉爽。秋冬季宜用保暖性好、耐洗耐穿的灯芯绒、纱卡斜纹布等。还可运用面料的几何图案进行变化，如用条格布做间隔拼接。如果用细条灯芯绒与皮革等不同质地的面料镶拼，也可以产生很好的设计效果。

4. 中童装设计

（1）中童期心理和生理特点。7～12 岁的儿童被称为中童，也称小学生阶段。这时期的儿童身高为 115～145 cm，身高比例是 5.5～6 个头长，肩、脑、腰、臀已逐渐变化：男童的肩比女童的肩宽；女童的腰比男童的腰细；女童此时的身高普遍高于男童。学龄期儿童已开始过以学校为中心的集体生活，学龄期也是孩子运动功能和智能发展较为显著的时期。孩子逐渐脱离了幼稚感，有一定的想象力和判断力，但尚未形成独立的观点。服装以简洁的各类单品的组合搭配为主。

（2）中童期服装设计要求。中童服装总的设计要求是造型以宽松为主，可以考虑体型因素而收省道。男女童装不仅在品种上有区别，在规格尺寸上也开始分道扬镳，局部造型也显出男女差别，虽可采用图案装饰，但是图案的内容与婴幼儿有所不同，不宜用大型醒目的图案，一般只用一些小型花草图案。色彩也不宜过分鲜艳，可以强调对比关系，但对比不宜太强烈，以保证他们思想集中。

这时期的男女童在兴趣、爱好、习惯上也产生了极为明显的差异。在服装上，对色彩、图案、款型的取舍也有明显不同，如女童偏爱红色、粉色等暖亮色系，而男童偏爱黑、灰、蓝、绿等冷灰色系。在服装款型上，女童偏爱花边、蝴蝶结、飘带等繁多细小的装饰及泡泡袖、蓬蓬裙、铜盘领、A 字裙等服装款式，男童则喜欢简洁明了的服装款式，如 T 恤、背心、夹克、运动裤等，装饰件也以拉链、铜扣、搭袢为主；在装饰图案上，女童喜欢可爱的卡通偶像、甜美的演艺明星、可爱的动物花卉等，男童则喜欢出名的运动明星、传奇的英雄人物、著名的运动品牌标志，如 NIKE（见彩图 37）、阿迪达斯、锐步等。这个时期的儿童已经将生活的中心由家庭转移到学校，开始过以学校为中心的集体生活。这时他们的身体趋于坚实，四肢发达、腹平腰细、颈部渐长，肩部也逐渐增宽。因此，服装的功能性、美观性相结合是这一时期童装最典型的特点。

中童已进入小学，因此中童服装的设计应考虑到学校集体生活的需要，以及能适应课堂和课外活动的特点。款式设计不宜过于烦琐、华丽，以免分散上课注意力。一般采用组合形式的服装，以上衣、罩衫、背心、裙子、长裤等搭配组合为宜。设计要适应时代需要，但不宜过于赶潮流或施以过多装饰。此外，这个时期，由于儿童的活动量较大，因此款式结构的坚牢度是设计应考虑的要素之一。面料适用范围较广，天然纤维和化学纤维织物均可使用。内衣及连衣裙可选用棉纺织物，因为此类面料吸湿性强，透气性好，垂性大，对皮肤具有良好的保护作用；而外衣则可选用水洗布、棉布、麻纱等面料；学生服的面料以棉织物为主，要求质轻，结实，耐洗，不褪色，缩水性小。质地高雅，美观大方，易洗涤，易干燥，弹性较好的混纺织物也可使用。天然纤维与化学纤维两者组合搭配，可产生肌理对比、软硬对比、厚薄对比等不同对比效果。中童装设计如彩图 38 所示。

5. 大童（少年）装设计

（1）大童期心理和生理特点。13～17 岁的中学生时期为大童期，又称少年期。这个时期的儿童体型已逐渐发育完善，男孩的身高比例是 7～7.5 个头长，女孩的身高比例是 6.5～7 个头长，尤其是到高中以后，一般孩子的体型已接近成年人。男孩的肩越来越宽，显得臀部较小，而女孩则体现出显著的女性特点。

（2）大童期服装设计要求。这时的孩子已有自己的审美意识和独立的思考能力，但自身尚没有经济能力选购服装。女装以能体现女学生娟秀的身姿和活泼性情的服装为主，各类少女服装如背心裙、运动时装、网球裙等，均是理想的服装单品；男装则通常以各类休闲衫与休闲裤的组合为主，其中，各个品牌的运动装是男孩子们最喜爱的服装类型。

这时期的孩子已逐渐发育接近成年人，已有了自己的审美意识，懂得如何使自己的穿着适合不同的场合。这一时期的服装款式除了学生装外，其他服装款式虽然与成年人的服装类似，但在造型上要注意体现属于少年儿童的特殊的美感（见彩图 39、彩图 40）。在此年龄段的少年儿童适合大多数面料。此阶段少年儿童服装的功能类型分得极为细致，如内衣、外衣、运动衫等，各种面料的混合运用极为普遍，但日常生活服仍以棉、麻、毛、丝等天然纤维或与化学纤维混纺的面料为主。一些丝绸、全毛料等高档面料在正装中也有使用。

这一时期的装饰手法较以往更为多样，除常用的花边、抽褶、荷叶边、蝴蝶结等，各种上下呼应的系列装饰手法也能极好地起到装饰作用，如镶边、明线装饰、双线装饰、嵌线袋使用、贴袋使用等。在出席正式场合时，珍珠、水钻、金银丝刺绣等高档材料也被使用。

第2单元

服装色彩设计

第一节　服装色彩概述

→ 了解服装色彩设计基本概念
→ 熟悉服装色彩基本特性

一、服装色彩概念

服装色彩，顾名思义就是指服装的各种颜色。它其实有复杂的内容，单纯的衣服之色彩，称为狭义的服装色彩（见彩图 41）。而衣服、装具、饰物、着衣人，以及环境场合、季节时间等总体的色彩关系，称为广义的服装色彩（见彩图 42）。色彩不只是指颜色，它还包含各种光色、物体本身的固有色、人的视觉生理、心理以及美学等方面的内容。从色彩只是颜色的角度来看，只要是健全的人都能认识和辨别色彩，并有一定的评价能力。但不是所有的人都具有有意识地组合各种预想服装色彩和创新服装色彩艺术的能力。

二、服装色彩设计概念

一般评价服装的色彩效果，往往是在服装制作完成之后，被综合考察评判的，但如果一切效果只待完成以后的巧合，就为时已晚了，色彩组合就变成了无意识的拼凑。故而服装色彩的效果，需要服装设计师在设计之初，就把面料材质、造型款式连同色彩一同考虑，按照服装总体要求和可能产生的效果之估计，对色彩进行选择性的组合，全面思考和计划，并运用色彩美学法则及色彩搭配技巧方法，根据服装设计的目标、原则，结合服装款式、面料进行色彩方面的综合创造性计划，可以称之为服装色彩设计，分为广义的服装色彩设计和狭义的服装色彩设计，如彩图 43、彩图 44 所示。

三、服装色彩的特性

服装色彩不是纯粹的造型艺术设计，与美术作品色彩有明显的区别和性质上的差异。作为一名服装设计师，如果要想使服装色彩设计达到某种预想的目的，产生优美的视觉效果，就必须理解和掌握服装色彩所具有的特性。为此，可以从不同角度对此进行分析与研究。

1. 服装色彩的象征性

由于传统习惯、风俗和某些国家、地区、宗教、团体的特定需要，给某个色彩以特定的含义，使某些色彩象征不同的内容，在一定的地区有特定的语言，这就是色彩的象征性。例如，红色是火的颜色，使人想起火焰；红色又是血的颜色，使人联想到它的火热与珍贵。在我国，红色是积极的颜色，是革命的象征，红旗是共产主义的象征。

服饰色彩就其社会意义来讲，主要的功能之一就是象征性。我国早在奴隶社会就将“五色”赤、黄、青、黑、白作为正色，以显示高贵与权威。古人用玄纁表示天地之色，以上玄象征未明之天，以下纁表示黄昏之地，用作祭服以示庄重（见彩图 45）。据文字记载，每一个历史时期的服装色彩都有其各自的崇尚色，夏朝崇尚青色，殷朝崇尚白色，周朝崇尚红色，秦朝崇尚黑色等。隋唐时期统治者用服装颜色来区别职官等级的高低，于是服装色彩便有象征职位的品级以及贵贱尊卑的含义。

服装色彩在某种程度上强烈地反映了时代与社会风貌的特色，而作为社会中一员的个人，其服装色彩的选择，在受社会道德、文化、风尚制约与影响的同时，又必然体现他们各自的社会地位及精神面貌。因此，服装不仅是个人生活的必需品，而且“观其人，知其人”，服装色彩早已成为表明其身份特点的象征性标志。不同颜色的服装给人不同的感受、具有不同的象征内涵。红色在中国象征热情、喜庆、吉祥，是新娘的服色、节日盛装的常用色；黄色是光的象征，在近代生活中常被认为是有知性，能理解或聪明的象征；蓝色使人联想到广阔的天空与深不可测的海洋，是智慧的象征，所以蓝色多用于高科技、技术部门的职业服色彩；绿色象征和平、生命、安全，所以多用于军服、邮政等制服色彩；紫色象征高贵、庄重、神秘，其明度低、染料少缺，多用于老年服色和有资历的人的服装；黑色服装象征端庄、稳重、沉重，多用于丧服色彩；白色在西方国家象征平等、纯洁、高雅，如彩图 46 所示。

2. 服装色彩的装饰性

色彩在知觉选择中的优先性，决定了色彩在服饰中的重要地位。就服饰的精神功能来看，无论装饰性、象征性都以色彩为首要表现因素。因为一个人的服饰引起他人的注意，首先是由于色彩的强烈影响力，所以从服饰的装饰性方面来看，在构成装饰的要素中，服装色彩起着关键的作用。

服装色彩属于装饰色彩的范畴，是通过人体表现的一种审美形式，也是人类最为普及的美感形式。服装色彩的装饰目的，不是装饰形式本身，而是由装饰形式美化人体，是人体的内外修饰在服装上的特定反映。在服装各种功能中，最重要的一点便是为了体现美感。古今中外，有不穿衣服的民族，但没有不装饰的民族（见彩图 47）。服装色彩的装饰性必须因人而异、因款而异进行设计，不能单凭设计者的主观兴趣而随意发挥，甚至强加于人。服装色彩是经过提炼、归纳而形成的装饰性色彩，而不是写实的绘画色彩，如彩图 48 所示。

3. 服装色彩的民族性

不同的民族，由于社会背景、民族文化、宗教信仰、经济状况、传统习俗和自然地理环境等的不同，在服装色彩的审美要求及兴趣爱好上也不尽相同。某种服装色彩在某个民族被认为是吉祥的服色，换一个民族，却可能变为忌讳的服装色彩。例如，亚洲国家普遍崇尚黄色，这主要是佛教的影响；而信仰伊斯兰教的国家普遍喜欢绿色，这一方面是宗教的影响，另一方面这些国家多处于沙漠地区，干燥、炎热、缺乏绿色植物，形成了对绿色的渴望和偏爱（见彩图 49），而黄色则象征死亡与不吉祥；非洲大部分国家偏爱鲜艳的纯色，喜欢使用原色、明亮的服装色彩，这主要与生活在这一地区的人们精神生活比较贫乏和自身肤色黝黑有关；欧洲国家对各种灰色有较高的嗜好度，这与欧美地区人们物质与精神生活高度发达、皮肤洁白有着密切的关系。在西方“蓝的血”指名门的血统，蓝色表示身份高贵；在以色列基督教传统中，蓝色主要代表上帝的颜色，蓝色是圣母玛利亚的服色，是希望的象征，以色列以蔚蓝色与白色为国旗色，这些颜色用于商业，容易引起当地人们的不快；在葡萄牙，蓝色和白色一样代表君主的颜色；在瑞典蓝色与黄色代表国家的颜色；在泰国，蓝色代表王室，象征王室在人民和纯洁的宗教拥护之中；而在西亚的伊拉克深蓝色则是丧服的颜色；在我国有些地区传统的丧服中也有用群青色的，俗称“死亡蓝”。白色在汉族传统生活中常用于丧事，过去农村有些地方把蓝色和黑色常用于远房亲戚，看到蓝色即联想到死亡、悲痛、哀伤、感情受到压抑等；西方大部分民族结婚服装多用白色；希腊人、回族、朝鲜族都喜爱白色服装。由此可见不同的自然条件，促使各民族在长期的选择中逐渐形成具有自己民族特色的色彩偏爱和象征，如彩图 50 所示。

4. 服装色彩的功能性

服装是具有艺术性的实用品，其色彩当然也应考虑实用机能性。服装的机能色彩，对审美的考虑必须服从实用功能。这种服装配色以外表为基础，设计时需预先考虑它出现的场合及存在的位置，以及人们对之视认性的难易程度。

（1）服色的警示功能（可视性高的服装）。服装色彩的功能之一是视认性，如登山服装、海上作业服装、森林防护作业服装、公路环卫工人服装、竞技运动服装、救灾保护以及服务行业具有识别性的职业服等（见彩图 51）。红色在自然环境的大片绿色对比下，产生“万绿丛中一点红”的视觉效果，尤其醒目，色彩感极强。所以古代官员让犯人穿着红赭色的衣服，称“赤衣”或“赫衣”，使穿着者不宜逃跑。现代企业利用职业服的不同色彩，防止员工串岗闲聊，便于企业管理。黄色和黑色是色彩搭配中最醒目的对比，所以常用黄黑色作为交通信号色，有利于引起人们的注意。日本政府规定，黄色为安全色。基于安全，儿童的书包、帽子、雨伞等服饰用品都选用明黄色对比设计。因为下雨天，明黄色在灰暗的情况下最为醒目。

（2）服色的隐蔽功能（可视性低的服装）。具有隐蔽性功能的服装色彩主要指军队、特种警察部队等职业服装色彩。为了作战和工作中隐蔽躲藏自身的需要，选用绿色或与自然环境色调相一致的色彩，不易显露自己。如军服中的迷彩服（见彩图 52）、警服、狩猎服。宾馆清扫工职业服、学生服（见彩图 53）等也采用隐蔽性和不醒目的低长调色彩设计。在医院手术室等地方穿着的职业服，由于医生长时间开刀见血，眼睛容易疲劳，所以手术室职业服色彩多采用淡青色和浅绿色，因为它们正好是血红色的补色。红色血溅到浅绿色服装上形成深暗色，红色血溅到白色的服装上，则会形成青绿色，由于色彩对比过强而影响手术人的视觉观察，长时间工作会影响手术的进行。

（3）服色的卫生功能（显脏性服装）。显脏性服装常采用白色或高明度的色彩进行服装色彩设计，如饮食服务、食品加工、制药、医疗、医务、高科技精密仪器加工等人员穿着的职业服装以及理发员穿着的制服等。显脏性服装使服装色彩很容易显示脏污，提醒穿着者及时更换，便于卫生的保持和精密产品质量的提高，如彩图 54 所示。

（4）服色的耐脏污功能（耐脏性服装）。耐脏性服装多采用低明度、低纯度的服装色彩设计，如煤矿工人服装、印染工人服装、维修等工人穿着的职业服装。耐脏性服装使服装色彩与工作环境相协调，使服装耐穿耐洗，如彩图 55 所示。

5. 服装色彩的价值性

人的视觉是人类从外界获得信息最重要的器官，人们的色彩感觉与商品价值有着直接的关系。具有“适龄色彩”的服装，能使人产生魅力，增加其吸引力和说服力，激发消费者的购买欲望。如果是不能满足人们需要的过时色彩，即使降低售价，也难以引起消费者兴趣。具有流行服装色彩的服装其价格就高。具有过时服装色彩的服装，其价格就低。成人的服装色彩，儿童服装就不宜使用，因为儿童本身也不喜欢。儿童服装必须使用适合儿童的色彩搭配，这样才能真正体现儿童服装的价值（见彩图 56）。相反，对比强烈的色彩，老年人不易接受。由于人们可以任选自己喜爱的色彩来美化自己的服装，因而服装色彩设计必须适应时代潮流，满足客观实际的需要。服装色彩受时间和季节的限制，过时便不受人欢迎。每一时期的流行色都反映新的季节特征，故而既能使人感到上一季节的延续性，又有新季节的刺激性的服装色彩，人们最乐意接受。过于前卫、超前，人们也不容易问津，不容易接受。服装色彩只有适应环境，适应个人年龄、性格、性别、职业等，才能取得良好的穿着效果。不同的人对色彩的理解各不相同，因此，在民间流传的色彩往往能反映人们不同的文化素质、思想感情和传统习惯，如彩图 57 所示。

6. 服装色彩的个性

色彩能反映人的性格，不同性格的人喜欢不同的色彩，当服装的色彩与穿着者的性格相吻合时，方能给人带来舒适和愉快的感觉。服装色彩设计既要考虑不同时代及社会的基本爱好，也要符合穿着者的个性。例如，性格内向的人一般喜欢深沉、素雅的颜色（见彩图 58）；性格爽朗的人（外向的人）则喜欢鲜明或浅白的颜色（见彩图 59）。性格温柔的人喜欢浅淡的低彩度颜色或暖色（见彩图 60）；性格硬朗的人则喜欢深暗的冷色调服色；老年人喜欢深色和含有灰度较高的稳重颜色；儿童则喜欢鲜艳、明度与纯度较高的对比颜色。不同的职业、不同的工作环境，对色彩的要求也不同。传统服装逐渐被时代化、个性化的流行时装所代替，服装色彩向多样化方向发展。人具有千差万别的个性，服装色彩必须因人而异、因款式而异进行设计，不能单凭设计者的主观兴趣而随意发挥，甚至强加于人。

7. 服装色彩的立体流动性

服装色彩是通过印、染、织等工艺处理方法依附于服装面料之上的，而将由面料制成的服装穿在人身上之后，服装色彩即从平面状态转变成立体形态，人们也将会从各个角度和各个方位进行审视。因此，服装是流动的艺术，服装是三维立体的，而不是二维平面的。服装色彩设计，不仅要考虑服装正面的装饰色彩效果，还要考虑服装背面和侧面色彩效果，而且要照顾到每个角度的视觉平衡以及光线对服装色彩明暗的影响，使之始终都能保持整体协调的色彩效果。同时，服装是穿在人身上的，人是活动的实体，穿着在人体上的衣服，不同于一幅挂在墙上的静止的画，服装的色彩会随着人的活动进入各种地点和场合，与那里的环境色彩共同构成特有的色调和气氛。所以在进行服装色彩设计时，除考虑静态的服装色彩效果外，还应考虑人体着装后走动时的立体流动效果，如彩图 61 所示。

8. **服装色彩的协调性**

服装给人的第一印象是色彩，它是协调整套服装的重要因素之一。服装色彩的组合搭配，不仅关系到衣服色彩自身上下、内外的协调性，还关系到穿衣人的头发颜色、皮肤色彩以及服饰配件与服饰用品色的协调性。另外，服装色彩的整体设计还应考虑服色与自然环境和社会环境的协调关系，包括服装色彩与背景的协调（见彩图 62）、服装色彩与饰品的协调（见彩图 63）、服装色彩与环境的协调（见彩图 64）、服装色彩本身的协调（见彩图 65）。

第二节　成衣色彩搭配设计

→ 熟练掌握成衣色彩搭配原理

成衣色彩配色只研究衣服本身色彩之间的组合，与穿衣服的人没有关系，它的配色完全是孤立、无目的的一种基础训练，特别是学习服装设计初级阶段的基础训练，使学生掌握色彩三要素之间的相互转换。衣服的配色就是按照设计者的构思意图，选择适当的色彩面料制成衣服。常用的配色方法有以下几种：

一、单一色相的搭配

单一色相的衣服配色，是同一颜色的组合，这类配色是调和效果的配色，性格一般由色相决定，注意上下衣服色彩面积大小的对比，充分利用衣服本身单调的色彩与穿着人皮肤色彩之间的对比，以及穿着人的内外衣服色彩之间的对比和着装人身上所佩戴的服饰色彩之间的对比。例如，头发、胸饰、扣子、腰带、鞋袜等色彩之间的对比，单一色相的颜色与不同质感肌理面料之间的对比组合，同一黑色、不同质感的皮、布、丝、麻、有光泽与无光泽面料之间的对比组合，效果各不相同。单一色相的组合搭配与穿着人所处的环境色彩之间的关系，如背景色彩、地面色彩等。单一色相的衣服配色一般多用于中老年装和男子服装以及一部分职业服装。单一色相配色图如彩图 66 所示。单一色相配色具体细节见表 2—1。

表 2—1　　单一色相配色具体细节

对比部位	具体细节
面积大小	结构分割对比、上下面积对比、疏密关系对比
人体肤色	面部色、颈部色、上臂色、手部色、腰部色、腿部色、脚部色

续表

对比部位	具体细节
内衣色彩	衣领色、门襟色、袖口色、下摆色、腰部色、裤口色
服饰色彩	头发色、帽巾色、腰带色、项链色、挎包色、手套色、袜子色、鞋靴色
附件色彩	扣子色、拉链色、商标色、缉线色、挂钩色、标牌色、纪念章色
里料色彩	领子色、袖口色、门襟色、下摆色、腰头色、口袋色、裤口色
面料质感	光泽面料色、无光泽面料色、厚重面料色、轻薄面料色
皱褶效果	人工褶皱光影效果、自然褶皱光影效果
肌理效果	凹凸效果、横向肌理、纵向肌理、有规则肌理、无规则肌理
图案装饰	刺绣装饰色、贴补装饰色、手绘装饰色、悬挂装饰色
透叠色彩	面料色与皮肤色、面料色与面料色、面料色与服饰色
环境色彩	背景色、地面色、天空色、场景色

二、二种色相搭配

二种色相搭配是指两个相貌不同的色相配合，这种二色组合，性格一般由面积较大的色相决定。它主要训练学生对色彩的明度、纯度、色相的组合搭配。此种色彩搭配多用于男女童服装中。

1. 单一色相与无彩色系配合

这种色彩组合，性格一般由色相决定，无彩色系一般为中性色彩，如黑、白、灰、金、银。组合搭配时应注意两种色彩面积大小与明度差的对比关系，如彩图 67 所示。

2. 同类色配合

同类色配合是指将一种颜色分成两种不同明度的色阶进行搭配，这两种色相组合，色相感强，但容易产生单调、无兴趣的效果，配色时应注意调节明度色阶和纯度差，使之产生对比，以增强活泼感，如彩图 68 和彩图 69 所示。

例 1. 两个色相同类（类似）色相差较小，应调节明度和纯度差，产生对比。

例 2. 两个色相纯度接近，色相和纯度差小，调节明度，增强对比，产生变化。

3. 邻近色配合

邻近色是指色相环中九十度以内的两种颜色，这两种色相组合，有同一色素，它比同类色丰富，在调和中是有差别的两种色相配合，配色时应注意调节明度和纯度差以及面积大小、冷暖对比来改变单调、模糊、无兴趣的感觉。

例 1. 两个色相邻近、色相差适中，应调节明度、纯度差对比。

例 2. 两个色相、明度邻近，色相、明度差适中，调节纯度差对比。

例 3. 两个色相、纯度邻近，色相、纯度差适中，调节明度差对比。

例 4. 两个色相、纯度、明度邻近，属于调和的配色，这时应注意色彩面积大小、色彩冷暖的对比变化，如彩图 70 所示。

4. 对比色配合

对比色是指色相环中一百八十度左右的两种颜色，这两种色相的组合，色相与明度反差大，能产生活力和强烈的吸引力，但必须采用多种调和的手段，避免配色产生过于刺激，获得良好的配色效果。

例 1. 两个色相差较大的对比组合，注意两种色彩面积大小关系，保持一方色性的优势，另一方处于从属地位，从而保持平衡，如彩图 71 所示。

例 2. 两个色相、明度对比，色相、明度差较大，这时应改善纯度关系，使纯度降低。双方降低纯度或一方降低纯度，双方同时加白色或加入同一色相或双方相互渗入对方色彩，如彩图 72 所示。

例 3. 两个色相、纯度对比，色相、纯度差大，应改善明度关系，使双方或一方降低或提高明度，从而降低色相、纯度对比程度，如彩图 73 所示。

三、三种色相配合

三种色相的配合是指三种色相不同的色彩组合或两种色相与一种无彩色系或光泽色（一种色相与两种无彩色系或光泽色）的组合。这三种色的组合，性格一般由主色调的色相决定。三种色相配合容易产生活泼感，多用于童装和青年男女装的设计。

例 1. 两种色相与一种无彩色系配合，无彩色系被视为中性色彩，注意面积大小与明度差的对比，如彩图 74 所示。

例 2. 三种色相不同的色彩组合，有两种色相对比比较（或邻近）缓和，一种色相对比色感丰富。要注意面积的大小。就三种色相配合来说，对比色、饱和色面积相应小点，调和色、纯度低的色彩面积相应大些。

例 3. 色相环等差的三种色配合，这种色彩组合属于效果等差中的配色，强烈而有趣，使人能获得圆满的视觉心理平衡感。只要注意三种颜色的调和关系和明度、纯度的变化，就能获得理想的活泼性，而不显得杂乱无章。

四、多种色相配合

多种色相配合是指三种颜色以上的配合。色相越多，关系越复杂，配色越难取得调和统一的效果。但处理得当就会有热情活泼、丰富多彩的特点。在多色配色中，首先确定主色与过渡色的关系，可以把一色或两色作为基础色，采用大统一，小对比的方法进行配色。所以此种色彩搭配常用于童装和舞台服装的设计。

例 1. 全色相渐变组合，主色调采取有秩序的组合。均匀搭配，则容易取得配色的良好效果，如彩图 75 所示。

例 2. 等差对比色相组合，可组合 2、4、6 等不同色相差的多色相对比，注意大协调和小对比等配色方法的使用，使多色相改善对比关系，如彩图 76 所示。

例 3. 多色相组合在服装配色中多用于面料花型色彩之间配合或花型面料色彩与单一色相（无彩系色）组合搭配。一般不采用多色相拼接或开片缝合。这种色相组合，应注意整体色调的统一，色相面积不易过大，如彩图 77 所示。

第三节　服装色彩搭配设计

→ 掌握服装色彩与穿着人的体型、肤色、发色、年龄以及自然环境、社会环境之间的关系，提高服装色彩整体设计技巧水平

一、服装色彩与人的关系

1. 服装色彩与体型的关系

服饰是美化人体的艺术。没有人体，就无所谓服饰，但是反过来服饰又能为人体增光添彩。服装艺术的美与人体是分不开的，服饰美的主要功能之一就是突出人体美。在现实生活中，完美无缺的匀称体型是极少的，绝大多数人的体型都具有某一方面或某几方面的缺陷。但人们往往很难正视自己身体上不够完美的地方，在穿着打扮上常常逆事理而行。例如，过于丰满的女性，企图借助紧身衣服来使自己变得苗条些，结果适得其反。身材的丰满与清瘦及部分的长短大小比例，是我们在短期内无法改变的现实，但可以在正确认识身体缺陷的基础上，利用服装去掩饰它，弱化它，改变和调整旁观者的视觉感受，以达到改变和美化穿着者形象的目的。但服装设计师如何使穿衣人的主观条件与服装色彩搭配，才能使穿着者仪表风度得到改善呢？我们要把服装色彩设计与穿着者形象、款式结构面积和密切相关的服装整体因素，综合起来一起考虑。通常来说，浅色和暖色服装可以给人以丰满感。因为浅色服装和暖色调的服装，具有一种扩大物体体积的作用。如红色、黄色及浅色，能使人显得高大、丰满，最适宜于身材瘦小者穿用，如彩图 78 所示。

对于体型过胖的人来说，最好选择冷色调与重颜色衣服，这种体型的人，其服装宜设计成深色，而且采用上下一致或性质相似的色彩搭配。避免选择白色、浅灰色的裤子和浅色的外衣或罩衣，否则看上去会显得比其本来体型更臃肿，更笨拙。体型过胖人群适宜的服装色彩如彩图 79 所示。

身体消瘦的人，应尽量避免选择色调过于灰暗的衣服，而应选择浅色、暖色调的衣服，或花色鲜艳，花朵图案大一些的服装，使其看上去显得丰满些，选择横条或方格花纹的服装，也能显出其匀称和健美的身材。体形消瘦人群适宜的服装色彩如彩图 80 所示。

体型过高的人最好避免穿浅色调和大花圆形等大幅图案以及色彩鲜艳、亮度大的服装，而应选择深色、单色或色调柔和的服色设计，那样会显得稳重、娴静、安详、可亲。深色调的服装可给人以窄小感。例如，深绿、暗蓝、蓝紫等色能使人显得瘦小、矮小，适宜体型高大和过胖的人穿着。体形高大人群适宜的服装色彩如彩图 81 所示。

对于个子矮小的人来说，最好不要穿深色调或灰暗的衣服，不妨选择色调浅、亮度大的服装，穿加长裙加以掩饰，采用异色提高腰节或宽腰围设计，以帮助改善视觉效果。上衣的下摆不要对比太明显，避免上下对等分色，形成竖向分割，使其显得更加矮小。体形矮小人群适宜的服装色彩如彩图 82 所示。

那些体型有缺陷的人，也可根据色彩的规律，结合自己身材的特点，科学地进行色彩配色，以获得较为满意的效果。例如，设计窄肩身材的服装，下身应偏向较深的颜色，或者同一色调的搭配；臀部过大，胸部又不丰满的人，最好设计成深色或素净的裙子或裤子，再配上浅粉色的上衣，这样便会产生胸部扩大而臀部收缩的效果，使体型变得优美而丰满；而臀部窄小，腿部肌肉不甚发达的人，则最好设计成浅色的裙子或裤子以及紧身、束腰的服装，选择两截式套装搭配，花色重点装饰下身，以色彩、纹样、花色给人造成视错觉，使臀部扩大、突出，使这一缺陷得以弥补，从而改变人的外观体型，如彩图 83 所示。

2. 服装色彩与肤色的关系

服装色彩设计除了注重穿用者身材以外，还应注意穿用者皮肤色彩与服装色彩之间的关系。通常冬季以脸部的色彩为主，夏季、春季、秋季以脸面、颈部、手臂、腰部、腿脚等部位的色彩为主，使服装色彩与皮肤色彩或调和或衬托，使服装设计更加完美统一。人的肤色可分为冷色调和暖色调两大类型。冷色调肤色的人，穿衣服宜以冷色为基调，暖色调肤色的人则宜以暖色为基调。在服装色彩设计中，首先确定穿用者的肤色特征，再根据皮肤色彩的基调，选用适当的服装色彩。一般来说，白皮肤的人，穿各色衣服都相宜；穿深色服装显得白皙干净；穿浅色服装则显得娴静、舒雅，给人以超凡脱俗之感；穿鲜艳色彩的服装能产生青春之活力和朝气；发红的肤色，配上浅色衣服，会显得更加红润，健康而有活力。

黑红脸的人若穿浅黄色、白色服装，便可使衣服色彩与肤色产生和谐的效果，避免选择浅粉、浅绿、灰色、深色等色调的服装色彩设计。肤色偏黄或近于褐色的人不适合穿土黄、灰、褐、黄绿、茶绿色的服装，由于肤色与服色对比，易产生病态和苍老之感。脸色偏黄的人最好选择浅粉色，或者以白色为主的花纹图案服色设计，因为穿白色为主的服装能使其显得健康，可使面部肤色显得富有色彩。

皮肤色调很暗的人穿上灰、黑、紫色、深褐色服装，会显得老气横秋。皮肤较深的穿着者，适合选择白色以及艳色的服装搭配，使肤色产生美感。不管什么样的肤色，其实都是红色系的色彩，是皮肤色素与血液的重叠色，以红润肤色最显健康、活泼、富有朝气，热情而富有青春气息，故服色设计应以衬托肤色红润为最佳。正确了解穿着者的皮肤色彩，是服装色彩设计和化妆的关键要素之一，如彩图 84 所示。

3. 服装色彩与发型、发色的关系

发型的选择要考虑多方面的因素，首先需要考虑的是脸型（长、圆、方、尖），其次是头发本身的软硬粗细与疏密程度。年龄、个性、气质、体型以及颈的长短等因素对发型的选择很重要。除上述因素之外，服装款式和色彩设计与发型的选择也密切相关。

能显示女性优美体型的服装，发型应强调妩媚绰约的阴柔之美。个子偏矮和脖颈较短的女性宜将头发剪得稍短一点，或将头发盘在头顶上，避免过多的卷曲。身材修长的女性最宜梳侧披肩发或束长发，那样可显得亭亭玉立，发式轮廓线应选大波浪形曲线，与身体的曲线相呼应。表现轻松自如，不拘一格的潇洒服装，如休闲夹克、牛仔装等，发型应追求自然发型或选用蓬松轻盈的短烫发，或选用自然的长披肩发，不必一丝不乱，过于拘谨。这种发型经常用于旅游或运动量较大的活动，因此可辅以发带，既可避免运动时头发飘散的不便，又可吸汗，同时也是很协调的饰物。表现朝气蓬勃，健康活泼和自由奔放的服装，如T恤衫、短裙、短裤、休闲运动服等，这时的发型应富于青春之美，宜短不宜长，如“学生式”“刘海式”和“运动式”，且直发、短发比卷发更为适宜。表现挺括、整洁、严谨等阳刚之美的服装，如西装、套装等，穿着者可留直发，也可烫成卷发，无论怎样，都应该梳理得端庄大方，不宜蓬松凌乱。头发上应抹些发乳等护发剂，使之滋润而富有光泽，不可过分干枯。

服装色彩的设计应与发型色彩结合起来考虑，世界人种发色大致有金色、亚麻色、棕色、褐色、黑色、红色及染发色，除红色和染发色外，其余多是中性色，其发色可和任何服色相搭配。

（1）黑发。黑色多为亚洲东方人发色，有近似黑色、深褐色，发色较好，可与多种服色相配合。它能削弱艳丽色的刺激感，又能使平淡色彩增加生气，富有活力。故黑发对肤色和服色的配合有百益而无一害，如彩图85所示。

（2）黄褐色和亚麻色。黄褐色和亚麻色多为西方人发色，可与多色搭配，不如黑发色的妙用，有明度上的局限。故西方人大多爱穿米色、牛奶咖啡色、净雅色，含灰度色或艳丽色服装，因为这几种服色能与发色相协调，如彩图86所示。

（3）染色发。染色发多属于青年人超前思想意识的结果，青年人追求强烈的个性，求异猎奇，故意把头发染成各种颜色。这种发色配合一般多采用强烈的对比色或完全一致的服色设计，以显示着装者引人注目的个性风度，如彩图87所示。

4. 服装色彩与年龄的关系

从幼童到花甲之年，人们经历了不同的年龄阶段，由于每一个人对色彩的感受不同，以及人生阅历和受教育经历的不同，各个年龄段的人们对服装色彩的喜好也各不相同。

（1）童年时期。幼童、小童、中童、大童对色彩的感知认识都属于初级阶段的认识，对服装色彩的喜好属于生理本能的感性认识。他们喜欢鲜艳明亮的颜色。单纯、幼稚、爱新鲜、爱幻想、逆反是他们的特点。因此，儿童时期的服饰应选用活泼、鲜亮、有趣味、娇嫩、可爱、卡通、装饰多、对比强的色彩等，如彩图88所示。

（2）青年时期。青年时期的年轻人是长身体、长知识、接受外来新鲜事物最快的时期。由于他们好奇心强，对未知事物的求知欲强，对时尚流行色彩的接受能力强，所以，年轻人的服饰最能反映当前社会流行色彩的趋势，如彩图89所示。

（3）中年时期。中年是人生当中工作压力和生活负担最大的时期。他们的知识和经验比较丰富，性格也比较成熟，不太轻易改变自己的习惯和对事物的看法，因此，中年时期的服饰趋向端庄、典雅，色彩搭配多选用同类色，而且多保持自己喜欢的基本色，如彩图90所示。

（4）老年时期。这个时期属于人生的黄昏期，由于不可抗拒的自然规律，老年人的体型、发色、肤色都发生了根本的改变，为了减轻生理上的衰老带来的暮气，弥补年轻时期未完成的理想，有的老年妇女比年轻人穿着还花哨，大部分老年人服装色彩追求稳重，但也避免过于灰暗，如彩图 91 所示。

二、服装色彩与环境的关系

服装的色彩表现了人的个性、情趣、爱好，体现了人的内在气质和感情，与人有密切的关系。但作为在自然和社会中生活的人，不是孤立存在的。人与环境有着密切的联系。所以，环境造就了人的审美意识。所谓环境，在这里包括两层意思，一是自然气候环境，二是社会环境。

1. 服装色彩与自然气候环境

自然气候环境是指春夏秋冬各季不同气候条件的自然变化（其中也包括人工调节的冷暖房气候环境）。自然环境的变迁归因于时间和空间。就服装来说，时间是指穿着的季节，即春、夏、秋、冬。空间则是指穿着服装的地方，如是在北方，还是在南方；是在中国，还是在西欧；是在平原，还是在高山；是在陆地，还是在海洋等。季节不同，气温、气流、日射等状况也不同，即使在同一季节，各个地方的气候条件也不一样。所以，人们所穿着的服装因时空而异。对服装的功能舒适性提出要求，就出现了各种与季节气候相适应的服装形式，如衬衣、棉袄、罩衫等。但是，服装色彩也是服装功能舒适性的一个重要因素，因为它给人们的心理也造成舒适与否的感觉，因此心理对服装色彩的要求也因时空而异。

在现实生活中，一般冬季的服装以深色、暖色调为主，深色吸热，有暖感；夏季的服装以浅色、冷色系为主，浅色有反射日光的作用，有冷感。冬季白雪皑皑，人们穿着纯度较高、色相鲜明的服装，在光的直射和反射下则产生强烈的对比，使单调的自然景色，增添鲜艳夺目的点缀色彩，如彩图 92 所示。

2. 服装色彩与社会活动环境

社会活动环境是指强调人因的场合，服装色彩设计不仅要考虑人与自然环境的因素，而且要考虑人与人之间的关系。人与人之间的关系是一种复杂的社会关系，人处在这种关系中都具有一定的身份、地位等。但是在体现自己的这种身份、地位以及表示自己的修养程度时。除了仪表和内在气质之外，服装色彩也是一个相当重要的因素。色彩在人们的视觉中往往是第一性的感觉，而且也最容易给环境带来一种气氛。服装色彩烘托环境气氛，反映人的礼貌和教养，也体现人们的传统色彩观。

（1）喜庆场合环境。喜庆场合一般指结婚庆典、生日祝寿、节日联欢、公司、单位典礼等。当被邀参加婚礼时，应对自己的服饰仪表，尤其是服装色彩多加注意。按照中国人的传统习俗，婚庆喜事往往以红色为主调，这当然是指整个空间环境，也包括人的因素。选择服装色彩应既不失礼节，又不喧宾夺主；既能体现自己对主人的热情，又不失风度，如彩图 93 所示。

（2）悲伤场合环境。悲伤场合是指葬礼、吊唁等悲伤肃穆的活动场合。人们在参加葬礼时，心情都显得异常悲痛和沉重，以哀悼死者的灵魂。整个环境是悲哀凝重的，气氛也要与之相一致。这时，出席者的服装色彩也应选用深沉的带有悲伤感情的色调，使之与整个气氛相协调，并对死者表示深切的哀悼。所以吊唁场合是不适合表现自己喜好与个性的地方，应穿着黑色或纯度低的深色衣服，不宜穿着超短裙裤和露肤较多的性感服装。化妆应清淡，女士不宜涂抹口红，佩戴贵重装饰品，使用鲜艳的花手绢擦拭眼泪，用面巾擦去脸部的光泽，如彩图 94 所示。

（3）政治场合环境。政治场合是指外交场合，包括商贸合作、政治谈判、战争协商、对外文体对话以及政治会议和政治活动等场合。外交场合的环境气氛是庄重而又严肃的，各方都代表自己国家，代表政府的身份与形象，其举止仪表都体现了国家的尊严。所以，外交官员在出席正式场合活动时，往往都很注重自己的服装款式与色彩搭配，甚至像领带的颜色、配饰色彩这样的细节，都能体现出国家的热情。外交官员要做到不卑不亢。政治会议与政治活动服饰色彩要体现穿着者的稳重，如彩图 95 所示。

（4）竞技场合环境。竞技场合一般指体育比赛场合，整个环境气氛紧张激烈。这时应穿色彩鲜艳的运动服，一方面强烈的色彩会引起一种兴奋感，激发运动员的竞争欲望；另一方面会引起看台观众的注目。因此，目前各国的运动员在竞技场所穿的都是色彩对比强烈的运动服，如彩图 96 所示。

（5）休闲场合环境。休闲场合是指郊游与逛街等场合。在参加休闲轻松的活动时，如集体郊游，服装色彩应选用明朗活泼的色调，鲜艳的色彩、高明度的色系，都是愉快心情与气氛的最佳催化剂。若穿着沉闷而又暗色调的服装，难免给人放不开的感觉，以致玩得不痛快、有拘束感，这是郊游装扮的禁忌。参观、逛街也要按地点、场合、内容性质来选择服装色彩，到热闹的百货商店闲逛、购物或参观各种艺术展览，都要考虑自己该有的形象，尽情地展现自我风格，如彩图 97 所示。

（6）休养场合环境。医院的医护人员的服装色彩以白色为主，与医院的环境和气氛极为协调。医院是给病人治病的场所，对于病情，俗话说“三分治、七分养”，医护人员白色衣装给病人心理带来安慰和宁静，也体现了清洁卫生，给病人一种安全可靠感。但是，手术室的工作服则以浅蓝色调（或浅绿色调）进行服色设计，一是因为在水银灯的照射下，使光的反射柔和、悦目，不至于刺激工作人员的眼睛，而影响手术的进行；二是因为手术的血液溅到人身上，血色不至于和工作服的色彩形成强烈的反差对比，刺激人的视觉。小儿科、妇产科的护士则选用淡粉红色服装作为职业服装，如彩图 98 所示。

（7）娱乐场合环境。娱乐场合是指电影院、戏院、歌舞厅、夜总会、网吧、游戏厅以及朋友生日聚会、家庭舞会等。娱乐场合的服装色彩搭配追求色彩个性，选择色彩明快、色调艳丽以及有光泽的服装色彩比较合适，如彩图 99 所示。

（8）工作场合环境。工作场合是指国家公务员上班的机关部门，工厂、企业公司等。政府机关部门的服装设计追求色彩稳重、色调含蓄的色彩搭配。工厂、企业公司部门为适应工作环境场合，选择耐脏或显脏的职业服色彩搭配。商业、服务行业，服装设计应选择柔和、亲切的暖色系进行色彩搭配，如彩图 100 所示。

（9）学习场合环境。学习场合是指看书学习的地方，如上课的教室、图书馆、阅览室等。中小学校、大学服装色彩设计应遵循低长调色彩搭配设计原则，采用低明度、中纯度、色相偏冷的色彩搭配，使服装色彩朴素而明快，如彩图 101 所示。“六一”的儿童服装色彩，一般均用鲜艳明亮的色彩，体现他们朝气蓬勃的特性，同时其色彩与整个社会环境也是极为协调的。儿童少年正处在茁壮成长阶段，鲜艳明亮的色彩正恰到好处地表现了其特点。

服装色彩与环境的协调，与人的心理有很大的关系，人总是向往一个赏心悦目的工作和生活环境。在一定的环境中，人总是追求心理与环境气氛的协调，以此带来生活的情趣和提高工作的自信心。在一定环境中，人也可表现自己的性格、气质、学识和修养，服装色彩则是一个很重要的表现途径。服装色彩使服色与环境取得和谐的效果或使服色与环境取得对比相映的效果。总之，将服装色彩与环境联系起来的设想，是一种整体观察事物的设想。它能将人真正融合到自然和社会环境中去。

三、服装色彩与面料的关系

1. 服装色彩与面料材质

服装色彩的设计取决于对面料、色彩的选择。面料本身的材质、织纹、图案、色彩等基本元素构成了服装色彩的意象，并通过意象来传达服装色彩的形式感。服装色彩依附于各种材料之上，其表现特征受材料的性质与表面结构的影响，因此同样的色彩用在不同的材质上会有不同的表现效果。因为材料在呈现色彩的同时也将自己的特质融入色彩，与色彩共同传达出其表现意义。从知觉的意义看，材料对色彩表现效果的影响主要来自其表面构造，构造不同，表现的效果也不相同。材料的表面结构表现为不同的纹理，通常称为肌理。不同的肌理具有不同的意象，不同的肌理传递不同的信息，给人以各种各样的微妙感受。从服饰的材料来看，肌理的差别不仅是因为材质的不同，加工因素也会使同样的材质形成差异。这些差别从材料表面特征方面大体可以分为六种类型，它们各有特定的意象，见表 2—2。服装色彩与面料材质如彩图 102 所示。

表 2—2　　材料表面特征的情感意象

序号	材料表面特征	情感意象
1	细密而无光泽面料	丰富、温和、柔软、亲切
2	细密而有柔和光泽面料	含蓄、优雅、温和、滋润、女性化
3	细密而有强烈光泽面料	轻快、活泼、冷淡、华丽
4	粗糙而无光泽面料	厚重、保暖、质朴、笨拙、干燥
5	粗糙而有柔和光泽面料	沉稳、有力、充实、男性化
6	粗糙而有强烈光泽面料	强烈、活跃、坚硬、粗俗

2. 服装色彩与面料花纹图案

图案面料比素色面料有更丰富的表现效果。在整套服饰中，图案面料比素色面料醒目，通常作为配色的中心。使用图案面料首先应保证配色的整体统一，避免杂乱、琐碎。图案面料都有一种色调倾向性，图案由占大面积的色彩构成，也由互相配合的小碎花色彩构成。在服装配色时应以图案面料为中心，考虑色调关系，选择其他配色。在花布的色彩倾向明确时，可以其倾向色彩为主形成整体色调；色彩倾向不明确时，可以根据设计气氛需要从图案的配色中选择1～2个颜色，反复使用。这样可以避免增加颜色的数目，有利于整体的统一。面料图案的选材（选题）、造型、配色不同，所形成的意象也不同。在服装设计时要根据配色的意象需要选取具有相似表现性的素材，以保证意象的统一。

（1）系列面料。为了配合服饰，现代面料图案的设计、生产多为系列设计。

例1. 同一纹样印成图与底颜色相互调换的两种效果的面料。

例2. 同一纹样设计分别印成大花型、中花型、小花型的几种面料。

这一类系列图案的面料同时使用在一个设计中，常能产生丰富而有秩序的效果，是现代服装设计的一种表现手法。

（2）组合面料。简单几何纹样的面料除根据各自特点单独使用外，配合使用也很有效。

例1. 圆点与直线的配合。

例2. 直线与方格的配合。

（3）适合面料。不连续花纹、单独花纹的面料，应考虑花纹的排放位置。

（4）条纹面料。条纹图案有粗细、疏密及方向的不同变化，这些变化能给视觉造成长度或宽度上的错觉，并能由人体的运动带来律动感，使用时应视穿着者的体态条件与造型风格而定。粗而明朗的直条纹有高度感与生硬感，是现代化、效率化的意象，适合男性化的造型设计。细而密的直条纹与细而密的横条纹容易造成视错，前者有比实际显短而增加宽度的效果，宜于瘦人穿用；后者与之相反，有增加高度而使宽度变窄的效果。这类条纹的衣服穿在身上随形体的起伏或运动能产生动感，容易产生闪烁不定、炫目的效果。细而疏的条纹，有典雅感、庄重感，配合中高档面料适于优雅的服装设计，配合低档面料，则有平易、朴素的感觉。服装色彩与面料花纹图案如彩图103所示。

四、服装色彩与流行色的关系

流行色的英文名称为“Fashion Colour”，意思是时髦的、时兴的色彩，又称“Freshening Colour”，意指新颖的生活用色。由此可见，所谓流行色，是指某一时期盛行的带有一定倾向性的色彩。它反映了这个时期人们对某些色彩产生的共同美感心理。流行色最早源于欧洲，国际上公认法国、意大利、德国是流行趋向的中心，法国巴黎每年预告的流行色最有权威性。流行色不能理解为单独孤立的某一种色，而通常是由几种色组成的色彩情调。这种色彩情调能在特定的、具体的生活环境中使人产生美感。如海滨色，人们很难明确指出哪一个色是标准的海滨色，它由浅灰、象牙白、月蓝、鹅黄、浅黄绿等色组成，能显示海滨的浅淡，透明的沙色与鲜艳的海滩景象，相映成趣的色彩情调。

不同的色彩给人不同的感觉，把人带入不同的艺术境界。对服装色彩设计来说，色彩的运用更是千变万化。服装的色彩大体上分为两个方面：基本色与流行色。基本色是指服装市场常年销售服装的基本色调。流行色是指某一时期某一地区为广大消费者所接受所喜爱的，带有一定倾向性的色彩，它既具有普遍性，又具有一定的时间性和季节性。现代社会流行色的普及，已影响到人们生活的衣、食、住、行等各个领域，对服装色彩的设计具有极为重要的现实意义。流行色的普及，极大地丰富了人们的生活，增加了服饰的形式美，使人们获得了视觉上的享受。流行色的流行是人为造成的，但绝不是凭空臆造的。它是在调查研究的基础上，以消费者的兴趣爱好、心理状态、民族习惯、地区特色以及时代特征等诸多因素为依据，经过色彩专家的归纳、提炼、创造而成，再通过媒体宣传、商业推广，进而影响消费者。

服装设计、色彩面料的选用至关重要，只要服装配色对路，符合流行趋势，产品即可供不应求，财源广茂，起到促销服装产品的作用。反之，如果设计的服装在同质量、同品种、同规格的情况下与采用流行色设计的服装相比，它的实用价值就会大打折扣，直接影响产品的利润，服装设计不对路，甚至会影响企业的生存与发展。在实际的服装色彩设计中，采用流行色设计各种服装，切忌盲目照搬，要根据装饰对象的特点，有效地发挥色彩的审美功能。通过对流行色的研究和运用，把准流行色的尺度，并满足服装设计市场的需求。服装色彩与流行色如彩图 104 所示。

第3单元

服装效果图 Photoshop 表现技法

Photoshop 是非常著名的图形图像设计软件，在图像处理及图形设计等领域得到广泛应用。本章以 Photoshop 作为主要应用软件，基于零基础学员的需求，分步骤讲解服装效果图的绘制方法。如果已有相当经验，则可以灵活运用不同工具达到同样效果，不必拘泥于具体章节的工具使用。

图层、路径、通道是 Photoshop 的三个核心概念。本单元通过四个实例，分别讲解图层、路径、通道、滤镜的功能与使用方法，并对其他常用工具进行使用和操作练习。希望通过本章学习，能够熟练利用 Photoshop 进行时尚类产品设计。

第一节　绘图软件概述

→ 了解绘图软件的基本常识和基础知识

一、绘图软件的分类

绘图软件，即以计算机为工作平台进行图形绘制的一组程序。图形软件具有绘制精确、功能完善、风格多样、快捷高效的特点。

绘图软件有很多，按工作性能可分为三维图形软件和二维图形软件。常见的三维图形软件有 3D MAX、Maya、Auto CAD 等，常见的二维图形软件有 Photoshop、Painter、Illustrator、CorelDRAW 等。

绘图软件按图像原理又可分为位图图像软件和矢量图形软件。位图图像软件如 Photoshop、Painter 等，矢量图形软件如 Illustrator、CorelDRAW 等。

位图图像也叫作栅格图像，图像由纵横排列的像素组成，每个像素都被分配一个特定位置和颜色值。在处理位图图像时，所编辑的是具体的一个个像素。

因为位图图像由众多独立的像素组成，所以可以表现色彩的细微变化，尤其适合表现色彩丰富的图像，可以再现或绘制出逼真的自然界景象。位图的清晰度与像素点的多少有直接关系，所以位图格式所需的存储空间较大，位图放大到一定倍数后会产生马赛克。

矢量图是根据几何特性来绘制图形的，矢量可以是一个点或一条线，是面向对象（形状）的图像。可以将矢量图简单理解为在封闭的轮廓线内填色而呈现出的某种形状（轮廓可见或不可见），轮廓决定了形状的样式。每个形状都有自己的颜色、大小、位置等属性，矢量图像就是由数个大小、颜色不一的图形组成的。

矢量图形最大的优点是所占空间较小，无论放大、缩小或旋转等都不会失真，不会出现位图格式图像那样的马赛克，适合表现装饰化、平面化的图形图像。最大的缺点是不适合表现细腻逼真的图像。

二、绘图软件基础概念和基本知识

1. 像素

像素（Pixel）又称为图像元素，由 Picture（图像）和 Element（元素）这两个单词的首字母组成，是用来计算数码影像的一种基本单位。

一幅位图数码影像由众多像素点呈点阵排列组成，所以又叫点阵图。

2. 分辨率

分辨率，是指单位长度内包含的像素点的数量，它的单位通常为像素/英寸，简称 PPI（Pixels Per Inch）。

分辨率决定了位图图像细节的精细程度。通常情况下，图像的分辨率越高，其所包含的像素就越多，图像就越清晰，印刷的质量也就越好。

出版物的分辨率单位为 300dpi（dots per inch，意思是每英寸所能印刷的网点数）。印刷时计算的网点（Dot）和电脑显示器的显示像素（Pixel）并不相同，所以较专业的人士，会用 PPI（Pixel Per Inch）表示数字影像的解析度，以区分二者。

仅用于屏幕显示（如网页图片）分辨率为 72 像素/英寸。

3. 色彩模式

色彩模式是指将某种颜色以数字形式所表现的模型，是记录图像颜色的一种方式。色彩模式分为 RGB 颜色模式、CMYK 模式、HSB 模式、Lab 颜色模式、位图模式、灰度模式、索引颜色模式、双色调模式和多通道模式。

（1）RGB 颜色模式。在数码世界里，所有的颜色都是由红、绿、蓝这三种颜色混合而成，因此，这三种颜色常被称为三基色或三原色。

当更多颜色混合叠加在一起的时候，会增加亮度，所以我们又称 RGB 模式为加色混合。

（2）CMYK 模式。CMYK 颜色模式是一种印刷模式，分别指青（Cyan）、洋红（Magenta）、黄（Yellow）、黑（Black），代表印刷中四种颜色的油墨。四种颜色在混合过程中所占比例和强度不同，得到相应的颜色。由于实际应用中，青色、洋红色和黄色很难叠加形成黑色，最多不过是褐色，因此引入了 K 即黑色，来强调暗调，加深暗部色彩。

随着 C、M、Y、K 四种成分的增多，光线的亮度会越来越低，所以 CMYK 模式产生颜色的方法又被称为减色混合。

（3）Lab 颜色模式。Lab 颜色模式基于人眼对颜色的感知，是一种不依赖于光线及颜料的颜色模式，包括 L，a，b 三种通道。L 代表明度也就是颜色的明暗程度，数值越少越暗，越大越亮；a 包括了绿色至紫红色的色彩范围；b 包括了蓝色至黄色的色彩范围。这些颜色混合后可以得到我们需要的任何颜色。

Lab 颜色模式被视为与设备无关的颜色模式，处理速度与 RGB 模式同样快，比 CMYK 颜色模式快很多。Lab 颜色模式在转换成 CMYK 颜色模式时色彩没有丢失或被替换。所以常运用 Lab 颜色模式编辑图像，再转换为 CMYK 颜色模式打印、输出。

（4）灰度模式。灰度模式用单一色调表现图像，图像中没有颜色信息，色彩饱和度为零，一共可表现256阶（色阶）的灰色调（含黑和白）。

4. 常用文件格式

（1）PSD和PDD格式。该格式是Photoshop软件的专用文件格式，能保存图层、通道、路径等信息，便于以后修改，因此，设计未完全定稿时最好采用这种格式。缺点是保存文件所占空间较大。

（2）JPEG格式（JPG）。该格式是一种压缩效率很高的存储格式，是一种有损压缩方式。它支持CMYK、RGB和灰度等颜色模式，但不支持Alpha通道。JPEG是最常用的格式，也是目前网络可以支持的图像文件格式之一。

（3）TIFF格式（TIF）。TIFF格式是一种无损压缩图像格式，适宜制作质量非常高的图像，因而常用于出版、印刷、打印等领域。

（4）PNG格式。该格式是可以使用无损压缩方式压缩图像文件，支持透明背景，是网络上应用广泛的图像格式，但较早版本的WEB浏览器可能不支持。

（5）GIF格式。该格式是可将多幅图像保存为一个图像文件，从而形成动画，广泛用于网络传输，最多只有256种色。

（6）Photoshop EPS格式（EPS）。该格式是最广泛被矢量绘图软件和排版软件所接受的格式。该格式可保存路径，并在各软件间进行相互转换。若用户要将图像置入CorelDRAW、Illustrator等软件中，可将图像存储成Photoshop EPS格式。它不支持Alpha通道。

（7）AI格式。该格式是Illustrator的源文件格式。在Photoshop软件中可以将保存了路径的图像文件输出为AI格式，然后在Illustrator和CorelDRAW软件中直接打开并进行修改处理。

（8）BMP（Windows Bitmap）格式。该格式是Windows采用的图形文件格式，在Windows环境下运行的所有图像处理软件都支持BMP图像文件格式。

第二节 Photoshop操作基础

→ 熟悉Photoshop软件的界面和功能

1987年，托马斯·诺尔设计了一款程序Display，经修改成为功能强大的图像编辑软件Photoshop。1990年2月，Photoshop版本1.0.7正式发行，其后历经诸多版本，性能不断提升，功能不断增加，在图像、图形、文字、视频、出版等方面都有广泛应用，成为最为普及的一款图形处理及设计软件。现最新版本为Photoshop CC（Creative Cloud）。Photoshop启动界面如图3—1所示，Photoshop工作界面如图3—2所示。

图 3—1　Photoshop 启动界面

图 3—2　Photoshop 工作界面

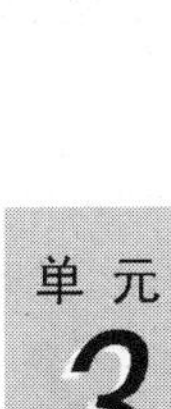

一、菜单栏

Photoshop 菜单栏命令丰富，单击其中一个菜单名称就会弹出相应的下拉菜单，选择菜单中的相应命令，可以很方便地对图像进行相应的编辑和调整。这些命令使用频率大不一样，很多命令在工具箱和浮动面板上可以更方便地执行。每个命令后面，都标注了相应的快捷方式，对常用命令应牢记快捷方式，以提高工作效率，如图 3—3 所示。

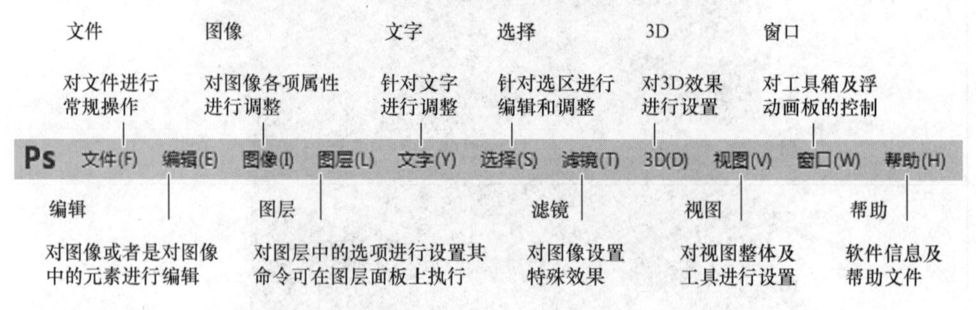

图 3—3　Photoshop 菜单栏

二、工具箱

Photoshop 集成了众多工具，非常方便对图像进行相关的操作。在工具箱排列上总体分为三大类：选择类工具，绘图类工具，文字及路径、辅助类工具，如图 3—4 所示。

鼠标置于工具图标上面，可以显示工具名称及快捷方式，方便了解该工具的功用。

每个工具图标右下角有黑色小三角的，表示是性能相近的一组工具。点击黑三角，可打开下拉菜单，显示更多工具。

通过点击工具箱上方黑色区域，可以将工具箱拖动至任何地方。点击“菜单栏—窗口—工具”命令，可以打开或隐藏工具箱。

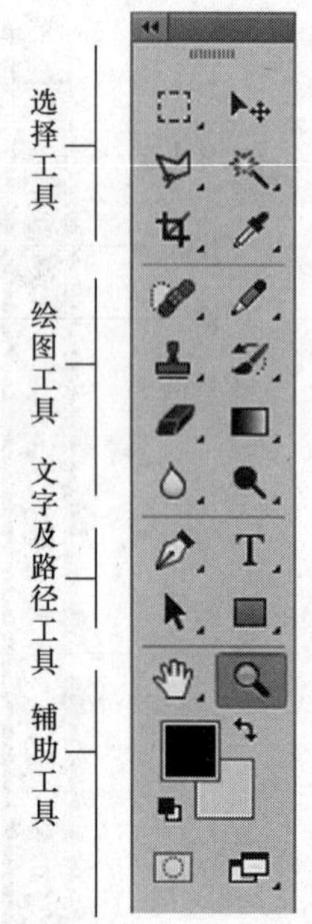

图 3—4　Photoshop 工具栏

三、工具选项栏

值得提醒的是，每选择一个工具，一定要注意工具选项栏（也叫作工具属性栏）的变化（见图 3—2），调整选项里面的参数和属性，可做更精细和多样化的调整。

四、状态栏

默认状态下，状态栏位于界面窗口的底部，用于显示当前的工作信息，如图 3—5 所示。

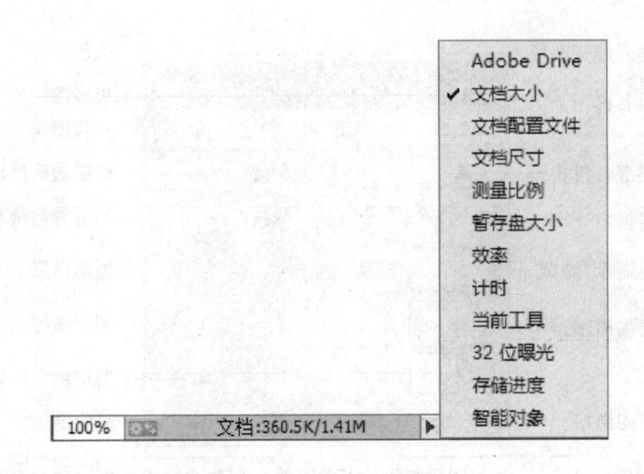

图 3—5　Photoshop 状态栏

状态栏由三部分组成，最左边的文本框用于控制图像窗口的显示比例，用户输入数字以自定义图像显示的尺寸大小，方便仔细观察和修改；中部为同步和分享按钮，可以把设计作品同步到 Creative Cloud 云端存储或分享到著名的设计社区 Behance 中；右侧部分则通过单击黑色倒立小三角按钮，显示状态栏选项，用户可以自主选择自己关注的文件相关信息。

"文档大小"是 Photoshop 的默认显示设置。文档大小描述了当前文件的数据量的信息。左边的数字代表当前文档的所有图层合并后的文档大小，后一个数值表示所有未经压缩的内容（包括图层、通道、路径等）的数据大小。

五、控制面板

控制面板置于界面右侧，可以随意拖动，以方便设计，又叫浮动面板。控制面板是 Photoshop 中非常重要的辅助工具，它汇集了图像操作常用的选项和功能，可对画面进行相应调整。

点击"窗口"菜单可以看到 Photoshop CC 集成了 26 款面板，可以通过勾选或取消名称前面的"√"符号，显示或隐藏相应面板。

不同面板有各自的选项和命令，使用方法不尽相同。这里仅就常用且比较重要的面板做以讲解。

1. 图层面板

图层是个很重要的概念，Photoshop 的应用大多数都与图层相关，Photoshop 的图层为设计提供了强大的图像处理功能，如图 3—6 所示。

我们可以把图层形象地看作一张张透明的纸，在每张纸上画不同的元素，然后叠加起来，形成一副完整的图画。

2. 路径面板

路径是一种比较精确的绘图方式，它勾勒出的线条是矢量图形，编辑时可以十分灵活地改变形状，具有很强的自创性。可对路径进行填充、描边、转化成选区等操作，如图 3—7 所示。

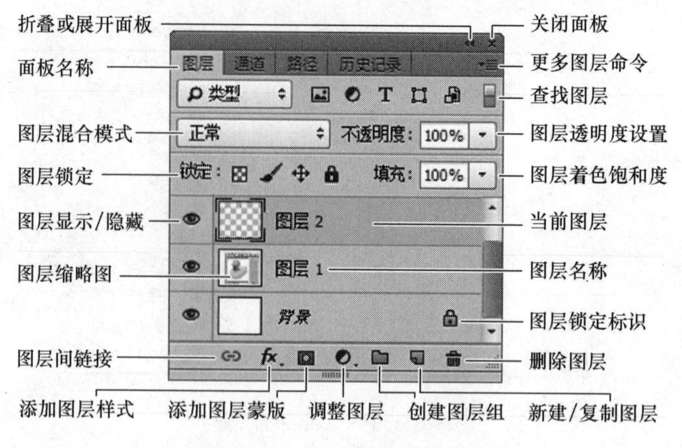

图 3—6　Photoshop 图层面板

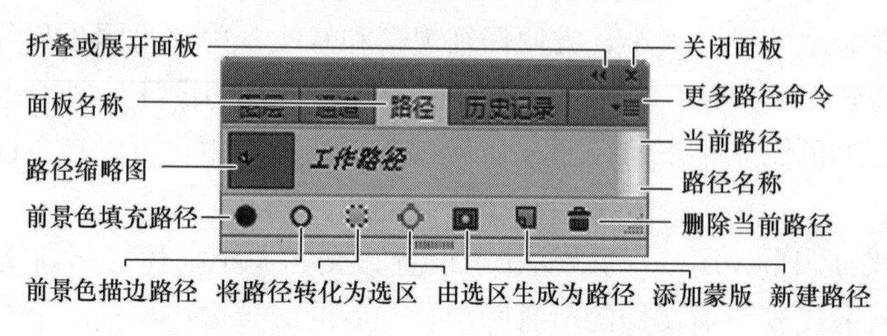

图 3—7　Photoshop 路径面板

路径面板必须与“工具箱”中“钢笔（路径）工具”一起使用。

3. 通道面板

通俗地说，通道反映的是色彩分布情况，是储存颜色信息的渠道。如 RGB 三色模式下，G 是储存绿色的通道，R 是储存红色的通道，B 是储存蓝色的通道，分别显示该单色在画面中的位置分布与量的多少。例如，选择 G 通道，就是对图像中所有的绿色进行编辑和修改。

不同的色彩模式下有不同的通道。一个 RGB 图像，有 RGB、R、G、B 四个通道（见图 3—8）；一个 CMYK 图像，有 CMYK、C、M、Y、K 五个通道（见图 3—9）；一个 Lab 模式的图像，有 Lab、L、a、b 四个通道（见图 3—10）。通道面板结构如图 3—11 所示。

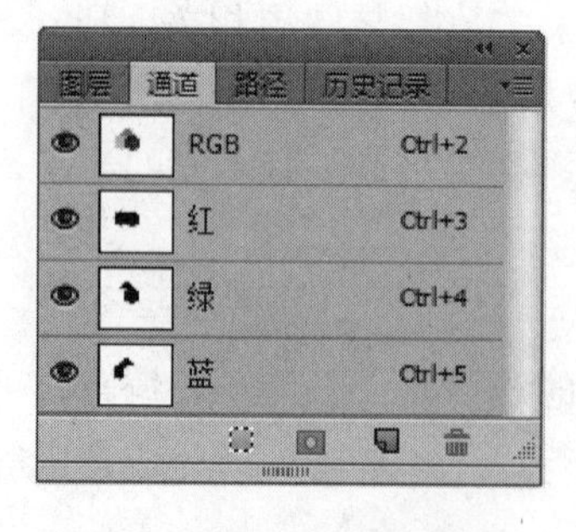

图 3—8　RGB 模式通道面板

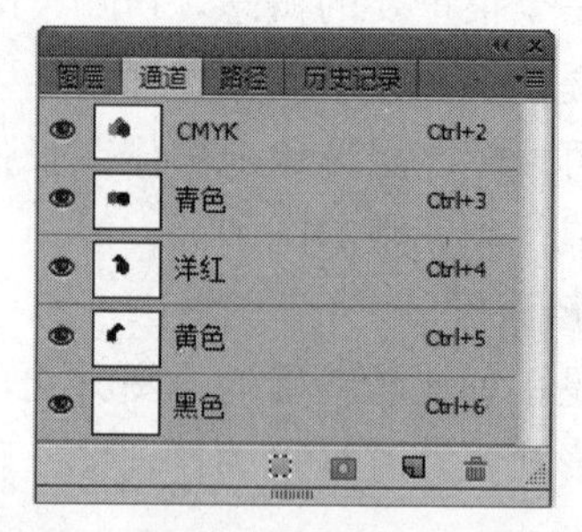

图 3—9　CMYK 模式通道面板

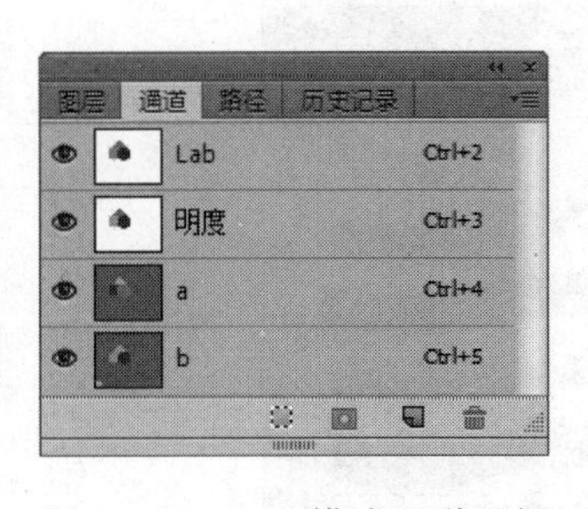

图 3—10　Lab 模式通道面板

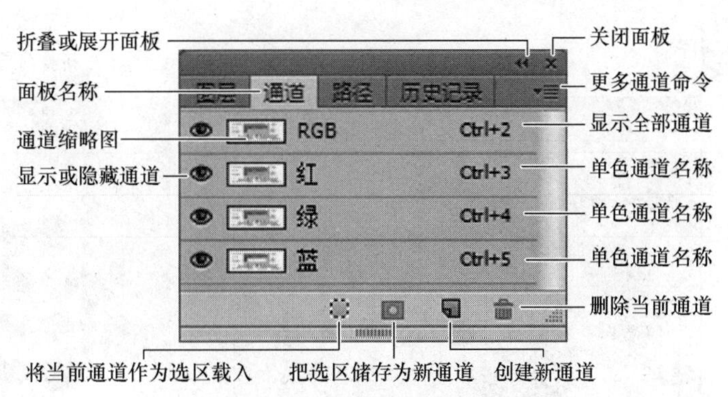

图 3—11　通道面板结构

4. 画笔工具及画笔面板

画笔是 Photoshop 重要的绘图工具，也是常用和必用的工具。

点击工具箱“画笔工具”，可见属性栏转变为画笔工具状态栏，如图 3—12 所示。

图 3—12　画笔工具状态栏

点击画笔图标，可弹出如图 3—13 所示面板，用于选择已预设画笔属性。点击，打开笔触属性设置面板，可调整画笔笔触大小、软硬及笔头形状，如图 3—14 所示。

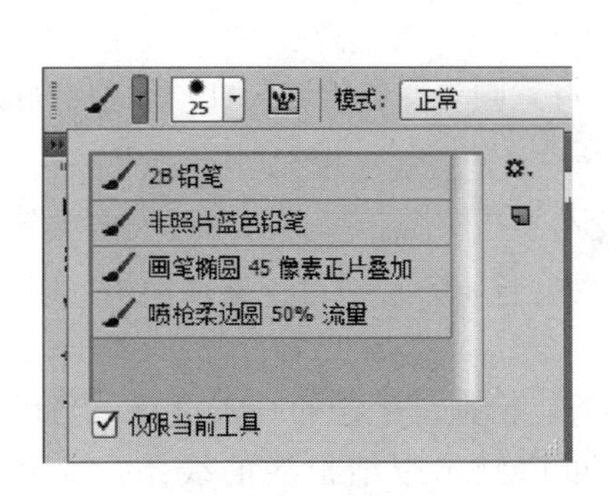

图 3—13　画笔属性

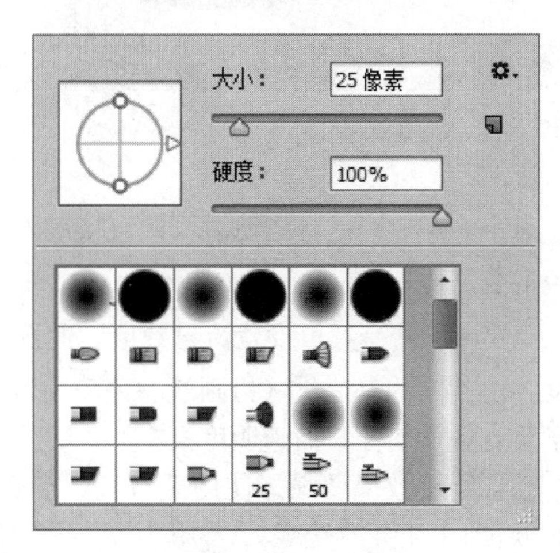

图 3—14　笔触属性

点击，打开“画笔”和“画笔预设”面板。其设置基本和画笔笔触设置一样，只是参数设置更多，可对笔尖、笔触进行相应设置，如图 3—15 和图 3—16 所示。

点击模式：正常，出现下拉菜单，有诸多选项。混合模式是 Photoshop 最强大的功能之一，它决定了画笔的色彩与下面图像的混合模式。使用混合模式可以轻松地制作出许多特殊的效果。

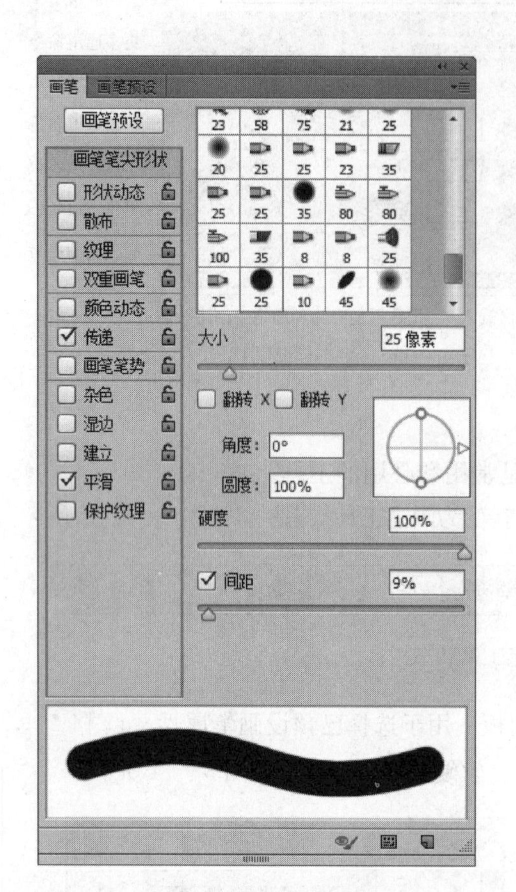

图 3—15　画笔笔尖设置

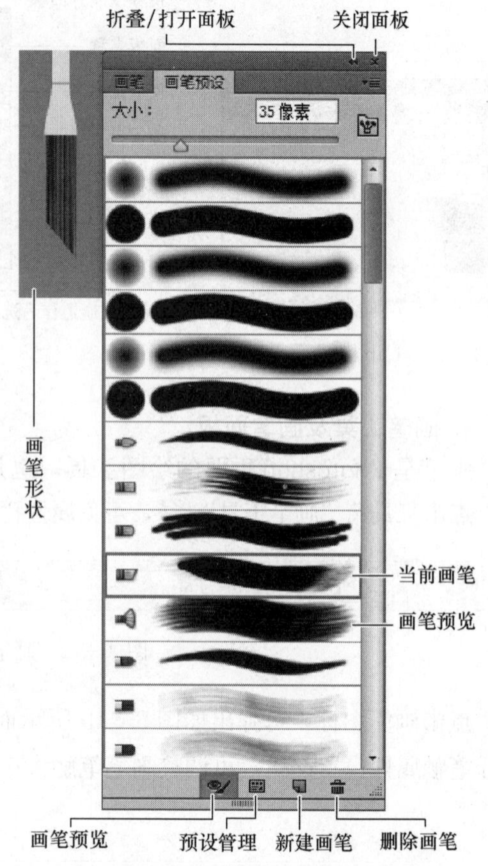

图 3—16　画笔笔触设置

点击 不透明度：100%，拖动滑块或直接键入数值，设置画笔颜色的透明度，以便与底层颜色混合。

点击 流量：100%，可设置流量数值。此选项设置与不透明度有些类似，可设定画笔透明度，但不同的是流量（指画笔颜色喷出浓度），按住鼠标不放，可逐渐增加不透明度。流量具有叠加属性，而透明度没有。

注：绘制效果图最好使用手写板，配合压感笔，模拟了手绘的真实过程，当用力的时候能画很粗的线条，当用力很轻的时候，可以画出很细很淡的线条，生动而流畅。

另外，网上提供了很多专业的 Photoshop 笔刷，模拟如国画、油画等的笔触效果，可选择下载使用。

鉴于手写板还不够普及，这里以鼠标和 Photoshop 自带画笔为主进行示范讲解。值得指出的是，鼠标绘图不好控制，需要多加练习，有个熟悉熟练的过程。

第三节　利用画笔绘制晚礼服效果图

- 了解利用画笔绘制效果图的步骤
- 熟悉新建及保存文档的流程
- 熟悉图层概念及画笔、橡皮擦等工具的使用
- 能使用画笔工具绘制服装效果图

一、建立及保存文档

1. 点击“菜单栏—文件—新建”弹出如下对话框，在“名称”处键入新建文档名称，也可以按 Ctrl+N 键，直接弹出新建文档对话框，如图 3—17 所示。

2. 点击“预设”弹出下拉菜单，根据工作需要选择相应选项。如果效果图需打印输出，则选择“国际标准纸张”，然后选择纸张大小，如图 3—18 所示。

3. 只要选择国际标准纸张，默认分辨率为印刷分辨率，即 300 像素/in。

4. 色彩模式默认为 RGB 三色模式，也可以设定为 CMYK 四色模式。

5. 背景颜色默认为白色，也可有多种选择。

6. 点击“确定”，即建立一个新的文档。

7. 保存文档：点击“菜单—保存或保存为”，打开保存对话框，选择文件要保存的位置，即可保存文档。默认格式为 PSD，包含设计过程中所有源文件，可用于再修改。建议养成适时保存的习惯，以免死机等造成不必要的损失。

单元 3

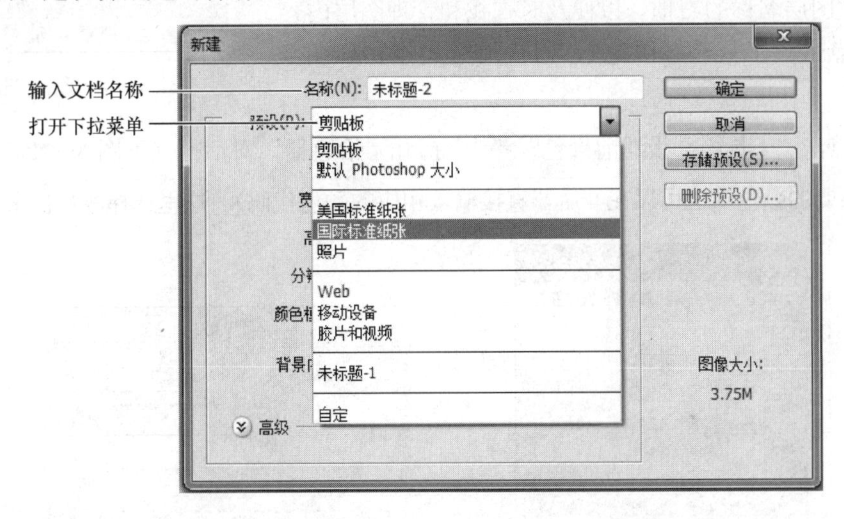

图 3—17　新建文件对话框

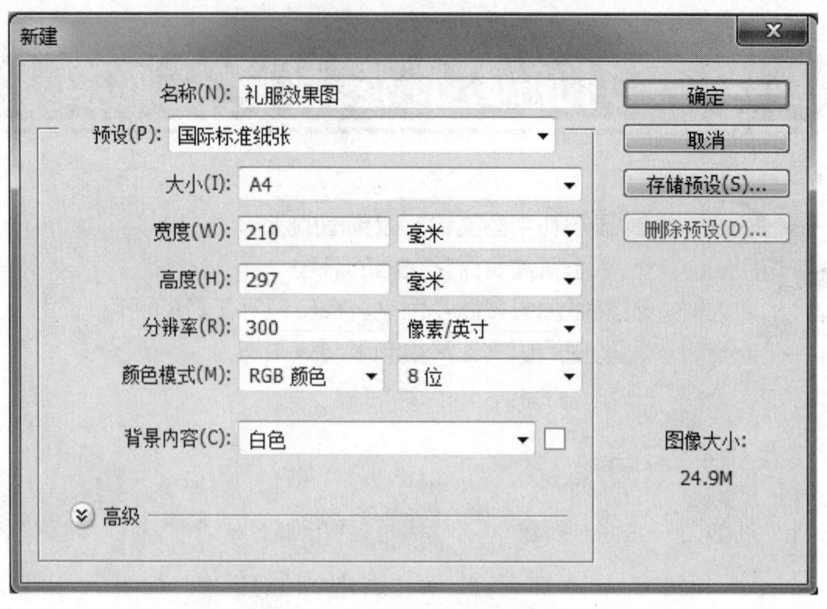

图 3—18 文件设置对话框

二、绘制草图

1. 点击“菜单—窗口—图层”，弹出“图层”面板，一般默认图层面板在工作区右方，可不用再去“窗口”选择。

2. 点击“创建新图层”，可建立新图层，图层名称为默认自动排序，如图 3—19 所示。

3. 修改图层名称为“辅助线”。在默认图层名称处双击鼠标，可修改图层名称，如图 3—20 所示。切记，一定要养成修改图层名称的习惯，以便及时查找和管理图层内容。

4. 点击“工具箱—画笔”，调整画笔大小，如图 3—21 所示。

图 3—19 新建图层

5. 点击“工具箱—设置前景色”，打开“拾色器”对话框（见图 3—22），拖动鼠标选择想要的颜色（也可以在＃后，直接输入相应的颜色代码）。这里选择浅灰色来画草图。

图 3—20 修改图层名称

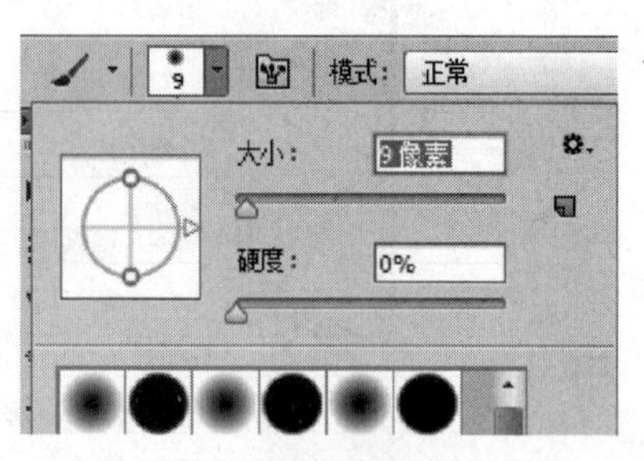

图 3—21 调整画笔大小和硬度

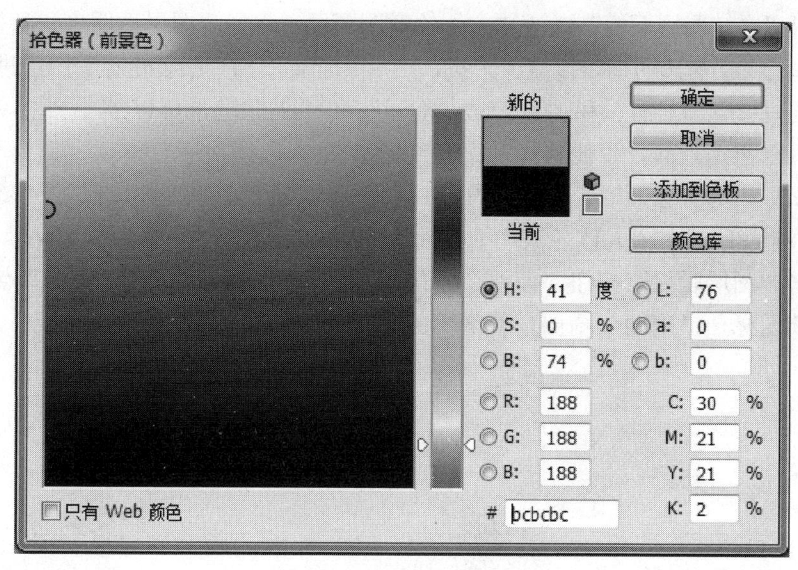

图 3—22　拾色器

6. 绘制辅助线。首先确认当前图层为“辅助线”层，在适当位置画出头部、臀部、脚部，然后再画出躯干及四肢动态，如图 3—23 所示。

7. 点击“菜单—窗口—画笔预设”，选择合适的画笔（见图 3—24），修改画笔大小，约为 12 像素。

8. 新建图层，取名为“人体轮廓”，在该图层勾勒人体轮廓。绘制线条过程中，要耐心细致，根据需要，适度调整笔画粗细。画错不必急于改正，可多画几遍，然后用“工具箱—橡皮擦工具”擦除错误线条，如图 3—25 所示。

9. 绘制礼服轮廓，删除已经没有作用的“辅助线”图层，新建图层“服装轮廓”，以同样方式勾勒服装款式及轮廓线，如图 3—26 所示。

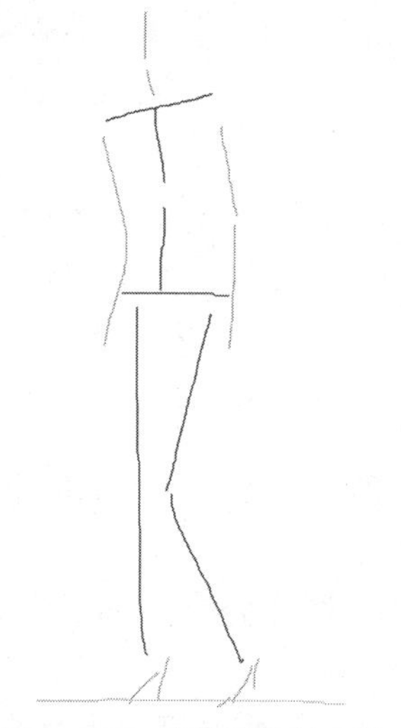

图 3—23　辅助线绘制步骤

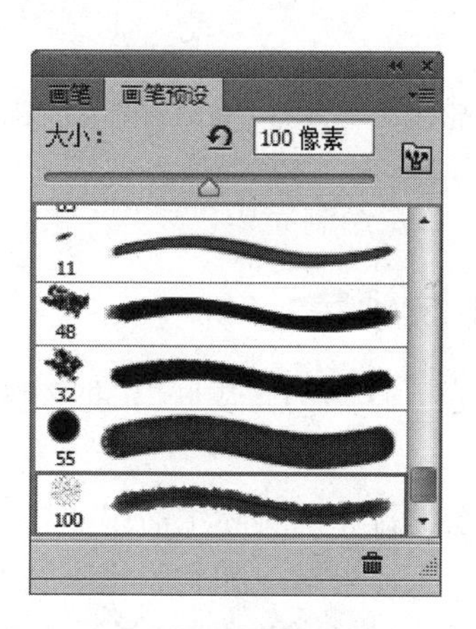

图 3—24　画笔预设面板

（1）可以在“图层面板”激活“人体轮廓”图层，选择“图层透明度设置”，适度降低“人体轮廓”层的透明度，以减少干扰，然后一定要回到“服装轮廓”图层进行绘制。

（2）同时按住“Ctrl”和“－”或“Ctrl”和“＋”键，可以缩小或扩大工作区，按空格键可以拖动画面，以便整体观察和细微绘图。

10. 修改“人体轮廓”不透明度为100％，用橡皮擦工具擦除衣服以外多余的线条。按住Shift键同时点击“人体轮廓”和“服装轮廓”，两个图层变为淡蓝色，同时被激活，再点击“图层联接”按钮，使两个图层相关联，不至于产生错位；或者点击“图层锁定”小锁图标，锁定两个图层，使之不能再被修改，如图3—27所示。

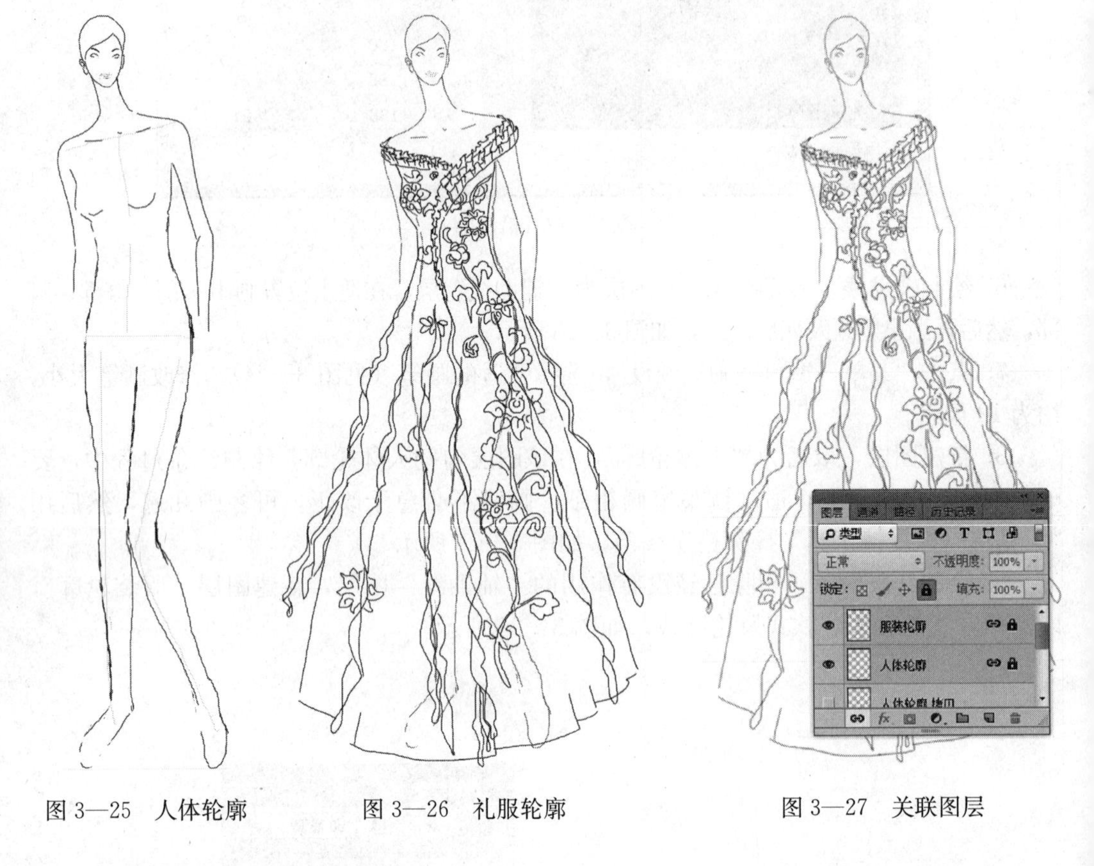

图3—25　人体轮廓　　图3—26　礼服轮廓　　图3—27　关联图层

11. 至此，草图绘制完毕。

三、绘制皮肤颜色

1. 新建图层，命名为“皮肤”，把该图层拖到人体和衣服轮廓的下方。要注意调整图层顺序。

提示：图层的排序和实际生活中一样，上层的图像会挡住下层图像，这样使用画笔画皮肤的时候，人体轮廓线和衣服轮廓线不至于被挡住。

2. 修改前景色为＃fff3e7，选择适当画笔并适时调整画笔大小及软硬程度（快捷方式：英文输入状态下，分别按“｛”或“｝”调整画笔大小），画出皮肤颜色。

3. 选择当前色为＃f8e3ce，在皮肤层绘制，添加红润的颜色，增加皮肤立体感和层次感，如图 3—28 所示。

图 3—28 绘制皮肤

（1）绘制过程中，注意适时调整画笔透明度，使皮肤过渡自然，并注意光影变化。

（2）使用工具箱“减淡工具”和“加深工具”，对颜色进行修整，如图 3—29 所示。

4. 新建图层，命名为“五官”，分别选用适当颜色，用同样方法绘制出眼影、瞳孔、口红、鼻翼侧影，如图 3—30 所示。

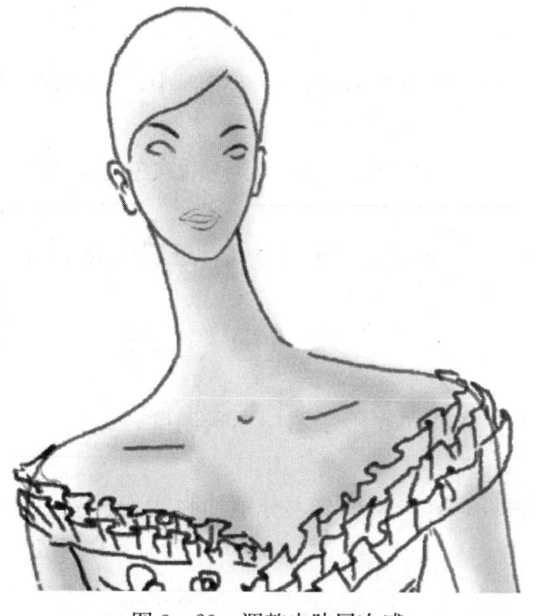

图 3—29 调整皮肤层次感

图 3—30 绘制五官颜色

提示：在绘制过程中，使用放大镜放大工作区，以便观察细节，注意适时调整画笔大小、画笔透明度、画笔软硬度，并注意加深或减淡工具的使用。

5. 新建图层为“头发”。选择适当画笔（打开“画笔预设面板”，选择“喷溅”画笔，当然也可以选择其他画笔），英文输入状态下，点击“｛”或“｝”，调整画笔大小。

选择适当颜色，顺势画出头发，绘制过程中需要不断调整画笔大小和透明度，并适当调整颜色，以便画出头发纹理与高光，如图 3—31 所示。

图 3—31 绘制头发

6. 合并图层。按住 Shift 键，选择皮肤、五官、头发图层，点右键，选择合并图层，将头发层、五官层与皮肤层合并为一层，并锁定图层。

7. 至此，皮肤绘制完毕。

四、绘制衣服颜色

1. 新建图层，命名为“衣服”。

2. 选择圆头画笔，调整画笔软硬程度，为服装铺大调子，在此过程中，不一定要把颜色填满，以便使效果图看起来富有变化，如图 3—32 所示。

3. 使用“粉笔 36 像素”画笔，适时调整画笔透明度，画出颜色渐次效果，如图 3—33 所示。

4. 使用“工具箱—橡皮擦”，参考大小为 800 像素，软硬度为 0，透明度为 13%，依照受光面擦除，使零碎的笔触更为整体，如图 3—34 所示。

五、绘制褶边

1. 新建“褶边”图层（在这之前可以适度降低“衣服”图层不透明度，以便看清褶边轮廓）。

2. 可以先以一种颜色铺大调子，再以较小画笔绘制细节，分别加强或者提亮，如图 3—35 所示。

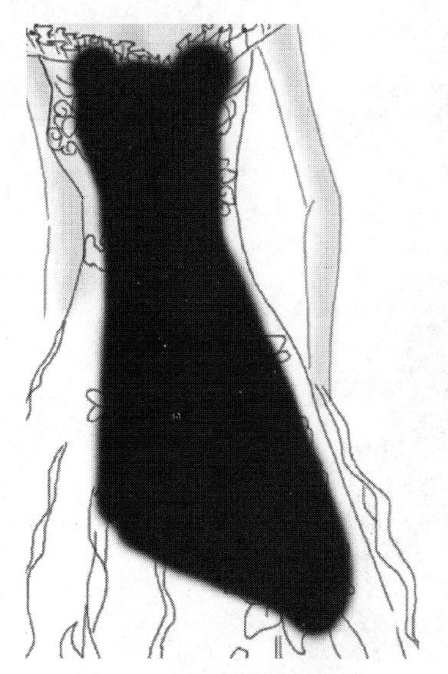

图 3—32　绘制服装颜色

图 3—33　绘制服装渐次效果

图 3—34　橡皮擦修整

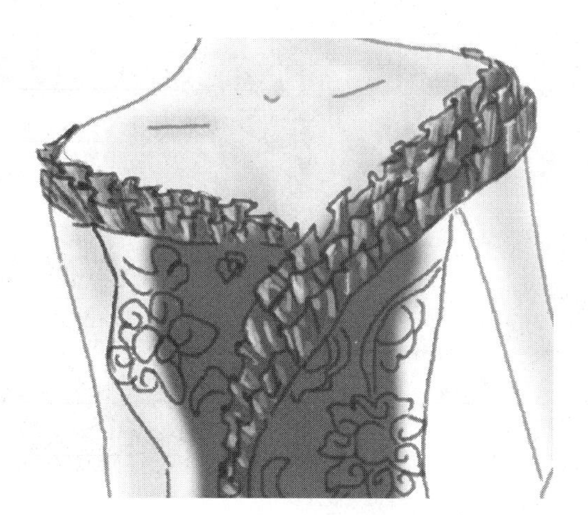

图 3—35　绘制衣褶花边

3. 同样画出卷曲的飘带。

六、绘制图案

1. 新建“图案”图层，选择适当颜色与画笔，依照图案轮廓，绘制图案。

2. 绘制过程中不断调整当前色、画笔大小、画笔透明度，如图 3—36 所示。

图 3—36 图案绘制

七、调整

1. 调整色调。选择“褶边”为当前层，点击菜单栏“图像—调整—自然饱和度”，拖动饱和度滑块，可以降低或加强色彩饱和度，使图像更加朴素或艳丽，如图 3—37 所示。

图 3—37 调整自然饱和度

2. 选择“图案”为当前层，点击菜单栏“图像—调整—色相/饱和度”，拖动色相滑块，可以改变图案的颜色；拖动饱和度滑块，可以降低或加强色彩饱和度，使图像更加朴素或艳丽；拖动明度滑块，可以降低或提高图像的明度。

3. 以同样的方法，分别调整“衣服”“褶边”“图案”图层的色调和明暗，就可以得出很多不同色彩效果的效果图。同样也可以选取某个图案，进行单独的色彩调整。可以看出计算机效果图比普通手绘更方便调整不同的色彩效果，以达到色彩的和谐。

晚礼服效果图如彩图 105 所示。

八、保存文件

1. 点击菜单栏“文件—保存为”弹出对话框，选择要保存的文件夹位置、分别输入文件名称、文件格式（这里以最常用格式 JPG 为例），弹出“JPEG 选项”对话框，根据自己工作需要，拖动滑块或直接在选框里填入数值，点击“确定”即可完成 JPG 文件的保存。

2. 其他格式文件的保存也大致相似，不再一一讲述。

第四节　利用路径工具绘制休闲服装效果图

→ 熟悉路径的概念
→ 了解利用路径绘制效果图的步骤
→ 掌握路径绘制图形的方法及修改方法

路径工具是 Photoshop 的一组矢量绘图工具，使用路径工具可以精确绘制出各种线条与形状，而且通过调整节点（锚点）进行修改，如图 3—38 所示。

图 3—38　路径工具

在工具箱中，路径工具编为一组，有“钢笔工具”“文字工具”“路径/节点选择工具”“形状工具”，长按图标，可以打开下拉菜单，分别有更多工具选择。

对于诸多设计，路径工具是非常实用、常用的工具，以下结合实例进行讲解。

一、新建文件

1. 按下 Ctrl＋N，新建分辨率为 300 像素/英寸的 A4 文件。

2. 新建“辅助线”层，以画笔工具分别画出动态草图，如图 3—39 所示。

3. 新建“肢体”图层，画出躯干及四肢草图。取名并保存为 PSD 格式文件，如图 3—40 所示。

图 3—39　基本动态

图 3—40　基本躯干

二、绘制头部轮廓及颜色

1. 新建图层“头部”，使用钢笔工具并依照草图绘制脸部轮廓（适当降低“肢体”图层的不透明度）。

2. 选择“钢笔工具”，点下鼠标生成一个节点（方形小黑点，见图 3—41），选择相应位置按下鼠标生成第二个节点，如图 3—42 所示。

提示：按下第二个节点的同时，拖动鼠标，会绘制出相应曲线（如果不拖动鼠标，就会在两节点间生成直线）。

3. 同样方法，依次画出其他部分弧线。当到达第一个节点附件时，出现“闭合”提示，即钢笔图标下角出现小 O 形状，点击第一个节点完成闭合，如图 3—43 所示。

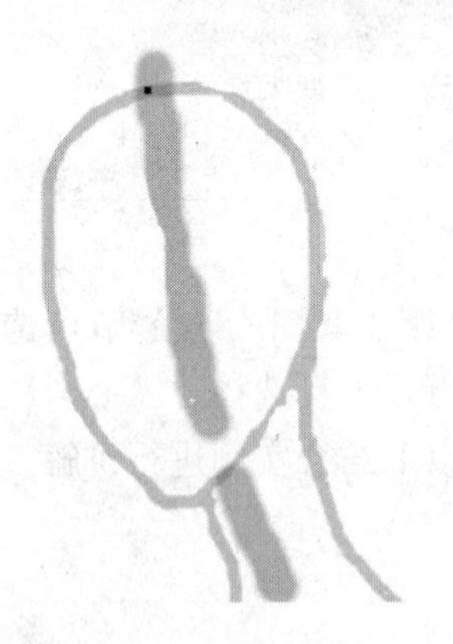

图 3—41　第一个节点

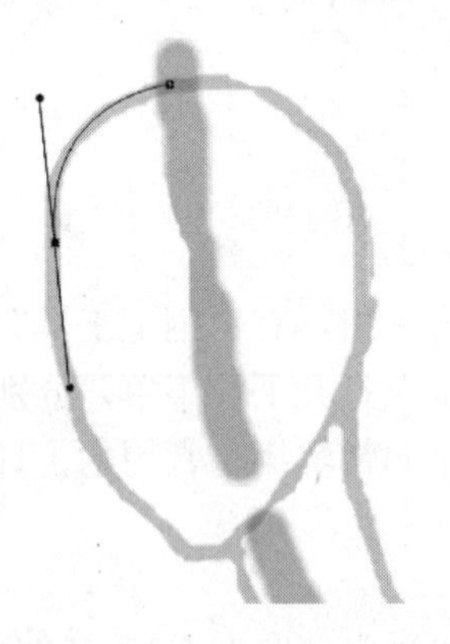

图 3—42　第二个节点

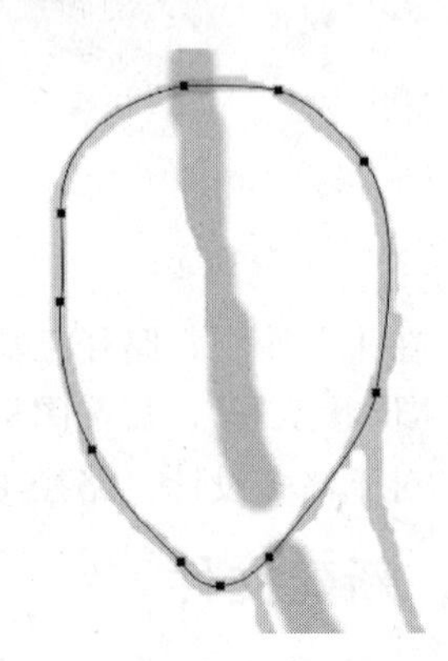

图 3—43　闭合曲线

提示一：如果对钢笔工具所绘制区域填充颜色，必须基于封闭的图形。如果所绘图形没有闭合，则只能为钢笔曲线本身赋予颜色。

提示二：使用钢笔工具绘制曲线和图形，是一个熟练的过程。所画曲线弧度大，则拖动的距离就大。

提示三：节点选择因人而异，一般选择在曲线拐弯处。节点选择不宜太多，一是可以节约工作时间；二是少的节点，可以使所绘线条更流畅顺滑。

4. 调整线条。选择“工具箱—直接选择工具”，调整弧线。点击要修整的节点，节点两侧会出现控制手柄，分别拖动手柄，可以修整曲线弧度。单击节点，并拖动鼠标可以移动节点位置，如图 3—44 所示。

5. 填充头部轮廓。打开“路径”面板，可见已经生成的路径缩略图，默认名为“工作路径”。双击“工作路径”名称，重命名为“头部”。

选择当前色为＃936e64，点击“路径”面板下方“用画笔描边路径”，完成对脸部轮廓的描绘，如图 3—45 所示。

提示：默认描边方式是铅笔，线条会呈现锯齿形状。所以每次描边前要先点击“画笔工具”，并调整画笔大小及软硬程度，使用画笔描边更流畅自然。

6. 填充头部颜色。选择当前色为＃f0e3d3，点击“路径”面板“用前景色填充路径”，完成脸部颜色填充，如图 3—46 所示。

7. 鼠标点击“头部”路径以外区域，隐藏头部路径。

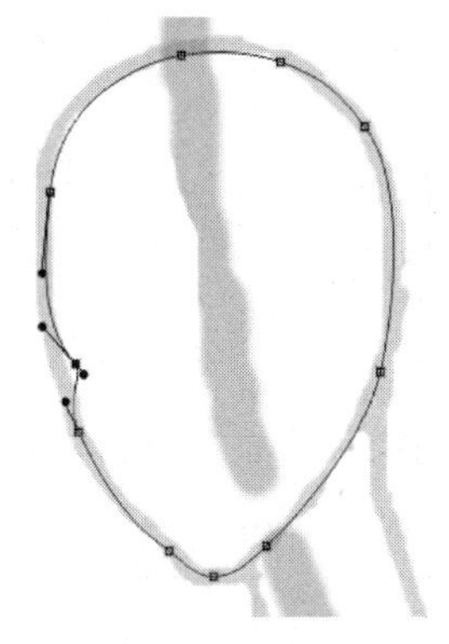

图 3—44　调整节点及曲线

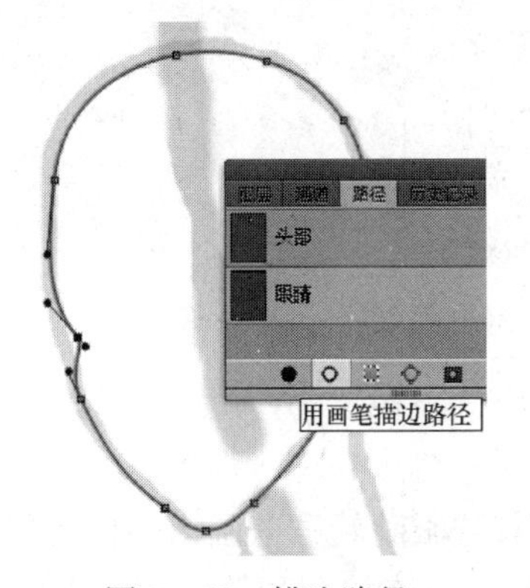

图 3—45　描边路径

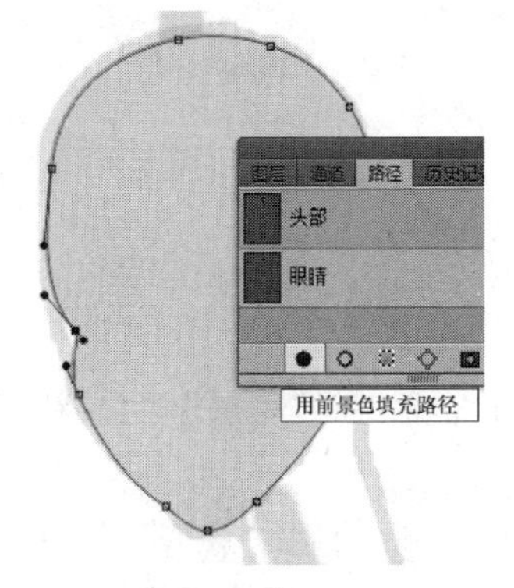

图 3—46　填充路径

单元 3

三、绘制面部

1. 在“图层”面板新建图层“眼睛”。回到“路径”面板，新建“眼睛”路径。

2. 使用钢笔工具，画出眼睛、睫毛、眉毛轮廓，并使用“直接选择”工具对节点进行必要的修改和调整，如图 3—47 所示。

3. 使用“路径选择”工具，拖动鼠标拉出方框，框选眼睛及眉毛（被选中的路径会显示节点），选择适当的当前色（＃4f0f04），填充路径，如图 3—48 所示。

提示：拖动“路径选择”工具可以同时选择两个以上路径；拖动“直接选择工具”则可以选择所拖动区域内的众多节点。

4. 在“路径”面板点击其他区域，使路径隐藏。新建路径命名为“眼白”。

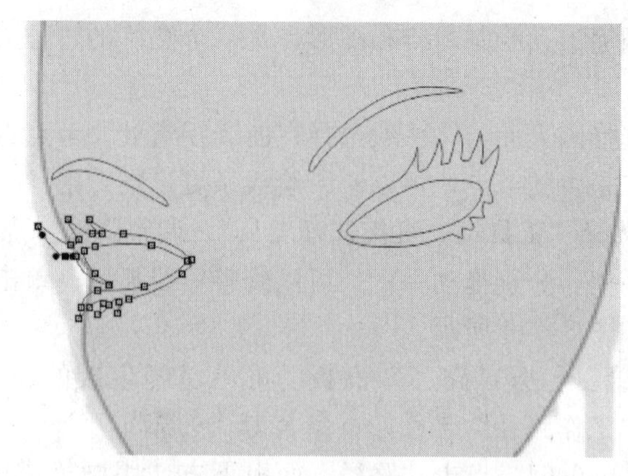

图 3—47　调整路径

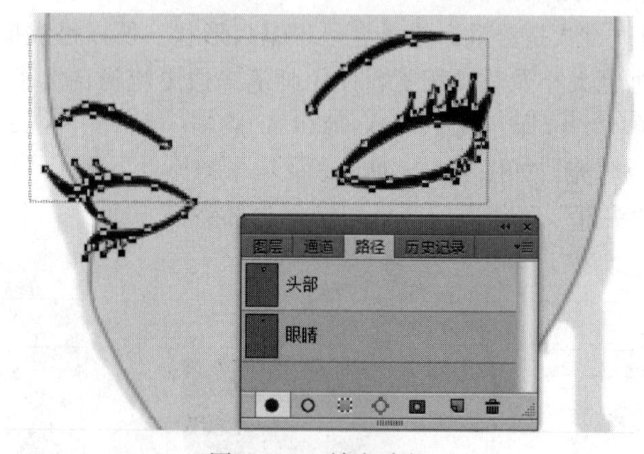

图 3—48　填充路径

5. 在“图层”面板新建图层“眼白”，并使之置于“眼睛”图层下方，如图 3—49 所示。

6. 使用“钢笔”工具，沿着“眼睛轮廓”画出眼白位置。

提示：眼白最方便的画法是可以直接用画笔绘制，也可以使用多边套索工具勾出大体轮廓，然后填充颜色。这里利用钢笔工具只是为了讲解路径工具的使用方法。

图 3—49　眼白图层

7. “路径面板—眼白”路径，选择所画“眼白”右眼路径，点击面板下方“将路径作为选区载入”命令，可以看到原来所画路径变为蚂蚁线，说明成为一个选区，如图3—50所示。

提示：选区就是选择区域。简单地说，所有操作只对选择区域范围内施加影响，选取外的区域受到保护。

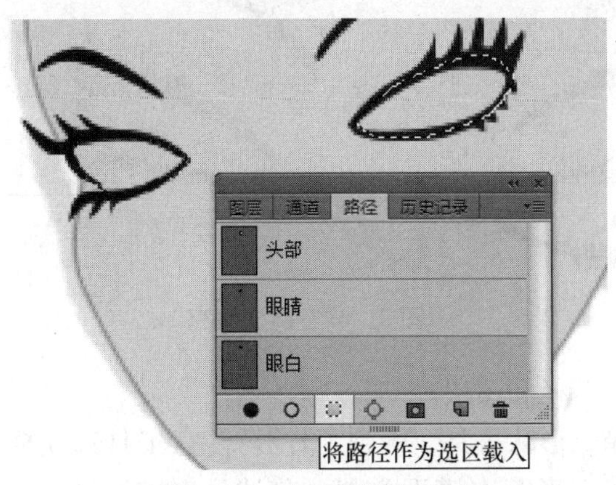

图 3—50　路径转化为选区

8. 为眼白填充颜色。选择“工具箱—渐变工具”，注意渐变工具选项栏，点击“编辑渐变工具”，设置为蓝色（＃c2e7f8）到白色渐变（默认是前景色到背景色渐变），如图3—51所示。

提示一：点击下方小锤，可以选择颜色。

提示二：拖动小锤，可以更改填充颜色区域大小。

提示三：颜色滑块下方单击鼠标，可添加小锤，可设置更丰富的颜色渐变。向对话框外拖拽小锤则可以删除小锤。

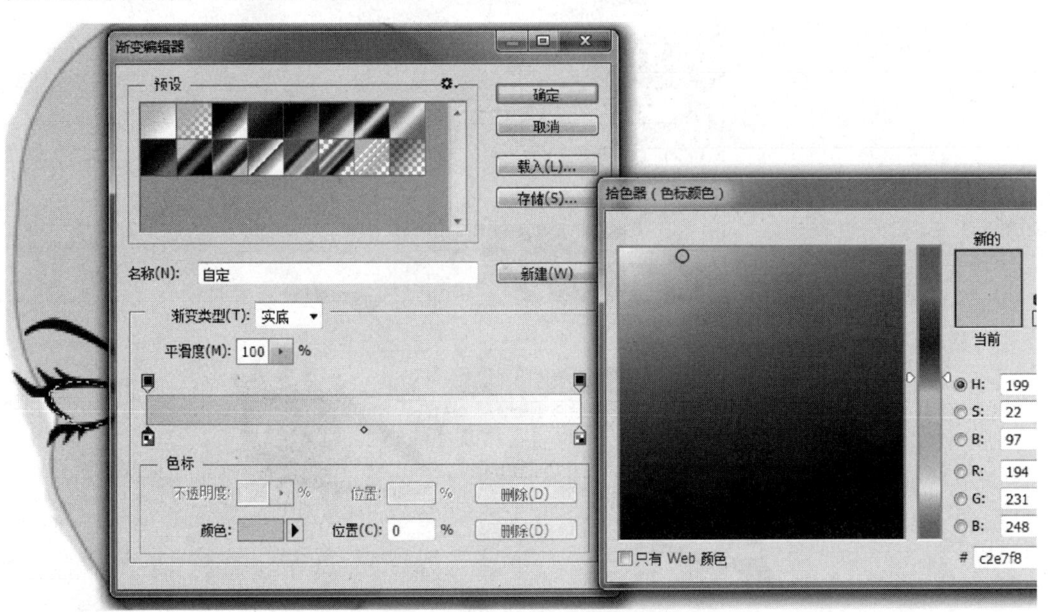

图 3—51　渐变填充设置

9. 在“渐变工具选项栏”填充方式选择“径向填充”，从眼部中心点向外拖动鼠标，即完成对眼部的填充。如果一次完成不好，可重复多次。采用同样的方法完成左眼的填充，如图 3—52 所示。

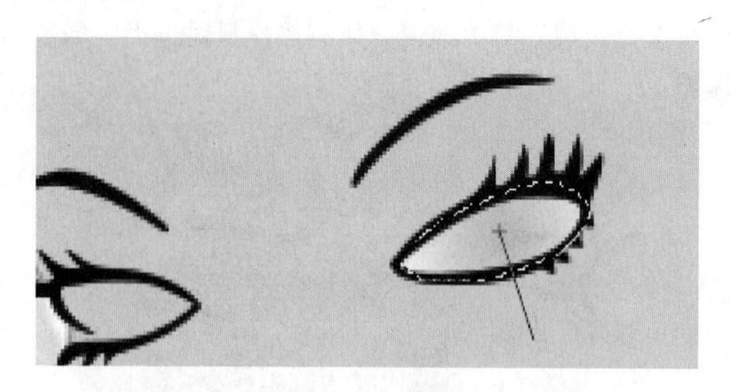

图 3—52　渐变填充

10. 新建“瞳孔”路径和图层。

11. 选择“工具箱—形状工具—椭圆工具”，注意工具选项框有三个选择：“形状”“路径”“像素”，其实三者基本道理类似，前述已对“路径”进行了讲解，这里选择“形状”。

12. 在适当位置拖动鼠标画出眼睛瞳孔的形状。点击“形状细节—设置形状填充类型”，选择适宜的颜色和填充方式并移动到合适位置。

提示：拖动鼠标同时按住 Shift 键，绘制圆形，如图 3—53 所示。

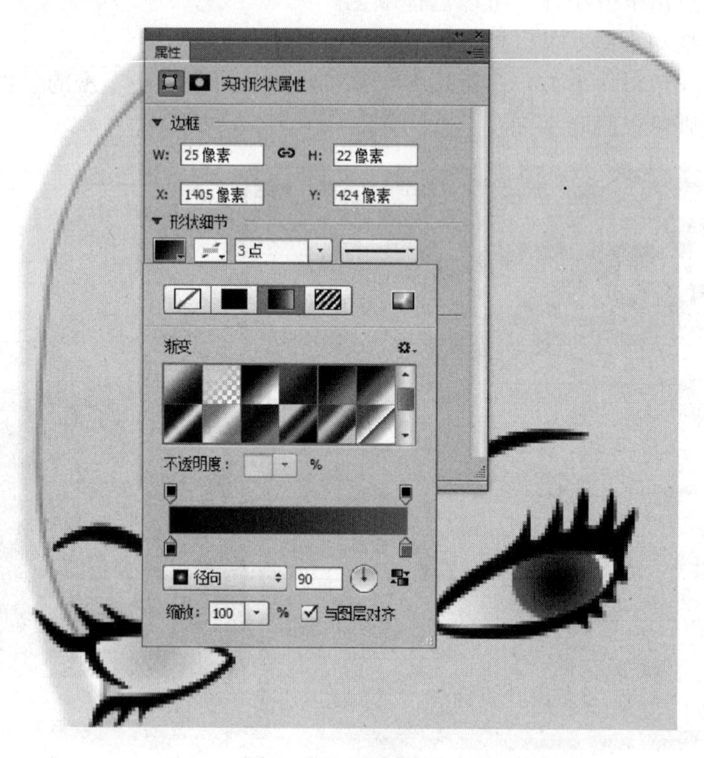

图 3—53　绘制瞳孔

13. 用画笔工具修饰瞳孔。用画笔点击瞳孔位置时，弹出栅格化对话框（这是因为刚才所画瞳孔是基于矢量格式的形状），确定。用较重颜色画出瞳孔层次感。调整画笔大小及当前色，画出高光辉点，如图 3—54 所示。

图 3—54 修饰瞳孔

14. 新建“眼影”图层绘制眼影。用钢笔工具勾勒眼影大体轮廓，然后转为选区。执行“菜单—选择—修改—羽化”，然后输入相应数值，如图 3—55 所示。

提示：羽化是选择区域边缘虚实程度的设置，数值越大，边缘虚化越厉害。

15. 选择眼影的颜色，执行“菜单—填充”，如图 3—56 所示。

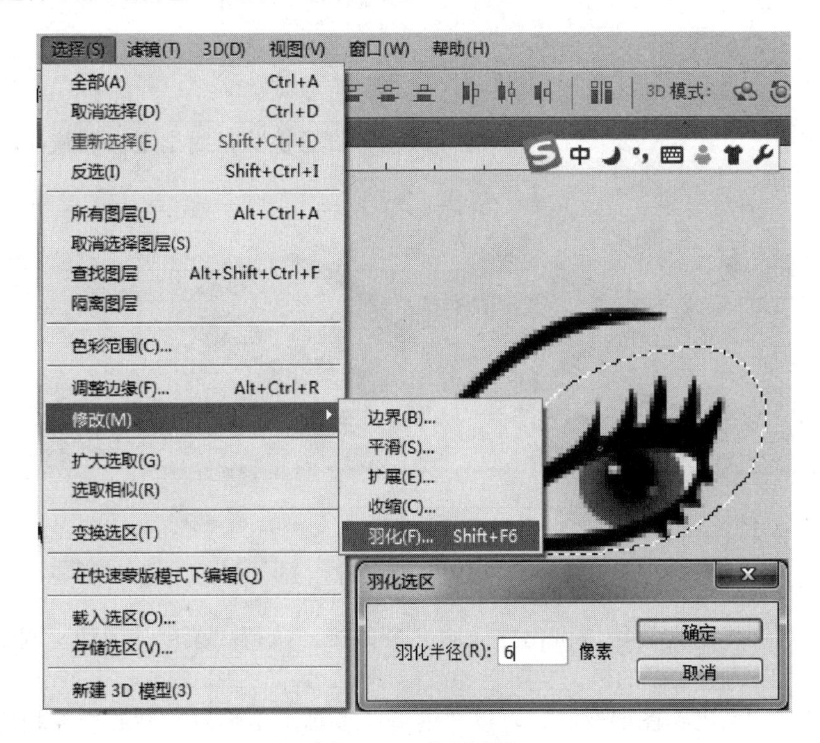

图 3—55 绘制眼影

单元 3

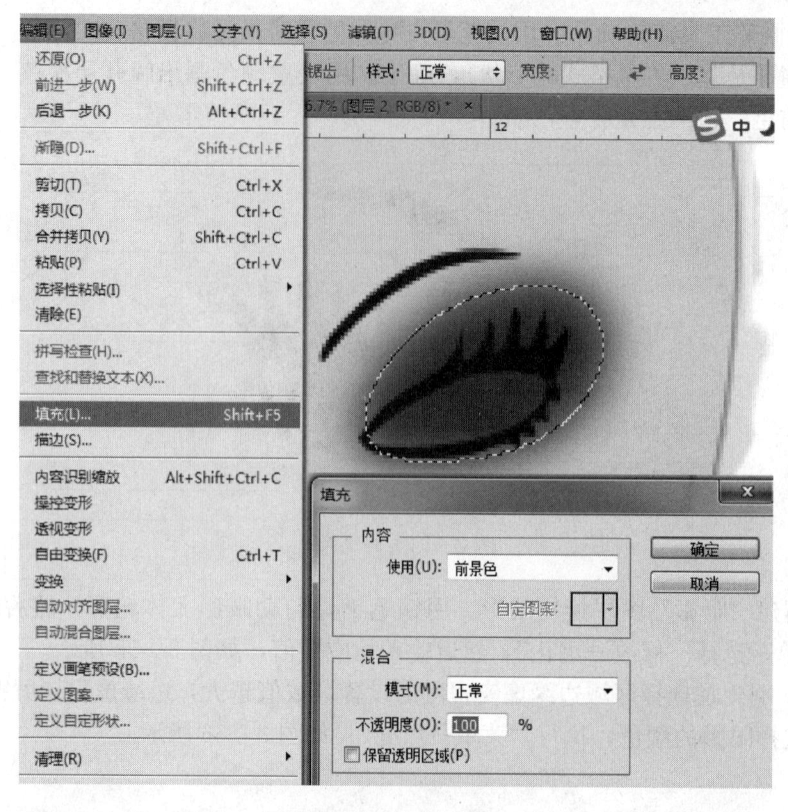

图 3—56　填充眼影

16. 使用“工具箱—橡皮工具”，在“眼白”部分擦除，露出眼白和瞳孔，如图 3—57 所示。

图 3—57　擦除

17. 采用同样的方法可以画出左眼瞳孔及眼影，执行“菜单—图像—调整—色相/饱和度”，可以调整眼影的色调、明暗等。

18. 新建“嘴巴”图层及路径，以“钢笔”工具画出嘴唇轮廓并填充相应的颜色，然后使用加深和减淡工具，调整口红颜色层次感。新建一层为“牙齿”，拖到“嘴巴”下面，以眼白的颜色涂抹，画出牙齿颜色，如图 3—58 所示。

19. 新建“鼻子”途径及图层，画出鼻子侧影及鼻翼，如图 3—59 所示。

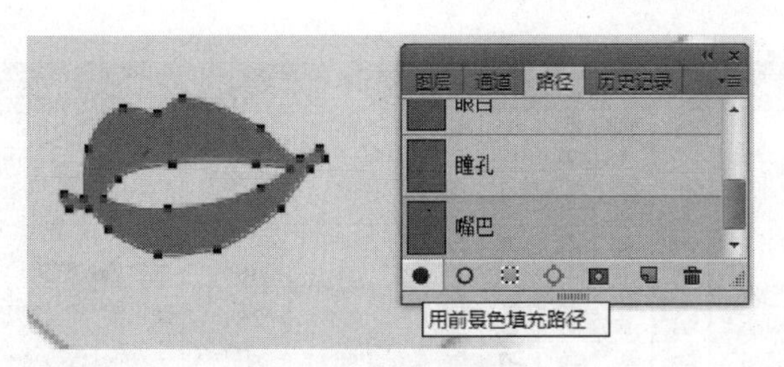

图 3—58 绘制嘴巴

提示：鼻子画法越简单越好。适当修整鼻翼颜色及亮度，鼻梁及鼻翼颜色不宜过重。

20. 新建“腮红”图层，使用“工具箱—多边套索工具”，在工具选项栏设定羽化值为 9（虚化边缘），画出腮红大体区域（注：画完一边，按住 Shift 键可画出另一边）。设定当前色为＃f0babc，填充。适当调整层不透明度，并将“腮红”拖到“眼白”图层下面，如图 3—60 所示。

图 3—59 嘴巴、鼻翼修改

图 3—60 腮红

四、绘制头发

1. 新建“头发”路径，用钢笔工具画出头发轮廓，并新建“头发”图层，选择适当的颜色填充路径，如图 3—61 所示。

2. 描绘头发发丝。选择“工具箱—画笔工具”，打开“菜单—窗口—画笔”画笔面板，设置如下：选择“尖角”并把大小调整为 4 px。点击“形状动态”，选择“控制—渐隐”，并设置数值为 200（注：数值越大，渐隐的距离越远），如图 3—62 所示。

用钢笔工具画出各个发丝的走向，不断调整当前色、笔头大小和渐隐数值，描边路径，画出头发丝缕，如图 3—63 所示。

图 3—61 钢笔工具画出头发

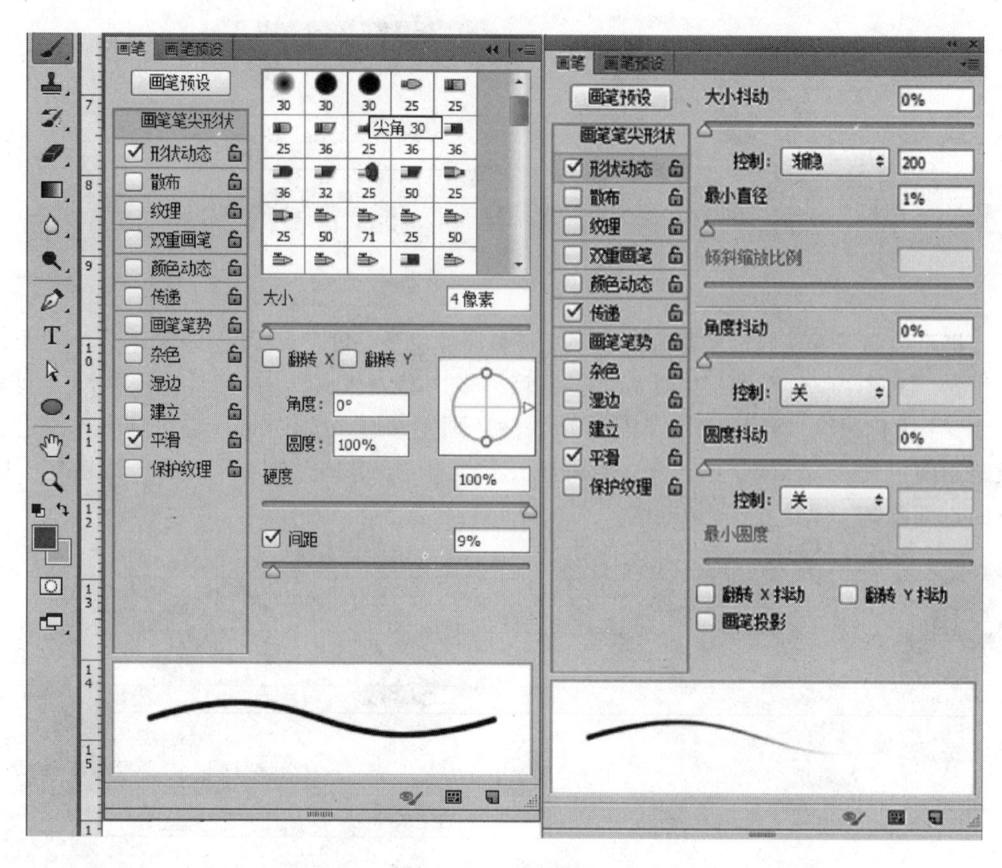

图 3—62　画笔调整

3. 图层面板工具下点击“创建新组”，命名为“头部”，把“眼睛、嘴巴、头发”等与头部所有相关层拖入“头部”组，使图层更加规整，如图 3—64 所示。

提示：把已完成的相关图层归类分组管理，可有效提高工作效率。

图 3—63　钢笔工具画出发丝

图 3—64　建立层图层组

五、绘制躯干

1. 绘制躯干轮廓。分别新建“躯干轮廓”图层及路径，并使“躯干轮廓”图层置于“头部”下方，用“钢笔工具”画出躯干轮廓线，调整画笔大小与软硬程度，以画笔描边路径，画出躯干与四肢轮廓，如图 3—65 所示。

2. 绘制皮肤颜色。分别新建“肤色”图层及路径，并使“肤色”层置于“躯干轮廓”层以下，使用“钢笔工具”画出要填充肤色的部分，选择适当颜色（＃f5ebe1），填充当前路径，如图 3—66 所示。

图 3—65　绘制躯干轮廓

提示：要注意预留高光部分，以增强画面变化。

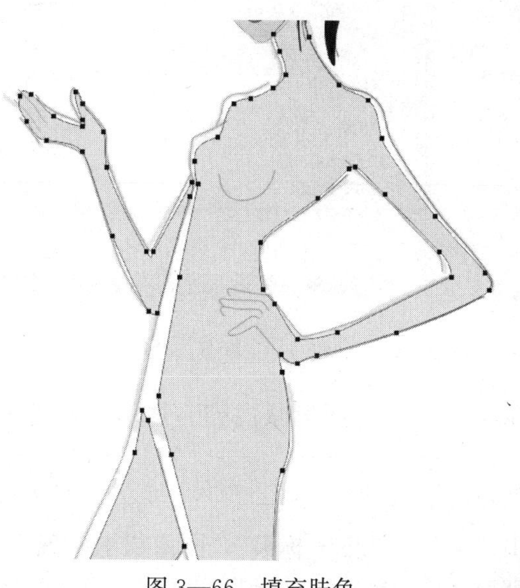

图 3—66　填充肤色

3. 填充皮肤阴影。新建图层，采用同样的方法绘制出皮肤阴影，如图 3—67 所示。

图 3—67　绘制皮肤阴影

六、绘制打底衫

1. 新建图层“打底衫”，以“钢笔”工具绘制打底衫轮廓，并填充适当的颜色。把路径转化为选区，使用“菜单—选择—储存选区”，打开对话框，命名为“打底衫”，备用，如图 3—68 所示。

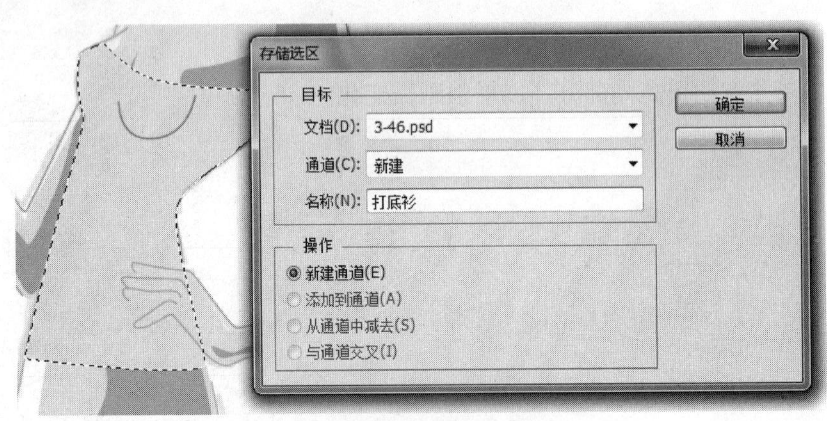

图 3—68　储存选区

2. 自定义图案。新建文件，选择背景内容为透明，可建立一个背景透明的文档，如图 3—69 所示。

拉出横竖两道辅助线至中心点。

提示一：首先选中“菜单—视图—标尺”，图像周围出现标尺。使用移动工具在标尺位置向画面拖动，即可拖出辅助线；向标尺拖动辅助线，即可删除辅助线。

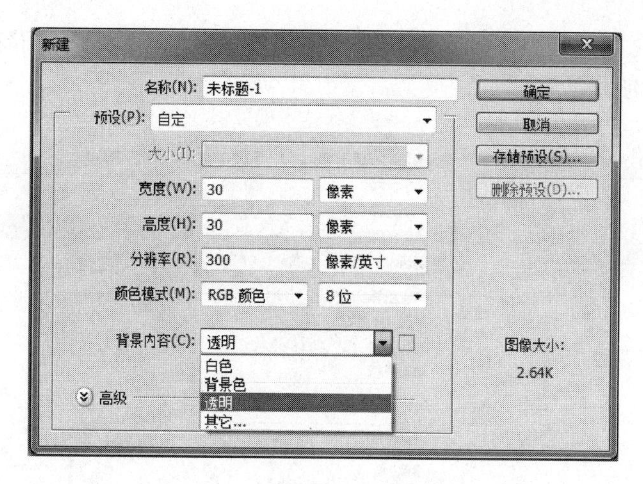

图 3—69 新建透明文件

提示二：选中“菜单—视图—对齐”，拖动辅助线到中心点附近时，可以自动吸附到中心点。

使用“工具箱—椭圆选框工具”，十字光标移动到辅助线中心点，同时按下 Shift＋Alt 可画出以中心点为中心的正圆形。以白色填充该选区，画出一个圆点，如图 3—70 所示。

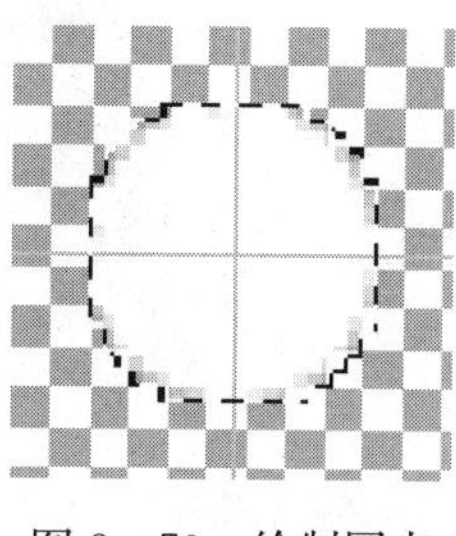

图 3—70 绘制圆点

点击“菜单—编辑—定义图案”，命名为“圆点”，如图 3—71 所示。

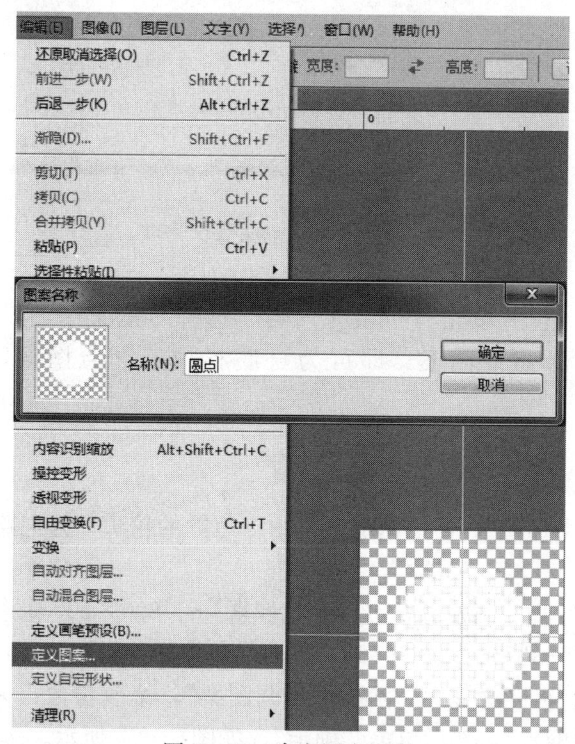

图 3—71 命名圆点图案

新建“图案”图层，点击“菜单—选择—载入选区”，选择之前储存的选区“打底衫”，如图 3—72 所示。

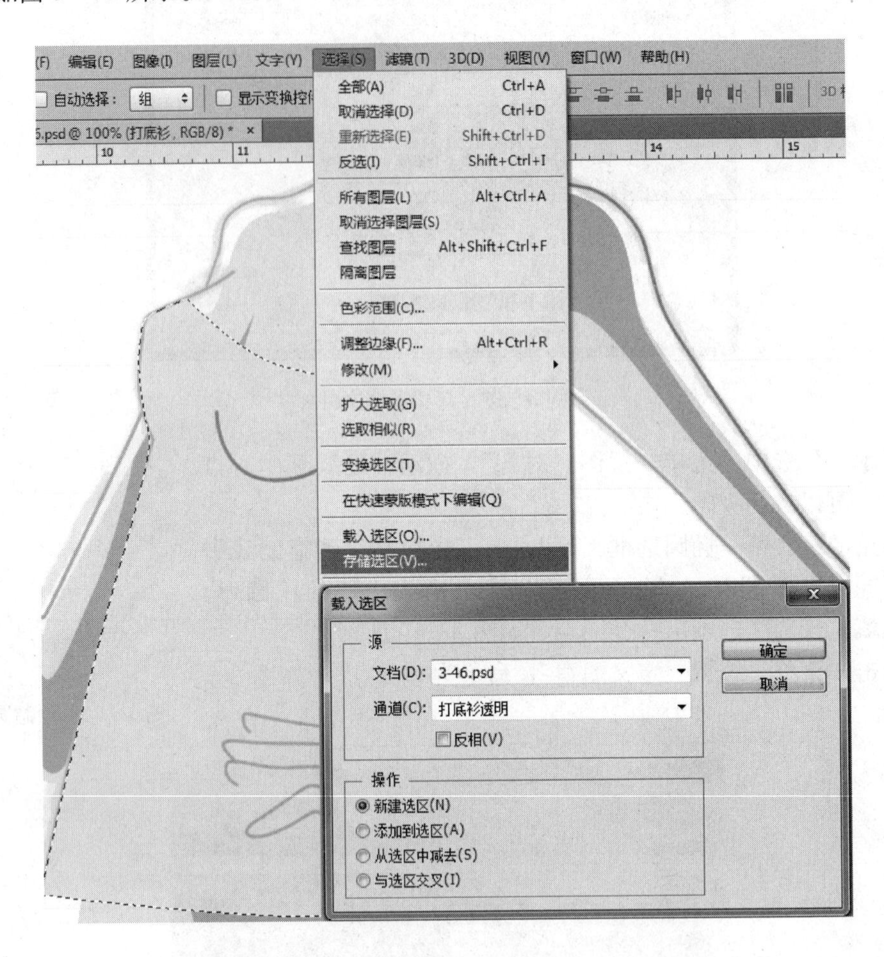

图 3—72　载入选区

选择“菜单—编辑—填充”，“填充内容”选择“图案”，打开“自定义图案”，选择之前预存的“圆点”图案，即可为打底衫填充圆点图案，如图 3—73 和图 3—74所示。

七、绘制短裤

1. 新建图层“牛仔裤”，使用钢笔工具画出短裤的轮廓，并把路径转化为选区，储存选区为“短裤”。

2. 绘制牛仔布纹理。新建分辨率为 300 像素/in、800×800 像素文件，设置前景色和背景色分别为：＃83b7ca、＃22576b，以前景色填充背景层（Alt＋Backspace）。

执行“菜单—滤镜—滤镜库—素描—半调图案”，修改参数：大小为 1、对比度为 0、图案类型选择“网点”，然后单击“确定”，如图 3—75 所示。

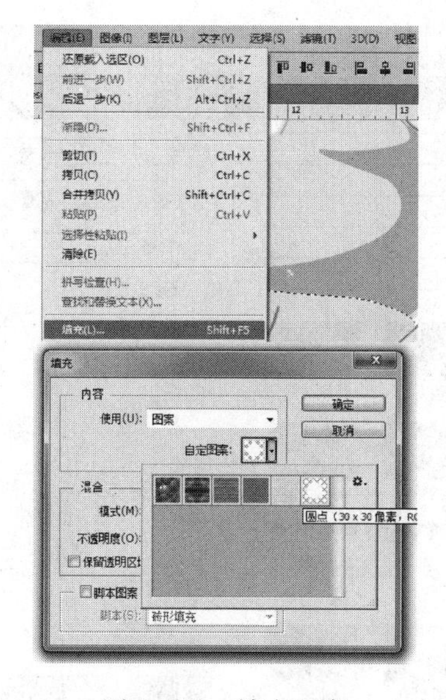

图 3—73　填充图案　　　　图 3—74　填充图案效果

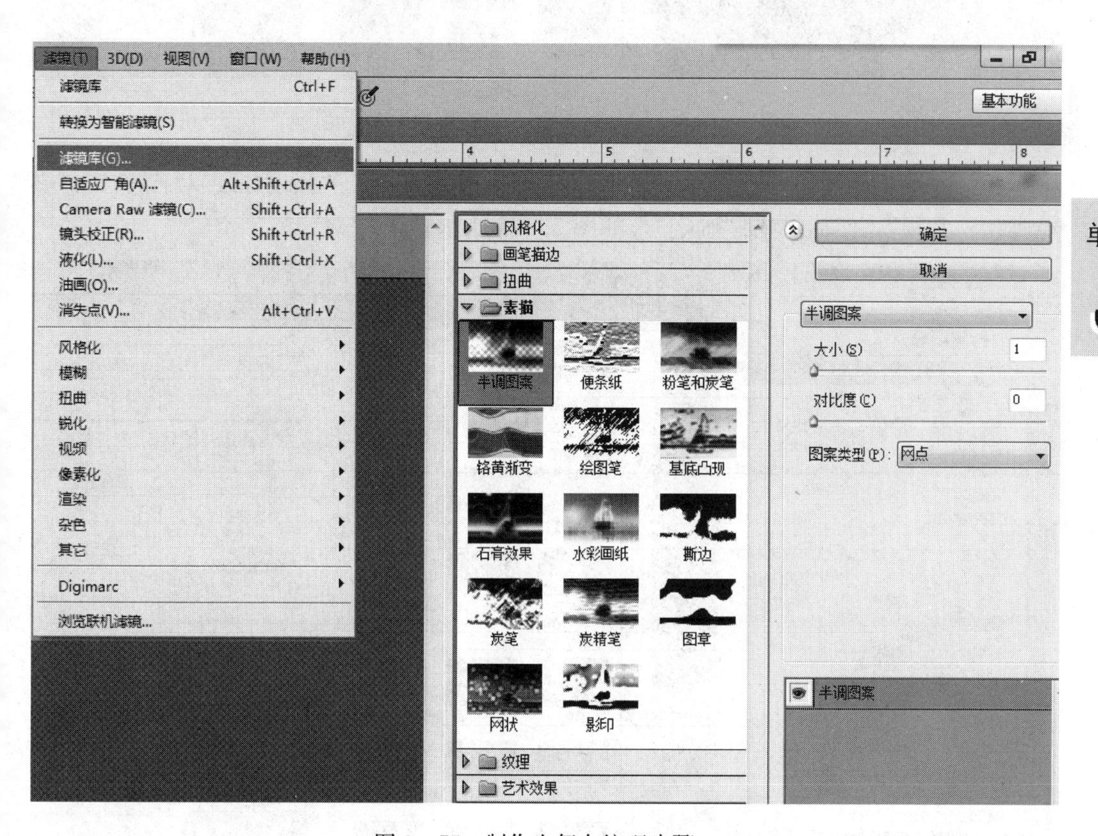

图 3—75　制作牛仔布纹理步骤一

执行“菜单—滤镜—滤镜库—艺术效果—涂抹棒”，修改参数“描边长度 2、高光区域 12、强度 10”，然后单击“确定”，如图 3—76 所示。

提示：一定要先“确定”，完成一个效果再做下一个效果。

单元 3

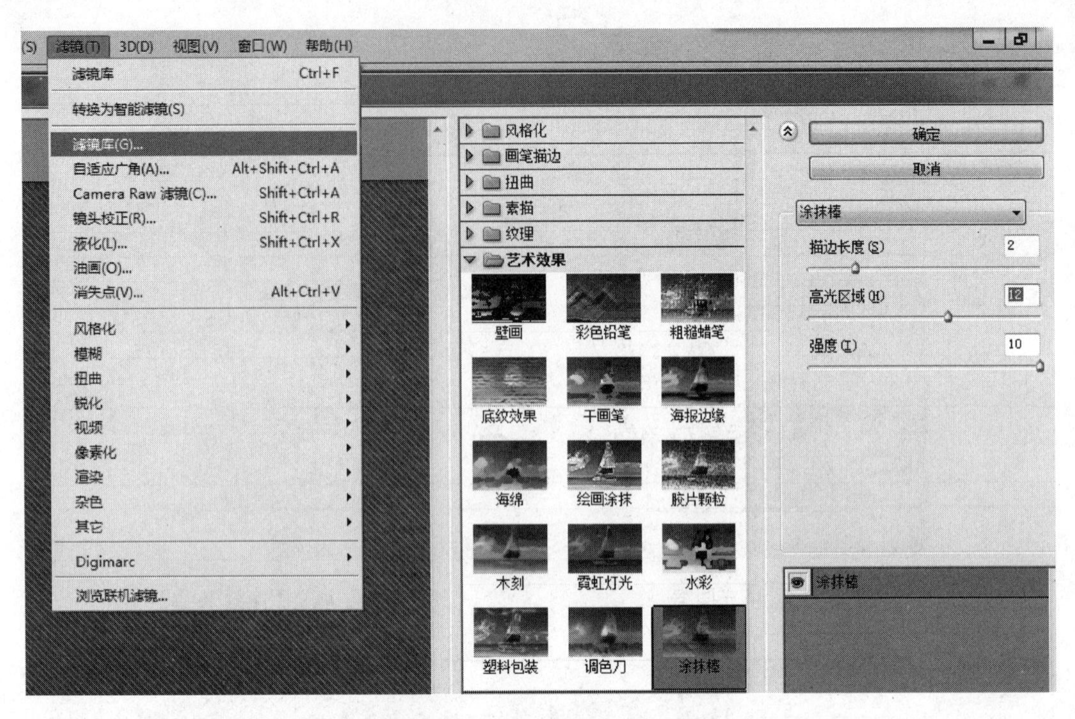

图 3—76　制作牛仔布纹理步骤二

执行“菜单—滤镜—滤镜库—纹理—颗粒”，修改参数：“强度 11、对比度 50、颗粒类型：常规”，然后单击“确定”，如图 3—77 所示。

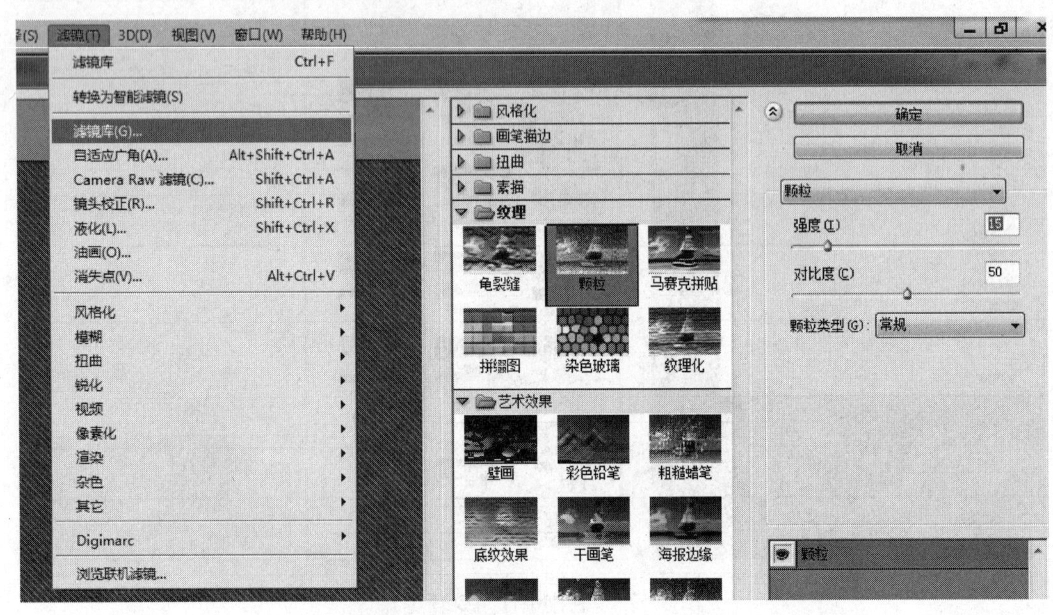

图 3—77　制作牛仔布纹理步骤三

执行“菜单—选择—全部”（Ctrl＋A），再执行“菜单—编辑—拷贝”（Ctrl＋C），然后回到效果图文档，新建图层为“牛仔布纹理”，执行“菜单—编辑—粘贴”（Ctrl＋

V），把新建的牛仔布拷贝过来。

提示：最方便的做法是使用移动工具，直接把新建的牛仔布纹理拖拽到效果图文件里面来。

载入已储存的选区“短裤”，然后执行“菜单—选择—反选”，按“Delete”键删除短裤（选区）以外内容，如图 3—78 所示。

图 3—78　制作牛仔布纹理步骤四

转换当前和背景色，使用当前色（＃22576b）描边路径，然后回到“躯干轮廓”层，使用“工具箱—橡皮工具”，擦除掉多余的躯干轮廓线。

使用“钢笔工具”画出明暗区域，转化为选区，执行“菜单—图像—调整—明暗/对比度”，调整牛仔短裤明暗程度，如图 3—79 所示。

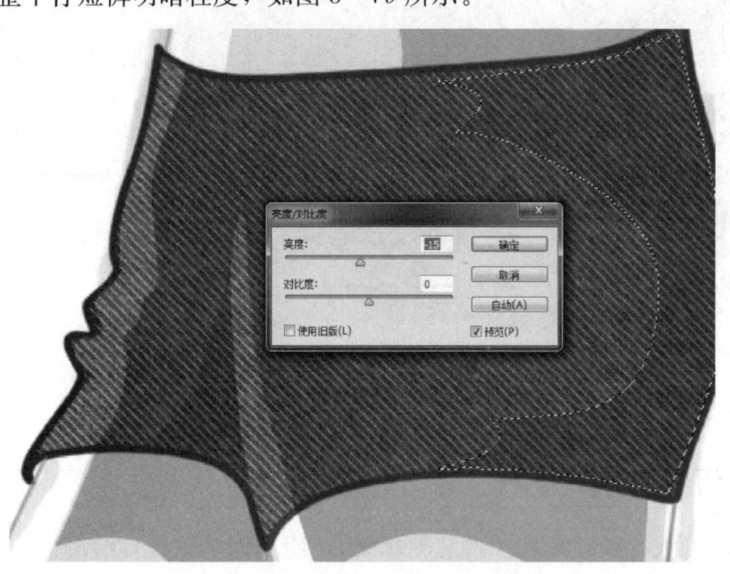

图 3—79　调整牛仔布纹理明暗

使用钢笔工具，先绘制短裤缝缝（描边路径），如图 3—80 所示。

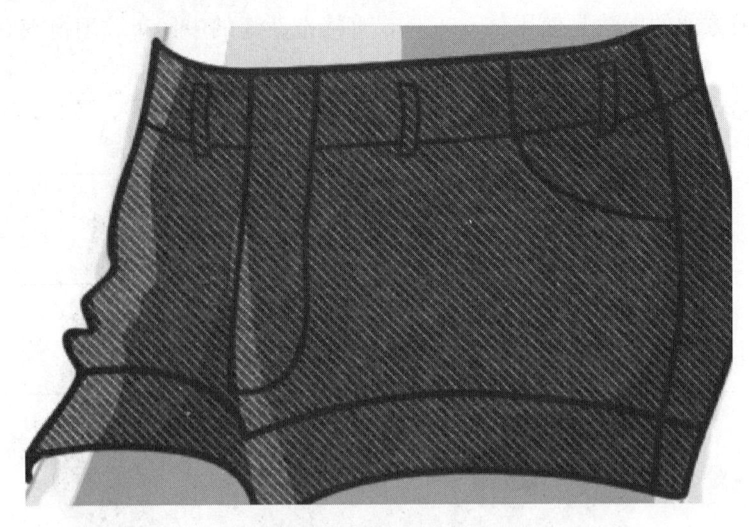

图 3—80　绘制牛仔布缝缝

绘制牛仔裤明线。打开“菜单—窗口—画笔”面板，选择“画笔笔尖形状”，调整间距参数到适当比例。使用钢笔工具，画出牛仔裤明线，并使用画笔描边路径，如图 3—81 所示。

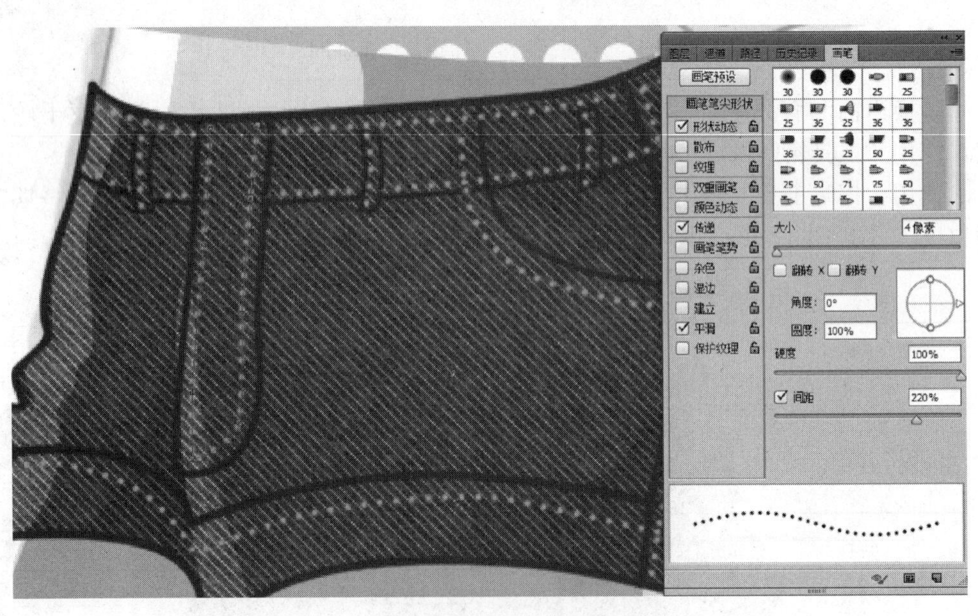

图 3—81　绘制牛仔布明线

八、绘制西装外套

1. 绘制轮廓线，新建图层“西装轮廓线”，使用钢笔工具，绘制西装轮廓线，并选择适当颜色描边路径，如图 3—82 所示。

图 3—82　绘制西服外套轮廓线

2. 填充西装颜色。利用刚才绘制的西装轮廓路径，使用“工具箱—直接选择工具”，移动并调整节点，绘制出西装上衣填充颜色的区域，如图 3—83 所示。

提示：在路径上点右键，可以添加节点，在节点上按右键，可以选择删除节点。

3. 使用描边路径的方法，画出衣服结构线、衣褶线，如图 3—84 所示。

图 3—83　填充西服外套颜色

图 3—84　描绘西服外套结构线、衣褶线

4. 选择“躯干轮廓”层，使用“橡皮工具”，擦去影响效果的肢体轮廓线。

九、绘制靴子

1. 绘制靴子轮廓线。新建“靴子”图层，使用“钢笔”工具，描绘靴子轮廓，并选择适当颜色描边路径。

2. 使用“工具箱—直接选择工具”，调整节点，选择适当颜色，填充路径，为皮靴填充中间色调。注意预留高光部分。

3. 继续使用“工具箱—直接选择工具”，调整节点，选择适当颜色，填充靴子较重的颜色。这样绘制的靴子有层次感，更富于变化，如图 3—85 所示。

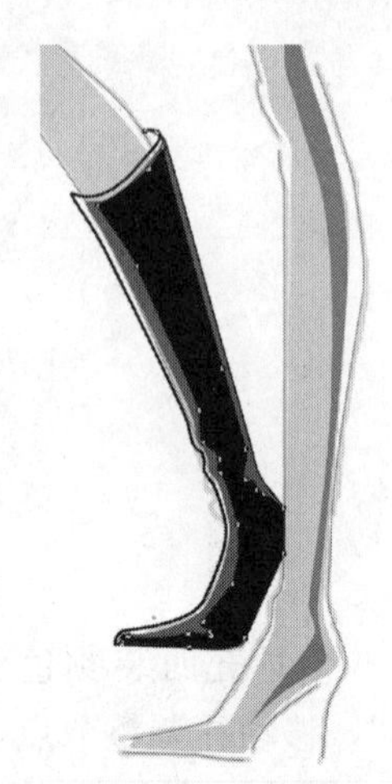

图 3—85 绘制皮靴效果

十、整体调整

绘制完成后，根据效果进行整体和细节调整，如调整头部比例、调整打底彩色相及透明度、完善头发细节、擦除各层中遮挡的颜色、隐藏或删除已失去作用的图层等。

提示：该实例，侧重路径使用练习，所以很多步骤都使用了钢笔工具。其实，在 Photoshop 里，实现一个目的的方法有好多种，有的使用路径工具较为方便，有的使用其他工具更快捷，需要开动脑筋，举一反三，多加练习，熟练运用各种不同工具，完成效果图绘制。

最后完成效果图如彩图 106 所示。

第五节　结合手绘利用通道绘制中国风格裙装

- 熟悉通道的使用
- 能结合手绘与绘图软件绘制效果图

绘制草稿，手绘要比使用计算机方便快捷得多；而填充颜色，使用计算机更加方便迅速，且使用计算机有利于快速调整和比较不同颜色，这是手绘所不容易做到的。在实际工作中，常常以铅笔或钢笔起稿，而使用 Photoshop 进行修改和上色。

手绘草稿最好使用扫描仪扫描成电子文件，但多数人习惯使用数码相机或手机拍照，这样容易拍出背景灰暗的图像。结合实例，学习利用通道抠图的相关知识和处理方法，以便把草稿线条从灰暗杂乱的背景中剥离出来。

一、置入并修改文件

1. 新建国际标准纸张、A4 大小的文档。

2. 执行“菜单—文件—置入嵌入的智能对象”，打开对话框，选择手绘草稿，置入手稿，如图 3—86 所示。

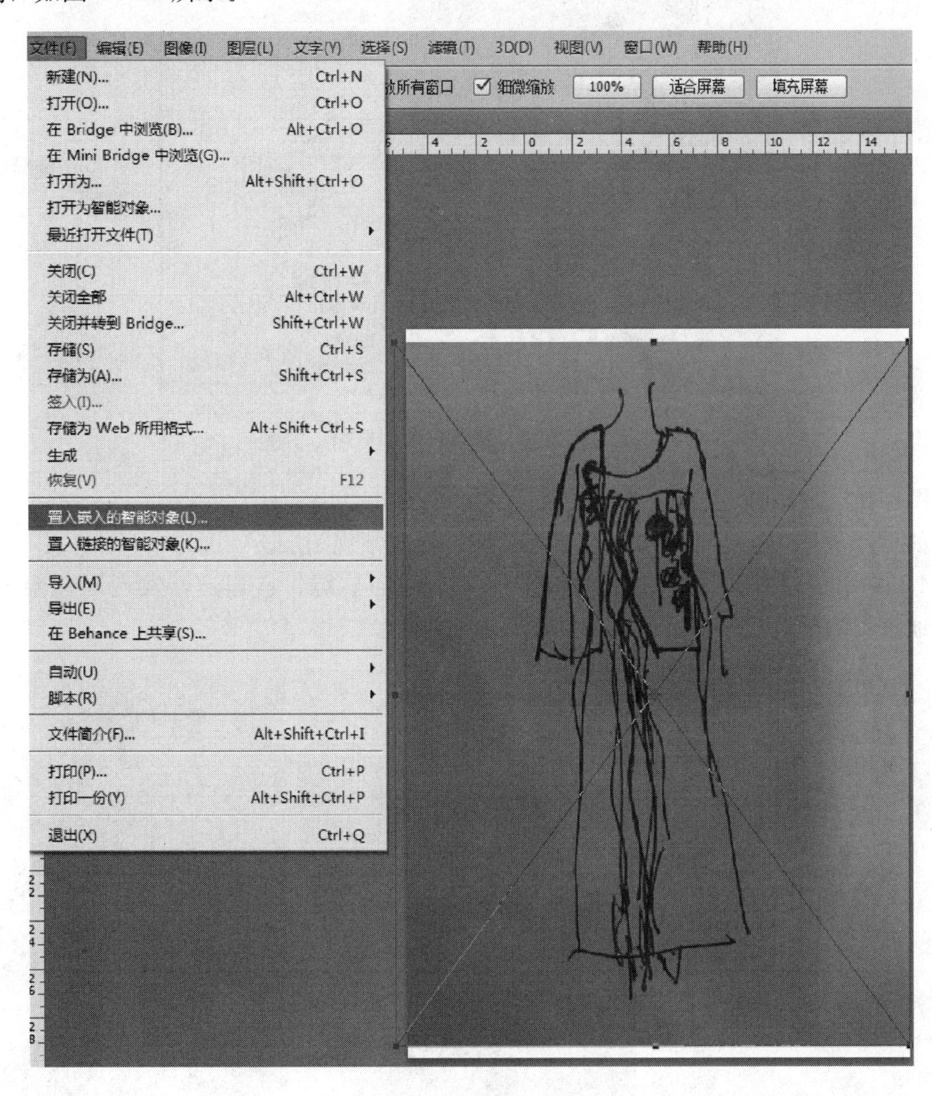

图 3—86　置入手稿

3. 置入后的图层缩览图右下角有表示智能对象的图标。在图层上面单击右键，执行“栅格化图层”命令，将图像转化为普通图层，修改名称为“裙装”，如图 3—87 所示。

提示：智能对象是引自外部链接的图像文件，当源图像文件发生更改时，链接的智能对象的内容也会随之更新。智能对象将保留图像的源内容及其所有原始特性，从而能

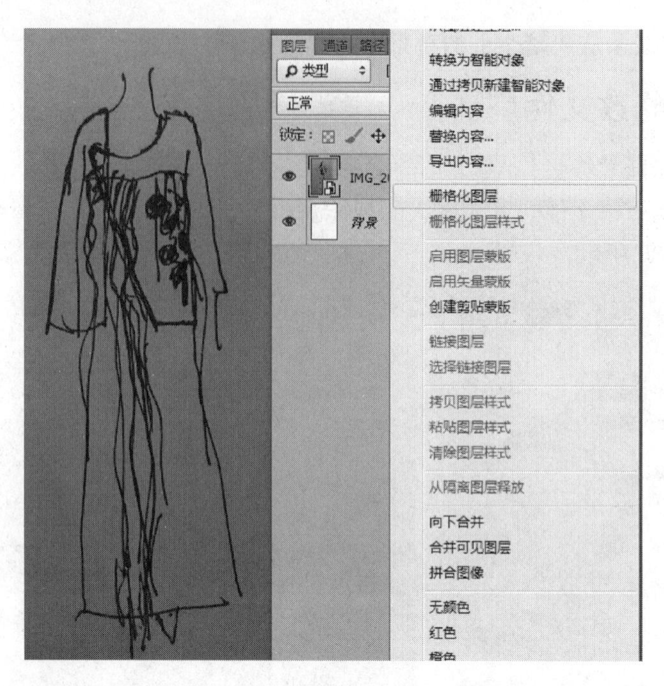

图 3—87　格式化智能对象

够对图层执行非破坏性编辑。

如果要对其进行当前修改，需将该图层转换成常规图层。

4. 利用通道抠图。打开通道面板，分别查看红、绿、蓝通道，发现同一幅图像，各个通道反映的对比度有所不同，如图 3—88 所示。

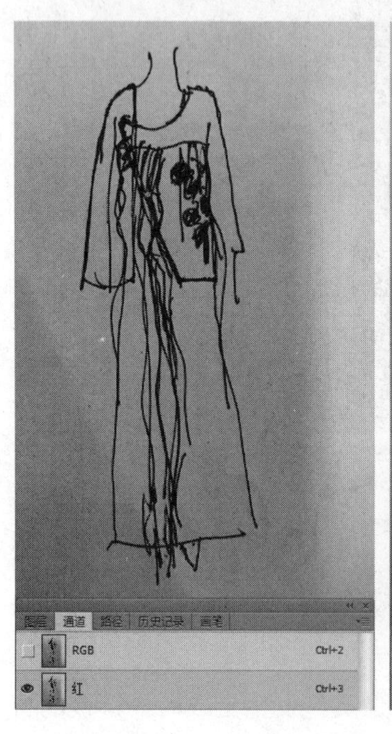

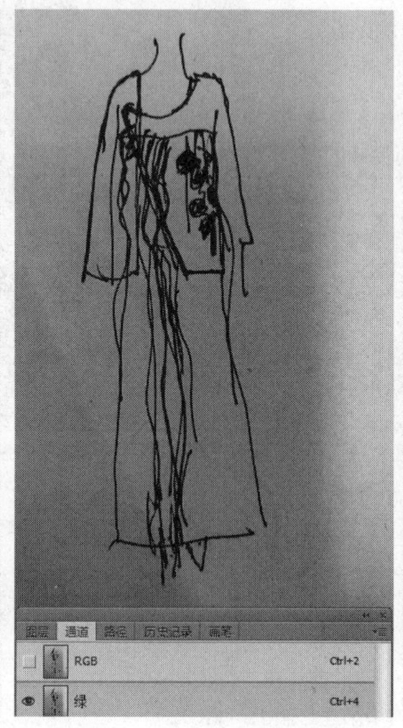

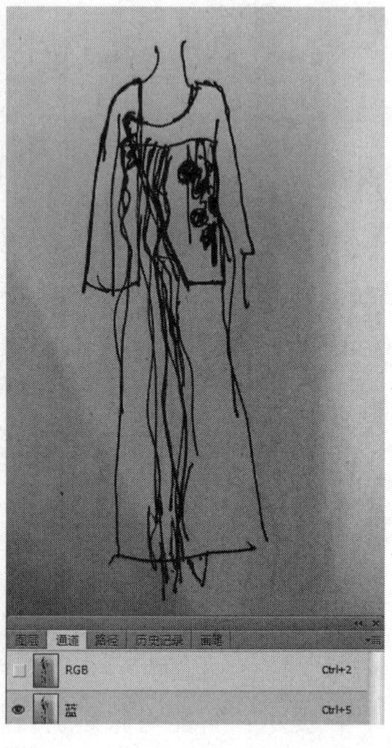

图 3—88　红、绿、蓝通道对比度

提示：我们可以形象理解，通道是只允许某一种颜色流经的道路，黑白灰关系是组成画面的该种颜色在通道横截面上的分布情况。RGB 模式下，黑色代表该区域进入的颜色最多，白色代表该区域没有颜色进入。通道总是以黑白灰的形式出现，反映的是颜色的浓淡多寡分布情况。

5. 选择对比度较大的红色通道，拖动至面板下端“创建新通道”按钮，出现红色拷贝通道。选择该拷贝通道进行操作。

执行“菜单—图像—调整—色阶”命令，将黑色的小三角向右移动，调整暗色调的色阶，将白色的小三角向左移，调整亮色调的色阶。仔细观察，可将图像中人物和背景的色调逐渐分离出来。

再使用橡皮工具或者画笔工具，以白色为当前色，把多余的黑色斑点清除掉。只保留纯净的黑白关系，如图 3—89 所示。

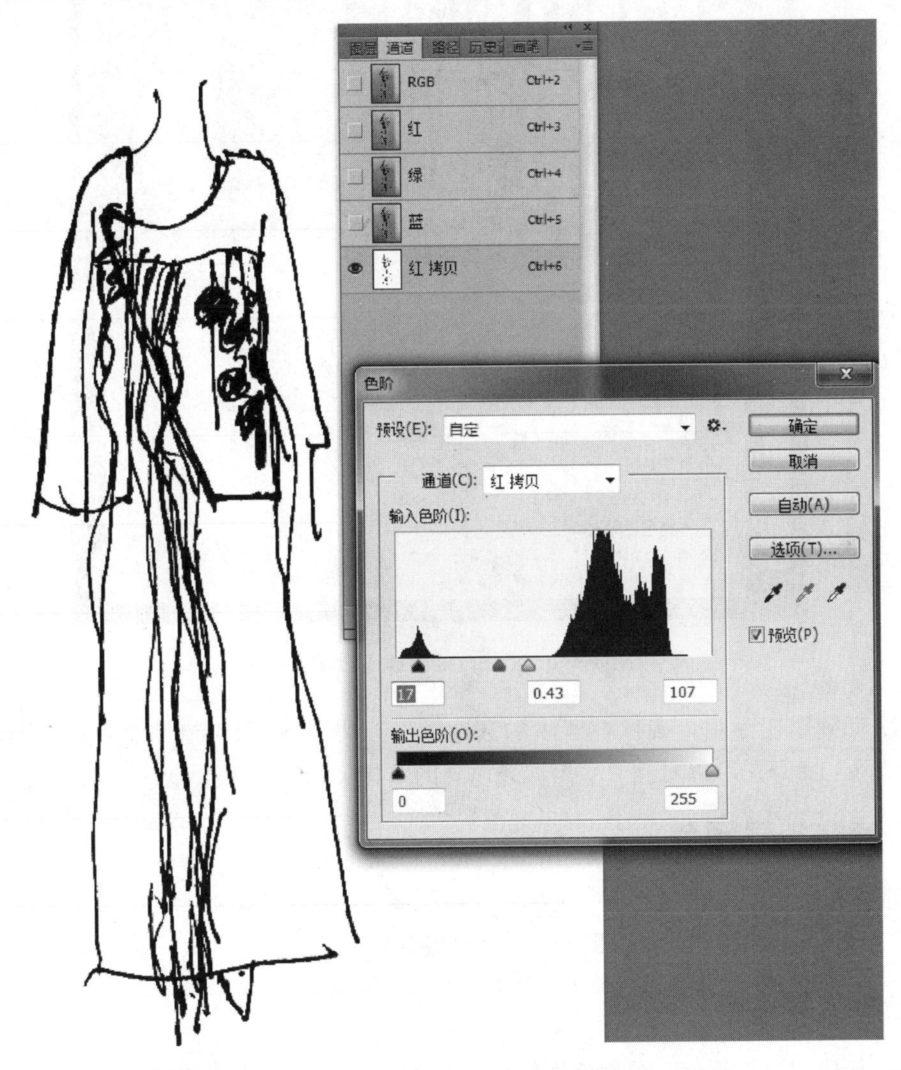

图 3—89　色阶命令调整红色通道对比度

6. 选择“红拷贝”通道，执行“菜单—选择—载入选区”，在对话框中输入命名的名称。把修改好的红色拷贝通道转化为选区。也可以按住“Ctrl”键点击通道缩略图，直接将该通道转换为选区，如图 3—90 所示。

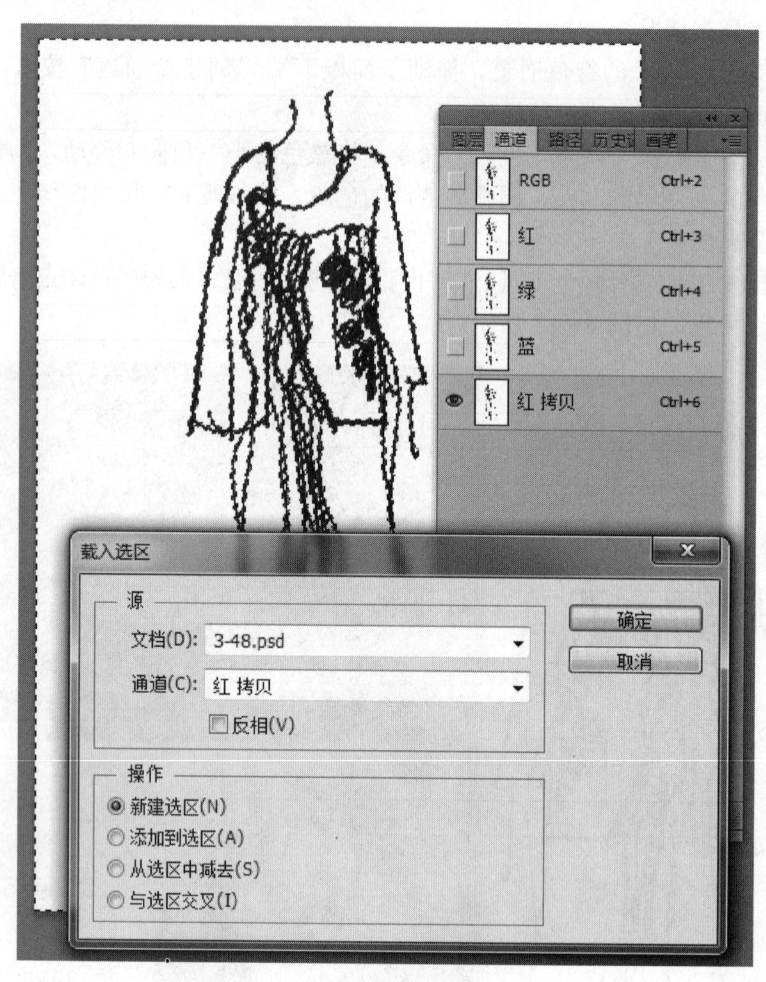

图 3—90　将修改好的通道转化为选区

7. 回到图层面板，确保在置入的图像图层，按“Delete”键或者执行“菜单—编辑—清除”命令。可以看到，手绘线条以外的不相关内容被清除掉。

二、填充底层颜色

选择背景层，执行“菜单—选择—全选”或（Ctrl＋A），选择当前色为淡灰，执行“菜单—编辑—填充”或（Shift＋F5），以显示白色上装。

三、绘制裙装颜色

1. 新建“裙装颜色”层，使用钢笔工具沿裙装轮廓，画出路径，选择适当的前景色，填充路径。

2. 新建图层“衣褶”，调整画笔大小，并选适当颜色，绘制衣褶纹理，以使裙装富有层次感。

四、绘制皮肤颜色

新建图层“肌肤”，使用钢笔工具画出躯干肌肤及手指的轮廓，并选择适当的颜色填充路径，如图 3—91 所示。

五、绘制白色上装

1. 为了表现半透明质感，上衣分左右分别填色。
2. 新建图层“上衣左”，使用钢笔工具描绘上衣轮廓，并以白色填充路径。
3. 新建图层“上衣右”，用同样的办法画出右边上衣。
4. 分别设置不透明度，如图 3—92 所示。

图 3—91　绘制皮肤颜色

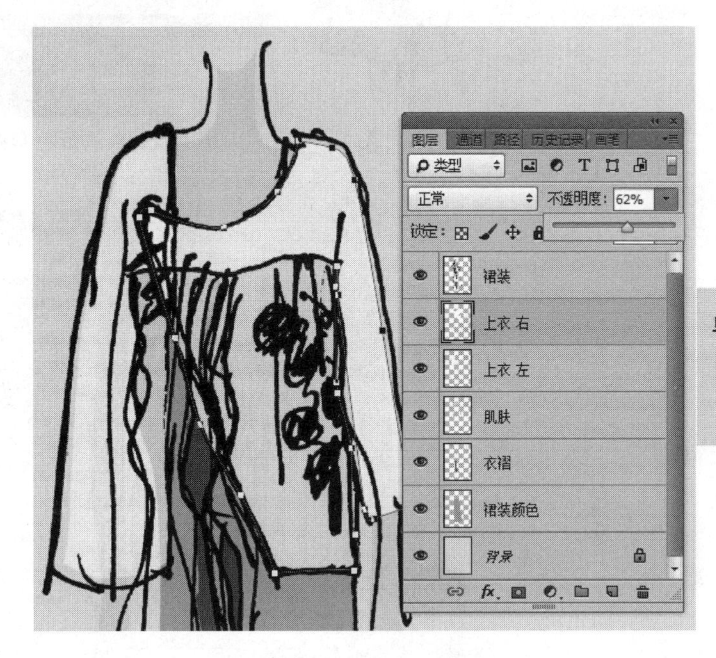

图 3—92　设置层不透明度

六、调整颜色

执行“菜单—图像—调整—通道混合器”，可以对各个层及不同通道很方便地进行颜色调整，非常便于修改颜色，如图 3—93 所示。修改完成的中国风格裙装如彩图 107 所示。

七、补充：利用通道计算抠图的方法

1. 打开刚才编辑的原始图像，拷贝红色通道。
2. 执行“菜单—图像—计算”，混合模式选择“相加”，即刻去除杂乱的背景。依照前面步骤，就可以抠出想要的线条，如图 3—94 所示。

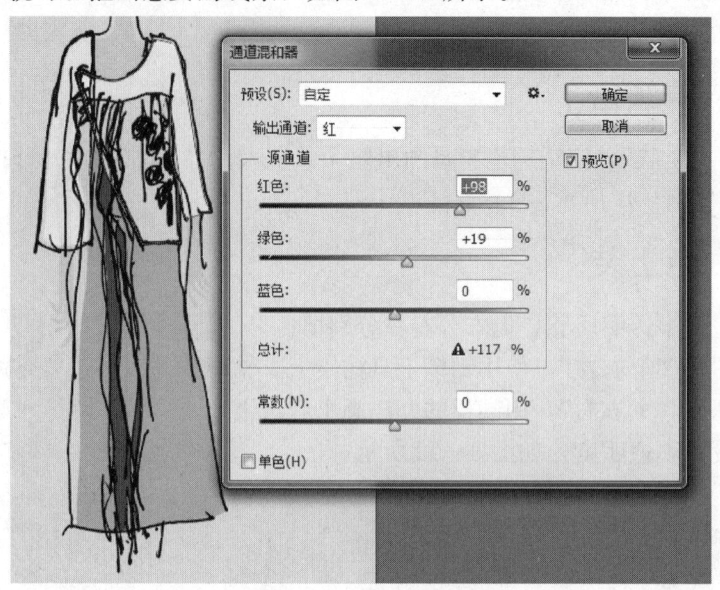

图 3—93　利用通道混合器进行色彩调整

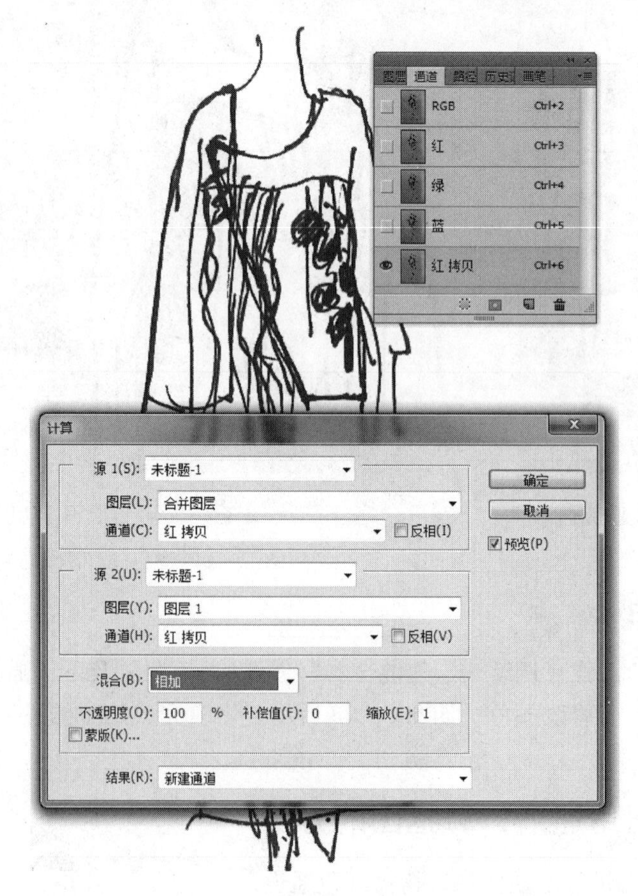

图 3—94　对通道进行计算

提示:通道不像图层和路径那样容易理解，但正是通道决定一幅图像的色调和颜色分布，是通道决定着一幅图像的模样。抠图，是图像处理最常用到的技术手段，但通道作用绝不仅限于可以方便抠出复杂图形，更可以方便调整图像色调等，功能十分强大，对通道要多加体会和练习。尤其在软件使用过程中，不要拘泥于一种方法，要明白殊途同归的道理，大胆实践，勤于练习，就会熟练掌握利用 Photoshop 进行设计的方法。

第六节 绘制戒指及包装盒

→ 掌握图层样式和滤镜使用
→ 能综合运用各种工具完成效果图

一、绘制拉丝效果

1. 新建国际标准纸张、A4 大小的文档，执行“菜单—图像旋转—90°”。

2. 执行“工具箱—渐变工具”命令，编辑渐变颜色，为图层填充金属效果，如图 3—95 所示。

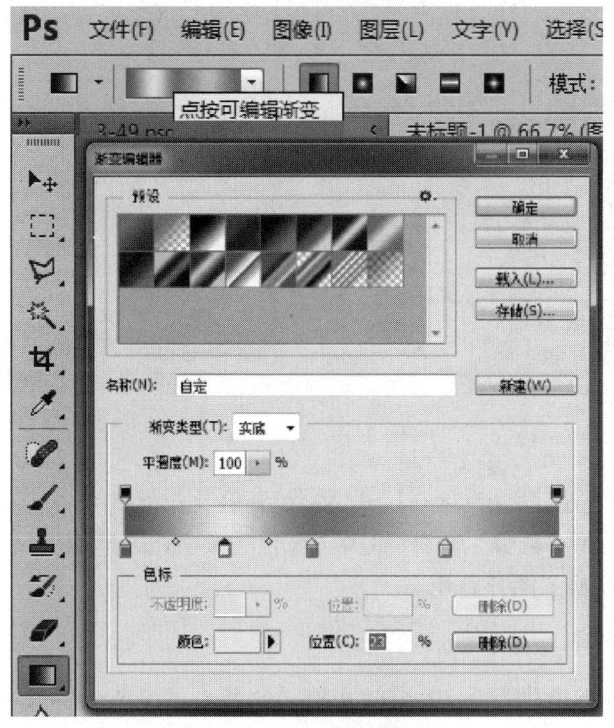

图 3—95 填充渐变效果

3. 执行“菜单—滤镜—杂色—添加杂色”，如图 3—96 所示。

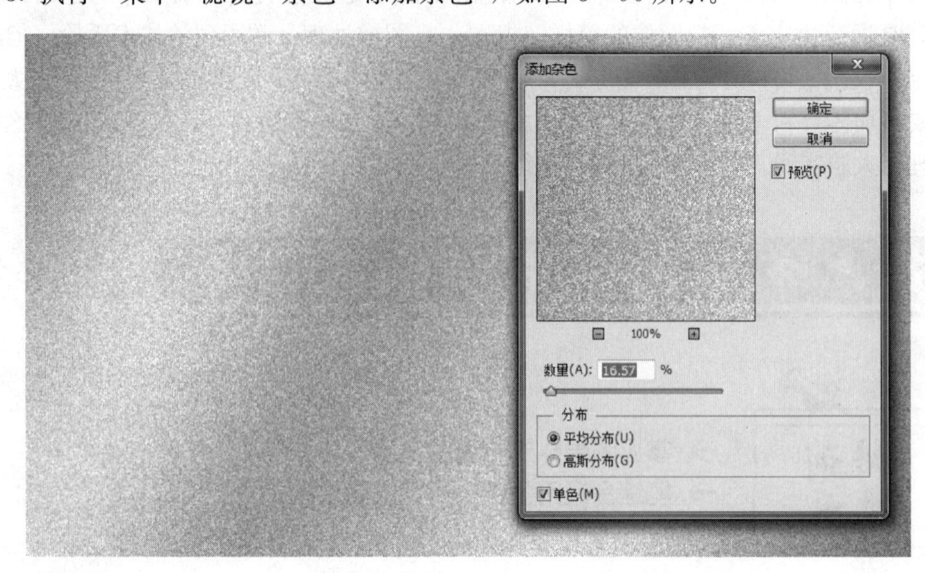

图 3—96　添加杂色

4. 执行“菜单—滤镜—模糊—动感模糊”，已出现拉丝效果，如图 3—97 所示。

图 3—97　动感模糊

5. 执行“菜单—滤镜—锐化—USM 锐化”，强化拉丝效果，如图 3—98 所示。
6. 执行“工具箱—裁剪工具”，裁剪图像合适大小，去掉四周没能完成好的区域。
7. 另存为 JPG 格式图片备用。

二、绘制包装盒

1. 新建国际标准纸张、A4 大小的文档，命名为“包装盒”，执行“菜单—图像旋转—90°”。

图 3—98　锐化

2. 执行“菜单—文件—置入嵌入的智能对象”，置入预先准备好的“木纹”图片，图层上面点右键，执行“栅格化图层”命令，将图像转化为普通图层，执行“菜单—修改—变换—缩放”（或 Ctrl＋T），然后按住“Shift＋Alt”，拖动鼠标（等比例缩放）修改图片适当大小，并修改图层名称为“桌面”。

3. 分别建“上面”“左侧”“右侧”三个图层，并分别以钢笔工具绘制三个不同侧面，转化为选区，再使用“工具箱—渐变工具”填充出如图 3—99 所示的图像。

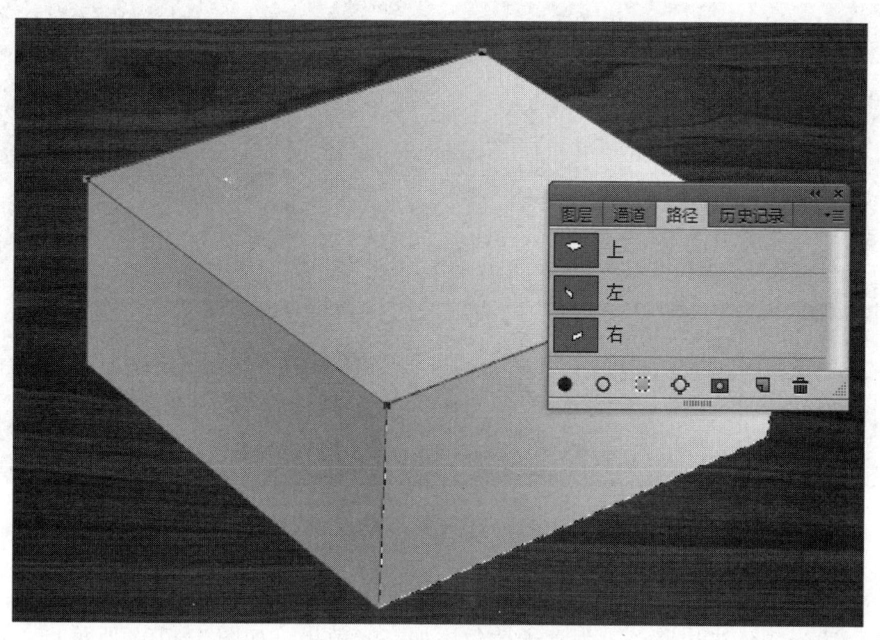

图 3—99　填充盒子光影效果

4. 置入已经做好的拉丝效果图片，并转化为普通层，命名为“拉丝 1”。使其置于“上面”层以上，执行“菜单—编辑—扭曲”，修改形状和上面形状相吻合。按住 Ctrl 键，点击“上面”图层缩略图标得到选区，执行“菜单—选择—反选”，确保是“拉丝 1”，按“Delete”键清除多余部分。再在图层面板“图层混合模式”处选择“正片叠底”，得到如图 3—100 所示的效果。

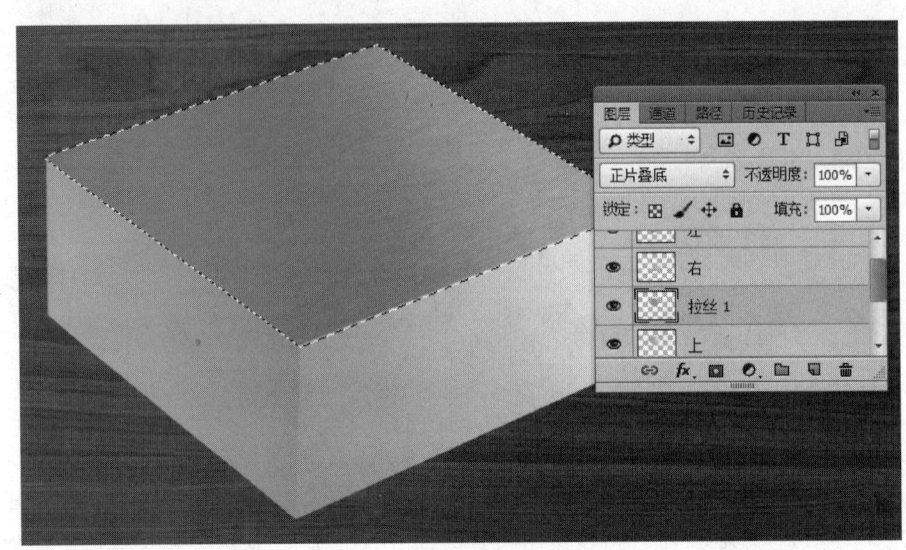

图 3—100　为盒子添加拉丝效果

5. 完成效果，为盒子添加拉丝完成效果如图 3—101 所示。

图 3—101　为盒子添加拉丝完成效果

6. 在所有图层上面，新建图层“高光”，使用钢笔工具画出突起的边棱及盒盖接缝，选择适当颜色描边路径，为盒子棱角添加高光效果，如图 3—102 所示。

7. 蒙版的使用。点击“图层面板”下的“添加图层蒙版”，调整画笔颜色深浅，以

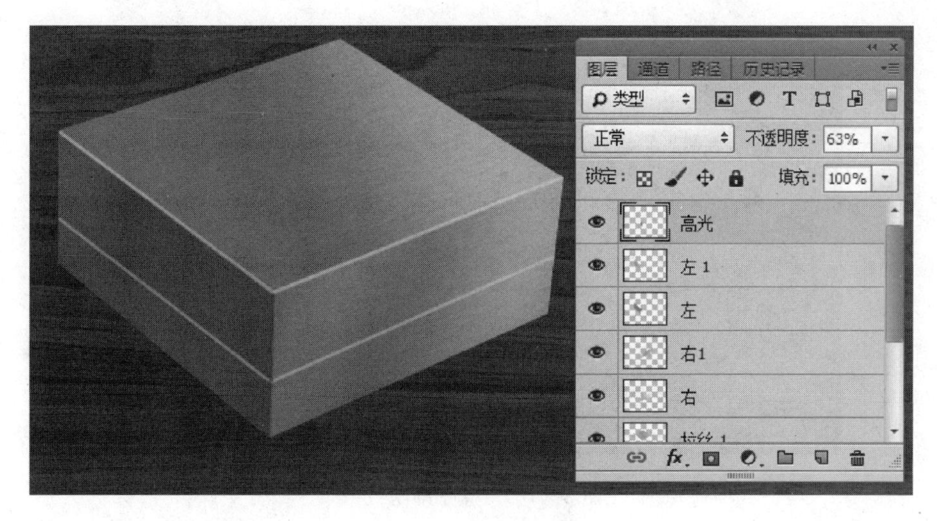

图 3—102　添加蒙版效果

画笔涂抹刚才画出的高光部分，可以使高光更富于变化。

提示：蒙版是个神奇的工具，通过在蒙版上涂抹黑白灰效果，可以显露或者隐藏部分图层效果，白色为全部显露，黑色为全部隐藏。这种修改不会损害该图层图像，如果对蒙版调整的图像不满意，可以关闭或去掉蒙版，即可恢复原图像模样。

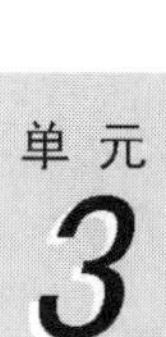

8. 调整完成后留出桌面图层外，合并所有与盒子相关图层，使盒子成为一个完整图像（按住 Shift，逐个点击相关图层，右键选择“合并图层”）。

9. 商标的绘制。新建图层“商标”，使用“工具箱—文字”，输入品牌名称；执行“菜单—编辑—变换—斜切”命令，调整字体姿态，使之与包装盒相契合，如图 3—103 所示。

10. 适当调整层透明度，并向下合并。调整盒子大小，为戒指预留适当位置。

11. 新建层命名为“遮盖”，填充与木纹桌面相近颜色，图层混合模式为“正片叠底”。

12. 添加蒙版，在蒙版上使用渐变填充工具“径向渐变”，选择预设“前景色到透明色”，前景色为灰色。在盒子适当位置填充，为盒子添加渐变透明的效果，如图 3—104 所示。

图 3—103　调整字体姿态

图 3—104　盒子渐隐效果

三、绘制戒指

1. 新建国际标准纸张、A4 大小的文档。

2. 使用黑色填充背景层，以便看清戒指的效果。使用“工具箱—椭圆工具”，画出两个椭圆路径，并转换为选区，如图 3—105 所示。

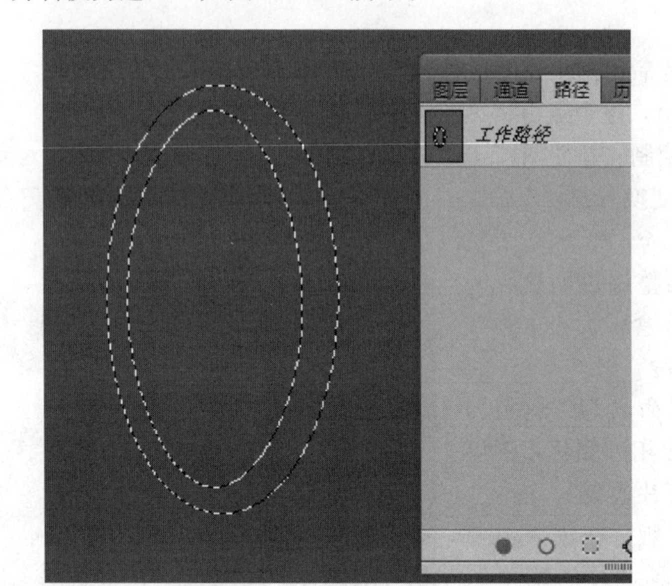

图 3—105　画出戒指侧面轮廓

3. 新建图层，填充白色，执行“菜单—滤镜—模糊—高斯模糊”，如图 3—106 所示。

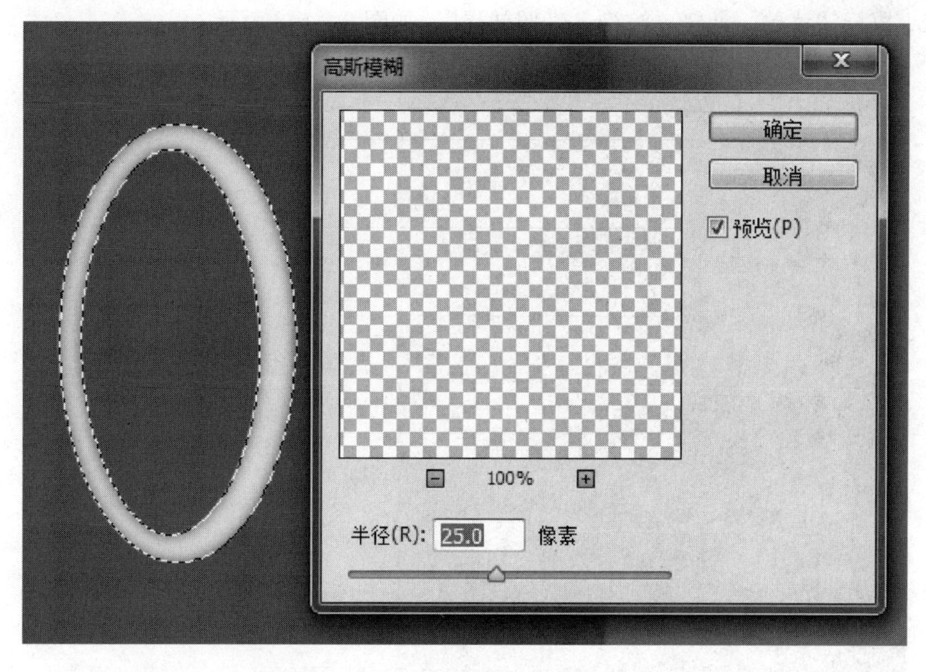

图 3—106　模糊选区

4. 执行“菜单—滤镜—风格化—浮雕效果”，如图 3—107 所示。

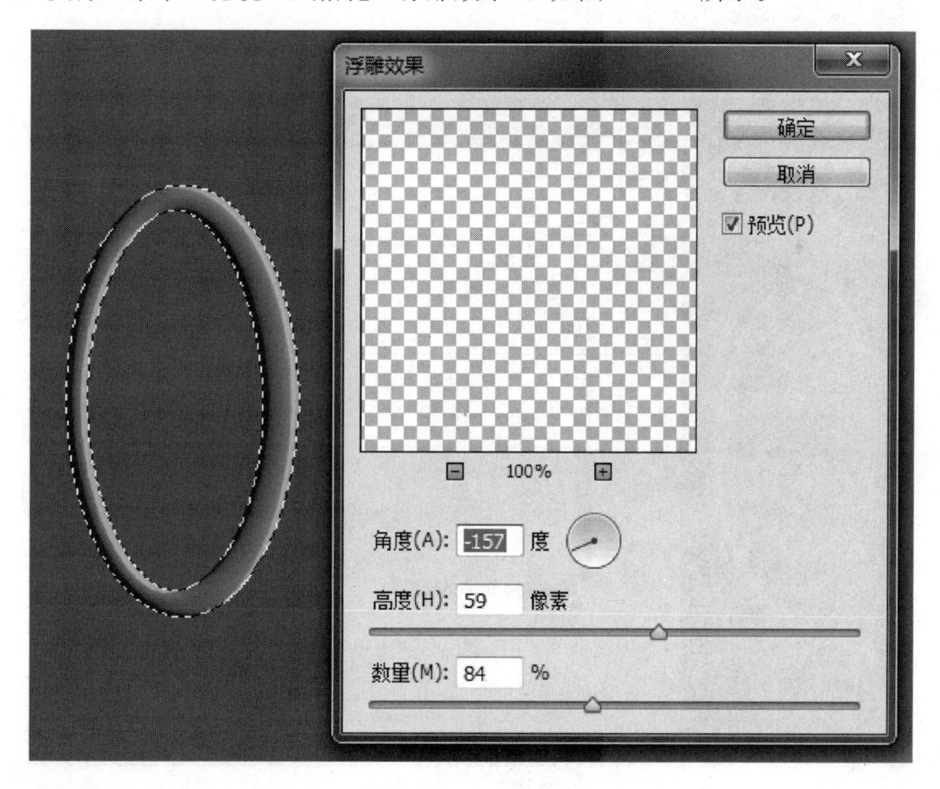

图 3—107　浮雕效果

5. 执行“菜单—滤镜—渲染—光照效果”，如图 3—108 所示。

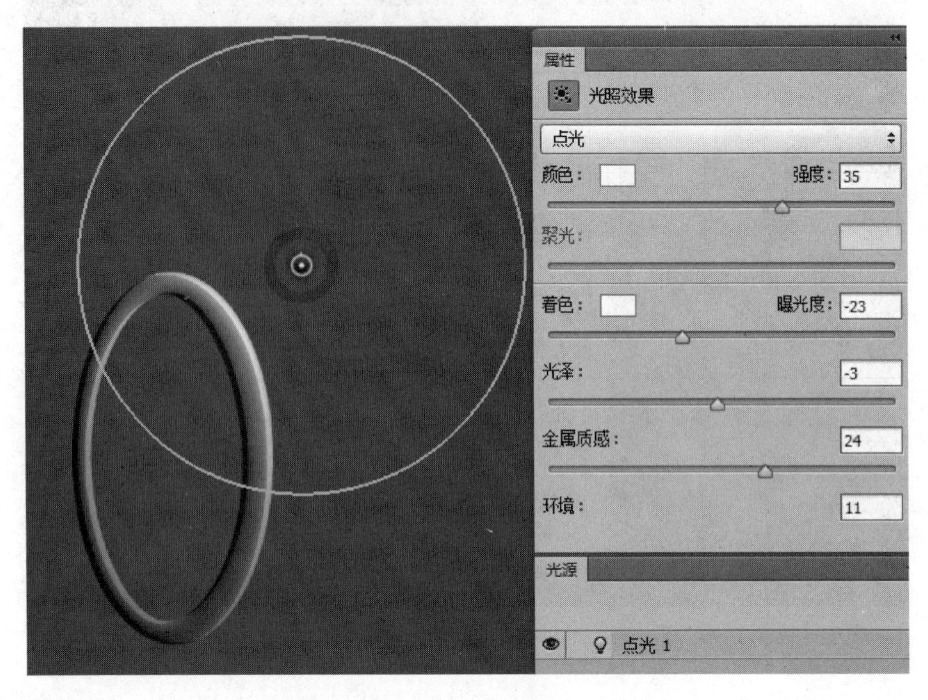

图 3—108　光照效果

6. 执行“菜单—图像—调整—曲线”，增强金属效果，如图 3—109 所示。

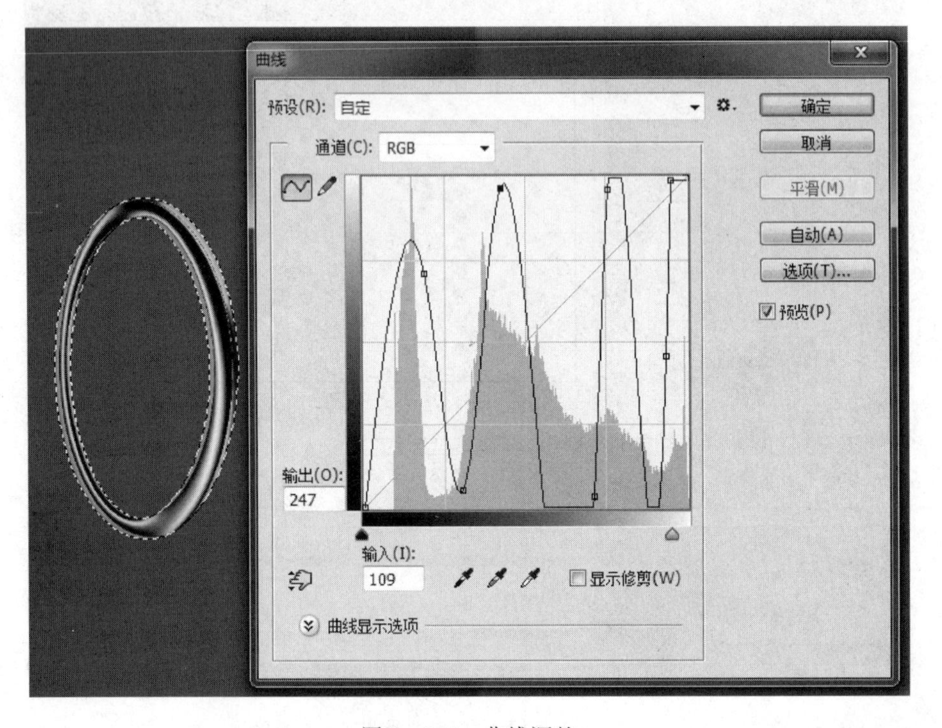

图 3—109　曲线调整

7. 选择“移动工具”，按住“Alt+←”键，移出戒指轮廓，如图 3—110 所示。

8. 选择“菜单—反选”，执行“菜单—调整—曲线”，增强戒指表面的金属效果，如图 3—111 所示。

图 3—110　增加戒指轮廓

图 3—111　为戒指表面增加金属效果

四、为戒指添加文字图案

1. 使用“工具箱—文字”工具，输入品牌名称，并打开“菜单—字符”面板，适当调整字间距大小，如图 3—112 所示。

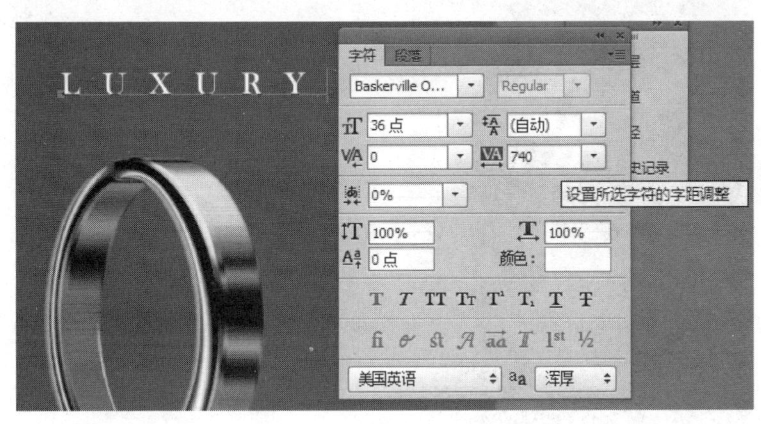

图 3—112　调整字符属性

2. 文字工具选项栏，点击打开“创建文字变形”，选择适当式样并加以调整，使其吻合戒指弧面，如图 3—113 所示。

3. 选择文字颜色为浅灰色，并右键格式化文字图层。

4. 打开图层面板，点击“添加图层式样”，选择“斜面与浮雕”，如图 3—114 所示。

图 3—113　变形文字

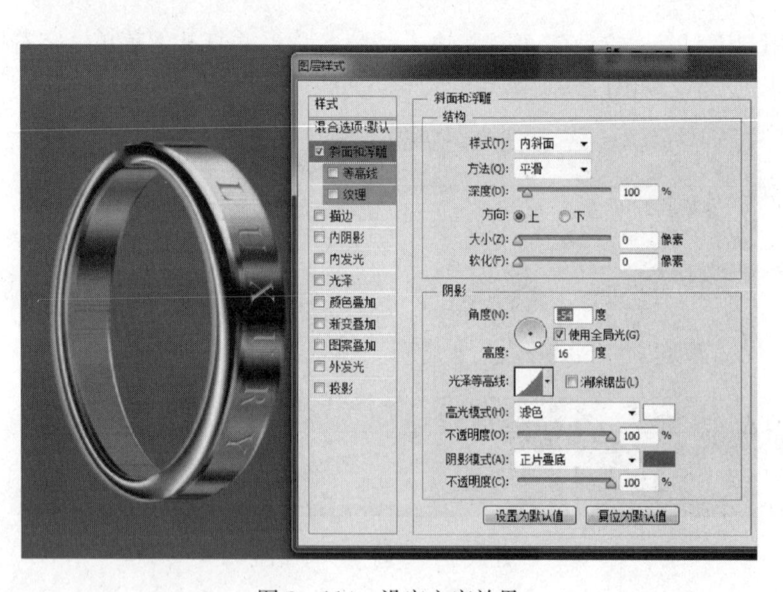

图 3—114　设定文字效果

5. 合并文字层与戒指图层，命名为“铂金”。

6. 复制“铂金”层命名为“黄金”，执行“菜单—图像—调整—色彩平衡”，为文字添加金色效果，如图 3—115 所示。

图 3—115　调整戒指颜色

7. 或执行“图像—调整—变化”，点取预设颜色及亮度（可以多次点取），如图3—116 所示。

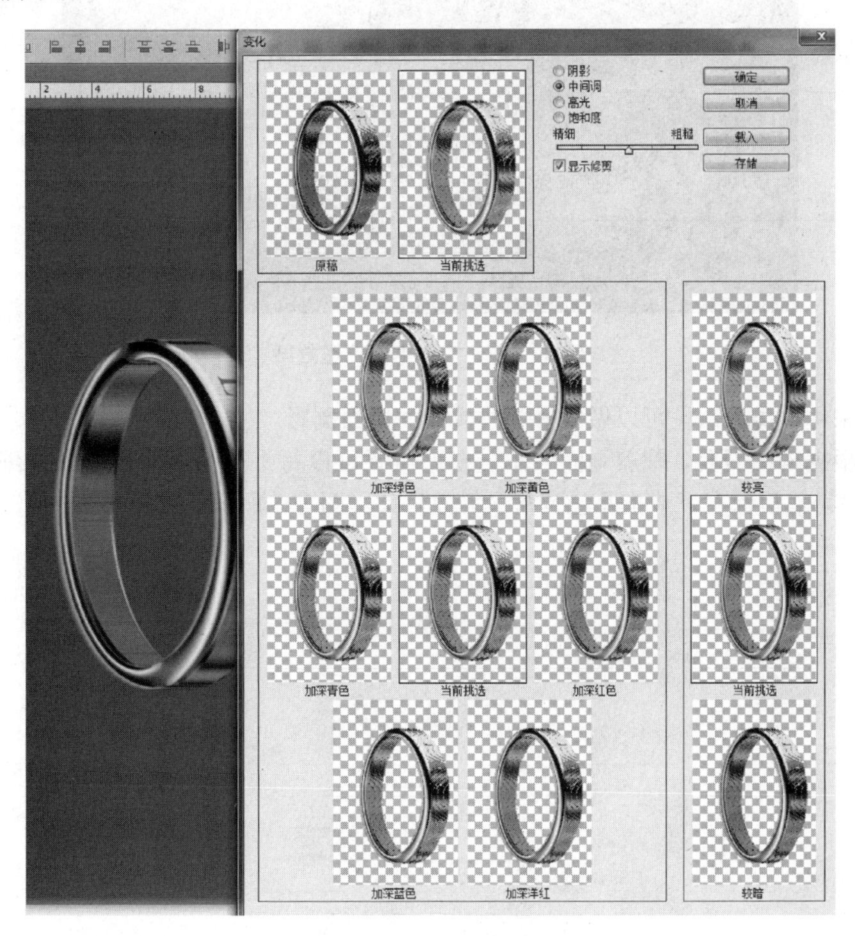

图 3—116　调整戒指颜色

五、最后调整

1. 分别把“铂金”层和“黄金”层拖入刚才建好的“包装盒”文档中，并调整大小和位置。

2. 为戒指建立倒影效果。复制“黄金”层为“黄金拷贝”层，并置于“黄金”层下方，执行“菜单—编辑—变换—垂直翻转”，使用移动工具，使两枚戒指的低端和顶端相衔接。

3. 在“黄金拷贝”层建立蒙版，使用渐变填充工具，逐步隐藏戒指下半部分，显现倒影效果，如图 3—117 所示。

图 3—117　戒指桌面倒影效果

4. 采用同类方法，可以做成另一枚戒指的桌面倒影。

5. 根据构图需要，裁剪画面大小，根据需要可以每个层的透明度或其他细节进行适当调整，然后保存。戒指及包装盒最终效果如彩图 108 所示。

第4单元

服装材料

第一节 服用纱线

→ 了解服装用纱线的概念
→ 了解纱线对织物的耐用性和手感的影响规律
→ 了解表征服装纱线质量指标的概念
→ 掌握服用纱线的分类及各类纱线的用途
→ 掌握纱线对织物的外观和服用性能的影响规律

一、服装用纱线的概念和分类

1. 服装用纱线的概念

纱是指由纺织纤维、长丝组成的具有一定力学性能的连续集合体，用于机织物、针织物或其他编结物等。线是由两根或两根以上的单纱经过加捻组成的纱的集合体。因此纱线是纱和线的统称。服用纱线由纺织纤维经过一定的工艺加工纺制而成，用于服装的各种原料如服装面料中的机织物、针织物、无纺布织物（或非织造布）、编制织物和服装辅料中的里料、衬料、垫料、带类、缝纫线、装饰线、花边等。

纱线的内在性质和外观特征决定了其组成服装的服用性能与外观，而纱线的性能是由纱线的结构和纤维材料的性能决定的，关于纤维的性能，在《服装设计师（初级）》中已经进行了详细的介绍，本节主要讨论纱线结构对服装性能的影响。

纱线的结构与纱线的加工方式密切相关。随着新技术的不断发展，各种具有特殊结构和优异性能的纱线不断涌现，纱线的品种和样式不断增加，与普通纱线搭配或单独使用，产生了多种外观、风格、手感、力学性能及舒适性的面料。

服装是由面料组成的，而纱线又是构成服装面料的基础，所以了解并掌握纱线的种类、结构、品质及特性，对实现服装的舒适性与外观艺术美感相统一具有十分重要的意义。

2. 服装纱线的分类

随着纺织技术的不断发展，纱线的种类也越来越丰富，因此纱线的分类方法也有很多种，主要的分类方法有以下几种。

（1）按纤维原料分类

1）纯纺纱。纯纺纱是指由一种纤维构成的纱线，如纯棉纱、纯毛纱、纯化学纤维纱等。

2）混纺纱。混纺纱是指由两种或两种以上的纤维混合而成的纱线，如涤纶/棉纱、涤纶/粘胶纱、羊毛/腈纶/粘胶纱等。混纺纱融合了各种纤维的优点，弥补了纯纺纱中单一原料的某些不足，例如涤纶/棉纱面料就比纯棉纱面料的抗皱性好。

（2）按纱线中纤维状态分类

1）短纤维纱。短纤维纱是由一定长度的纤维（天然纤维或切成一定长度的化学纤维）

在各种纺纱系统中经过并条、牵伸、加捻、卷绕等工序纺制而成的纱线，如图4—1所示。

根据纤维长度与加工设备的不同，短纤维纱还可分为长纺纱、中长纺纱及短纺纱。长纺纱主要有苎麻纺纱、亚麻纺纱和绢纺纱，中长纺纱主要有仿毛型的化纤纱，短纺纱主要有棉纱、毛纱。

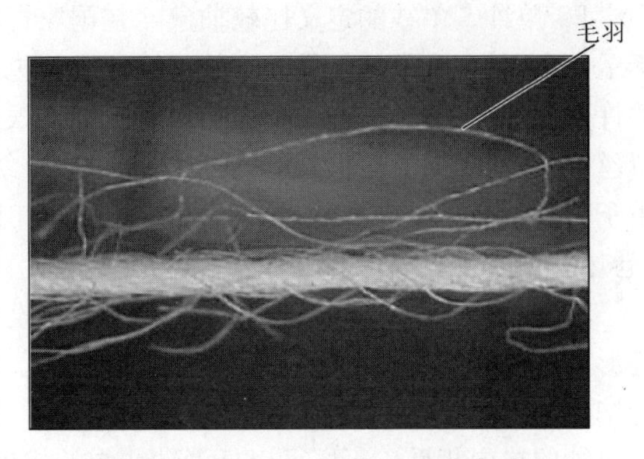

图 4—1　短纤维纱及其表面的毛羽

短纤维纱表面有许多露出的纤维“头端”，专业上叫“毛羽”（见图 4—1），毛羽使短纤维纱织成的面料有一种柔和的光泽。短纤维纱的结构一般比较疏松，手感柔软、丰满，棉质纯纺或混纺面料、毛质纯纺或混纺面料、绢丝面料及大部分缝纫线都属于短纤维纱。

2）长丝纱。长丝纱是指由单根或多根连续的长纤维（一般长度为上千米，材料为蚕丝或化纤）组成的纱线（见图 4—2）。不加捻的长丝纱称为平丝，加捻的称为捻丝。蚕茧通过缫丝工艺制得的生丝为天然的长丝，多用作高档面料的材料。长丝纱具有光滑、均匀、光泽强、强力高等特点，因此，制成的面料具有手感光滑、凉爽、光泽好等特点。

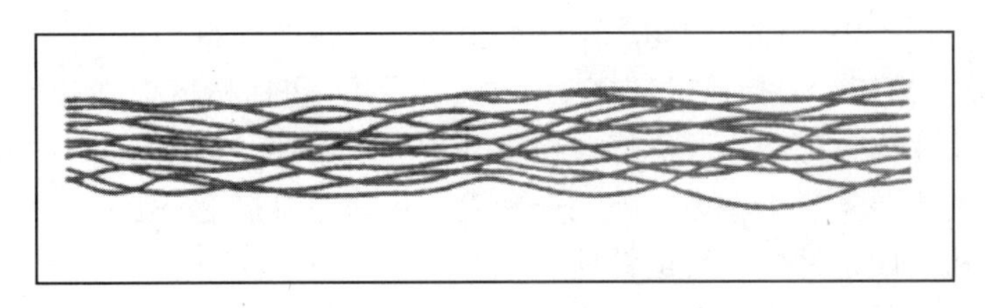
图 4—2　长丝纱

由单根长纤维构成的纱线称为单丝纱，通常用作丝袜、轻薄的夏装、花边、服装辅料等；由多根长纤维构成的纱线为复丝纱，蚕丝由两根单丝平行黏合而成，也可称为复丝纱。长丝纱通常用作高档服装的面料或里料以及特殊用途的工作服装等。

3）特殊结构纱。特殊结构纱由花式纱和变形纱组成。花式纱线是指在成纱过程中，采用特殊工艺和特殊设备对纤维和纱进行特殊加工得到的具有特殊结构和外观效果的纱线，是一种具有装饰作用的特殊纱线。花式纱包括色纺纱、双组分纱（AB 纱）、包芯纱、竹节纱、间断 AB 纱、双色交替纱、大肚纱、彩点纱、段彩纱、结子纱、金银丝花式线、多色交并花式线、粗纱交并花式线、长丝短纤交并线、圈圈线、波形线、毛巾线、辫子线、结子线等。变形纱是由原本光滑挺直的长丝纤维在热与机械力的作用下，变成卷曲、蓬松而富有弹性的纤维组成的纱线。变形纱的制造利用了如涤纶、锦纶或腈纶等合成纤维受热塑化变形的特点。变形纱在改变原长丝纤维外观的同时，其制成的织物与原纤维相比还增强了吸湿性、透气性、柔软性、弹性、保暖性和覆盖性。变形纱可分为两类，一类是以蓬松性为主的膨体纱，另一类是以弹性为主的弹力丝。

（3）按外形结构分类

1）单纱。单纱的定义比较抽象，在国家标准 GB/T 8693—2008《纺织品 纱线的标示》中规定：“单纱是最基本的连续纱线，包括以下产品：a）通常经加捻抱合在一起的许多短纤维的短纤纱；b）无捻或有捻的一根或多根连续的长丝纱；c）仅一根长丝的单丝；d）两根或更多根长丝的复丝。”单纱在纺织品中的应用最为广泛，一般情况下，由于单纱纱线单向加捻从而产生扭矩，使得其针织产品，特别是纬编平针针织品产生“卷边”现象。

2）股线。GB/T 8693—2008 中规定：“股线是由两根或多根单纱经过一次合股加捻形成的纱线的通用术语。”股线可以由两根、三根或多根单纱经过一次合股制成，织造细支纱（如 300 英支棉纱）时，多采用股线。一般情况下，股线加捻的捻向与其组成的单纱的捻向相反，正好可以抵消纱线中的扭矩，因此股线制成的纬编平针织物无“卷边”现象。

（4）按纺纱系统分类

1）粗梳纱。粗梳纱又称普梳纱，是指采用纤维长度较短、线密度较大、不均匀且品质较低的棉或毛纤维，通过一般的纺纱系统进行梳理，没有经过精梳工序纺制出的纱线。其棉纺的主要生产工序为：配棉→开清棉→梳棉→并条→粗纱→细纱→络筒；其毛纺的主要生产工序为：配毛→和毛→粗梳毛机梳毛→混条→粗纱→细纱→络筒→蒸纱。

粗机纱线的特点是短纤维含量较大、纤维平行伸直度差、结构松散、条干不均匀、纱线较粗，多应用于中低档针织物、中厚型毛料或较粗的棉布。

2）精梳纱。精梳纱是指通过精梳工序纺成的纱，包括精梳棉纱和精梳毛纱。其棉纺的主要生产工序为：配棉→开清棉→梳棉→预并→条卷→精梳→并条→粗纱→细纱→络筒；其毛纺的主要生产工序为：配毛→和毛→粗梳毛机梳毛→混条→头道针梳→二道针梳→三道针梳→四道针梳→五道针梳→粗纱→细纱→络筒→蒸纱。

精梳纱中纤维平行伸直度高，条干均匀、光洁，但成本较高，纱支较高。精梳纱主要用作高级织物及针织品的原料，如细纺、华达呢、花呢、羊毛衫等，多用来加工轻薄、高档的春夏季毛料或棉布。

3）半精梳纱。在毛纺领域半精梳是指经过精梳毛纺的毛条制造和精纺工程，但不经过精梳机加工的加工流程。在棉纺上半精梳是指原料不经过（或部分经过）精梳机加工，但整个纺纱过程的落棉率和经过精梳机加工一样，也就是说半精梳纱能达到精梳纱的落棉率，但又节省了三道工序（两道精梳准备和一道精梳机加工）。

半精梳纱的纱线质量介于普梳纱和精梳纱之间，某些指标与精梳纱不相上下，但由于其比精梳纱在制造过程中少了几道工序，因此其成本比精梳纱要低。半精梳纱的出现符合不同层次群体对纱线及面料的需求。

4）废纺纱。废纺纱是指用纺织下脚料（废棉）或低级原料纺成的纱。该纱品质差、松软、条干不匀、含杂多、色泽差，一般只用来织造较粗的棉毯、厚绒布和包装布等低级的织品。

（5）按纺纱方法分类

1）环锭纱。环锭纱是指在环锭细纱机上，经牵伸后的纤维须条通过钢领上的钢丝圈旋转引入、筒管卷绕，须条被加捻制成的纱线。环锭纺纱的工序一般为：开清→梳理→头道并条→二道并条→三道并条→粗纱→细纱→络筒。

环锭纺纱是当今纺纱技术发展最完善、应用最为广泛的纺纱，其占据了世界约90％的短纤纱市场，环锭纺纱所制成的纱线品种也是最多的。环锭纺纱工艺被广泛应用于各种短纤维的纺纱工程。环锭纱中的纤维大多呈内外转移的圆锥形螺旋线分布，使纤维在纱中内外缠绕联结，纱的结构紧密、断裂强度高，适用于制线以及机织和针织等各种产品，如图4—3a所示。

2）改进环锭纺纱

①紧密纺纱。纤维须条离开前罗拉口后被紧紧压缩，使纤维须条在前罗拉口处的宽度变小，在很大程度上减少了加捻三角区面积，纱线的毛羽大大减少，纺制的紧密纺纱不仅外观光洁，而且纱线强度略高于传统环锭纱，纱线的条干不匀率也比传统环锭纺低（见图4—3b）。紧密纺纱多用于生产棉纺或毛纺的高档面料，其面料特点为布面颗粒清晰、毛羽少、光泽好、耐磨性好、手感滑爽，另外，在降低成本、提高效率、解决普通环锭纺纱不能满足质量要求方面具有明显的优势。

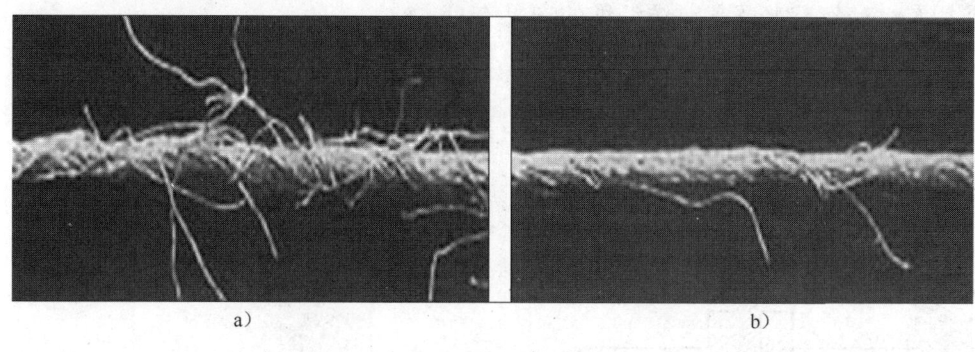

a）　　b）

图4—3　环锭纺纱与紧密纺纱比较图

a）环锭纺纱　b）紧密纺纱

②赛罗纺纱。赛罗纺纱又称并捻纺，也称AB纱。赛罗纺是一种新型的纺纱技术，在传统环锭细纱机的基础上进行革新，其成纱原理与环锭纺相同，其过程为：将两根粗纱须条保持一定距离平行喂入同一牵伸机构，在前罗拉钳口下游汇合，加捻成纱（见图4—4）。赛罗纺纱的成纱表面纤维排列整齐，纱线结构紧密，外观光洁，截面形状接近圆形，有明显的双螺旋结构。整体结构类似于单纱，却具有类似于股线的风格和优点。赛罗纺纱比传统的单纱环锭纺纱的优点多，如毛羽少、条干更均匀、织物具有较高的抗起球性、手感柔软、耐磨性好，织物有更好的透气性，目前已成为高档轻薄面料用纱。

图4—4　赛罗纺纱成纱图

③索罗纺纱。索罗纺纱由附加罗拉（即索罗纺罗拉）组成，索罗纺罗拉沿着其长度

方向有一系列凹槽，纤维须条通过该罗拉时被分成许多小的须条，数根须条加捻在一起，形成了类似股绳的结构（见图 4—5）。索罗纺纱的毛羽较少、表面光洁、强力高、耐磨性较好，因此索罗纺纱多用作高档衬衫面料。

3）自由端纺纱

①转杯纺纱。转杯纺纱也称气流纺纱，是指利用转杯内负压气流输送纤维和转杯的高速回转凝聚纤维并加捻制成的纱（见图 4—6a）。适合纺制 18～100 tex 的纯棉纱，及毛纱、麻纱或与化纤混纺的纱。同环锭纺纱相比，其主要优势是产量高、产品成本低、纱线的蓬松性和均匀性有所提高，但其纱线结构内松外紧、外层多包缠纤维、内层纤维取向性高（见图 4—6b），纱线的强度比环锭纱低。转杯纱的主要产品有：对于棉及棉纤维混合产品有牛仔布、起绒织物、沙卡其、线毯、床上用品、针织布、工业用布；对于毛类及其混纺纤维的产品有 T 恤、夹克、西服、针织面料、海员绒等。

图 4—5　索罗纺纱成纱图

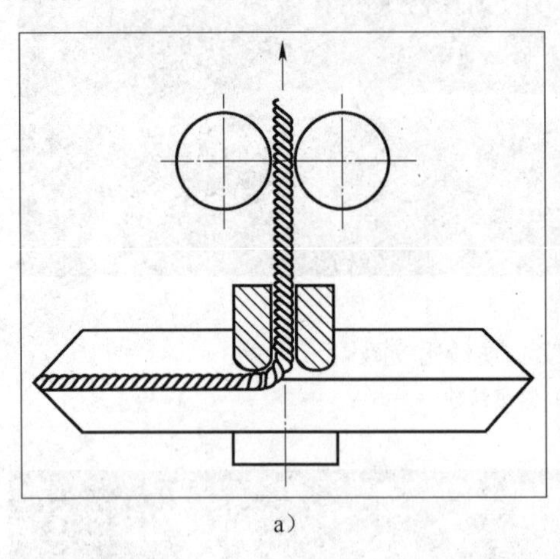

a）

b）

图 4—6　转杯纺纱成纱示意图及转杯纱 SEM 图

a）转杯纺纱成纱示意图　b）转杯纱 SEM 图

②涡流纺纱。涡流纺纱是利用涡流的旋转气流对须条加捻制成的纱，其纺制过程是将棉条喂入喇叭口，梳理罗拉将棉条梳理成单纤维，然后这些纤维通过输送管进入涡流管而形成纱尾，纱尾随着涡流场一起旋转并加捻成纱。涡流纱是双重结构的纱，纱条的芯纤维是无捻平行排列的，而依靠气流包缠于芯纤维外部，因而纱上弯曲纤维较多、强力低、条干均匀度较差，但染色、耐磨性能较好。此类纱多用于起绒织物，如绒衣、运动衣等。涡流纺纱主要应用于针织类如厚绒运动衫、儿童运动套装和绒类相关产品、厚型起毛大毯、童毯、仿裘皮大衣、拉毛围巾、针织外衣、罗纹弹力衫等；机织物如交织呢、粗纺花呢、法兰绒、西服条花呢、丝板呢、薄型织物、色织物、烂花包芯，以及小提花织物等。

4）非自由端纺纱—喷气纺纱。喷气纺纱是利用空气射流推动纤维束旋转并加捻成的纱。喷气纺纱利用穿过喷嘴小孔的空气射流对纤维须条进行加捻，而无须任何高速旋转元件，因此其纺纱速度可达 300 m/min，纺纱产量是环锭纺的 15 倍，是转杯纺纱的 2～3 倍。喷气纺纱的结构为：主体芯纱中的纤维须条基本为平行状态，纱芯外层部分纤维有“Z”向捻回，其表面包缠了许多纤维（见图 4—7）。喷气纱制成的织物具有条干好、硬挺的特点，可用来制作床单类产品；喷气纱织物还具有良好的透气性，其制作的外衣与防水处理的雨衣具有厚实、挺括、透气等优点；利用喷气纺纱硬挺、粗糙等特点可用来制作仿麻类面料；利用其耐磨性好的特点可用来制作耐磨面料；利用其短毛羽多的特点可用来制作毛绒类、仿花毛呢等产品。

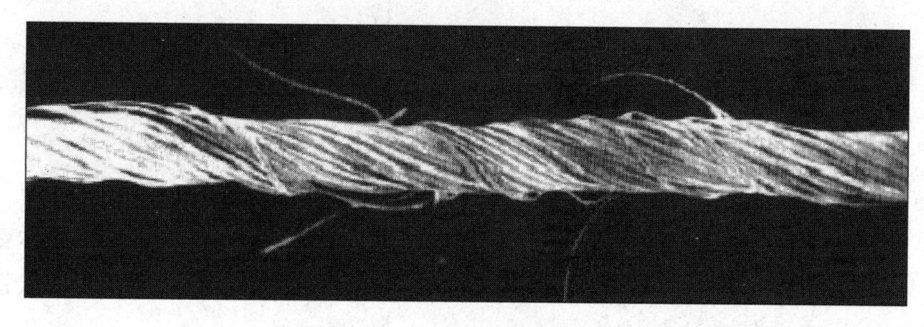

图 4—7　喷气纺纱 SEM 图

5）无捻纺纱。无捻纱（见图 4—8）是指使用黏合剂使纤维须条中的纤维黏合成的纱。无捻纱织成的织物相对于同等条件下的普通有捻纱织物，具有柔软、丰满、膨松、吸汗性强、反射光线柔和等特点，其产品目前适合用作睡衣、床毯、巾被、毛巾、浴巾、浴帽、高档制服、婴儿套装、枕套等家纺产品。

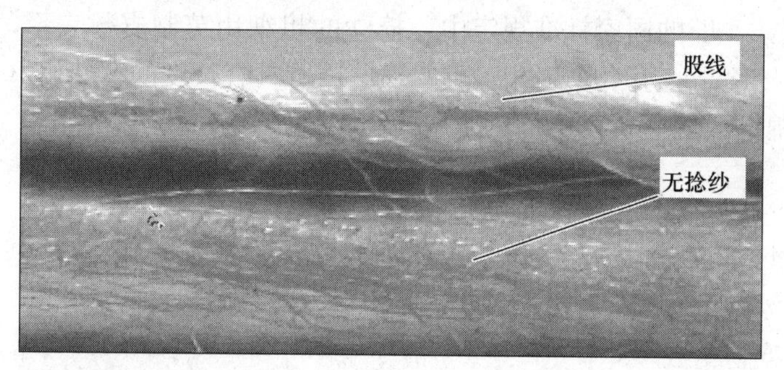

图 4—8　无捻棉纱（20.2 tex）与其股线（40.5 tex）外观比较

3. 表征纱线质量的指标

（1）细度。纱线的细度是纱线的最重要的指标。纱线的细度影响其面料的物理机械性能、外观、手感、舒适性及风格。纱线特别是短纤维纱，由于表面有毛羽，截面形状不规则且易变形等特点，测量直径或截面积误差较大而且测量也比较麻烦，因此纱线的细度表征采用的指标是特克斯（号数）、公制支数、英制支数与纤度（旦）。

1）特克斯。特克斯表示纱线的粗细程度，用 1 000 m 长度的纱线，在公定回潮率下的重量表示，俗称号数。特克斯属于定长制，号数越大，其纱线越粗。其表达公式为：

$$N_{tex}=1\,000\times\frac{G_k}{L}$$

式中 G_k——纱线在公定回潮率下的重量，g；

L——纱线的长度，m；

N_{tex}——纱线特克斯制细度，tex。

2）纤度（旦）。纤度（旦）是指单位长度的纱线具有的重量，它是指 9 000 m 长度的纱线在公定回潮率下的重量克数。纤度通常用来表达化学长丝纱或蚕长丝纱的细度。纤度是定长制，纱线的纤度越大，纱线越粗。其表达公式为：

$$N_{den}=9\,000\times\frac{G_k}{L}$$

式中 G_k——纱线在公定回潮率下的重量，g；

L——纱线的长度，m；

N_{den}——纤度，旦。

3）公制支数。公制支数是指在公定回潮率下，一克纱线所具有的长度米数。公制支数属于定重制，支数越高，纱线越细。我国毛纺、毛型化纤还保留着使用公制支数表示纱线粗细的传统，其表达公式为：

$$N_m=\frac{L}{G_k}$$

式中 L——纱线的长度，m；

G_k——公定回潮率下纱线的重量，g；

N_m——公制支数，支。

4）英制支数。旧的国家标准规定中，棉纱的粗细用英制支数表示，它是指在公定回潮率为 9.89%时，1 磅（0.45 kg）重的棉纱线所具有长度的 840 码（1 码=0.91 m）的倍数。目前棉纺或国际贸易中仍然使用英制支数。其表达公式为：

$$N_e=\frac{L'}{840\times G_k'}$$

式中 L'——纱线的长度，码；

G_k'——纱线的重量，磅；

N_e——英制支数，s。

相关链接

- 特克斯、纤度、公制支数股线的计算（设股线 N 由 n 股纱组成）

$$N_{tex}=\sum_{i=1}^{n}N_{tex(i)},N_{den}=\sum_{i=1}^{n}N_{den(i)},\frac{1}{N_m}=\sum_{i=1}^{n}\frac{1}{N_{m(i)}}$$

- 特克斯、纤度、公制支数和英制支数之间的换算关系

$$9N_{tex}=N_{den},\ N_{tex}\cdot N_m=1\,000,\ N_{den}\cdot N_m=9\,000$$

化纤产品：$N_{tex}\cdot N_e=590.5$；纯棉产品：$N_{tex}\cdot N_e=583.1$

5）常用纱线细度的表示方法：

①单纱

特克斯制：27.8 tex，18.1 tex；

纤度制：15 D，80 D；

英制支数：21^S，32^S；

公支支数：1/14 Nm，1/4 Nm。

②股线

特克斯制：18.2×2 tex，表示由两根 18.2 tex 的纱组成的股线；（10＋18.2）tex 表示由一根 10 tex 和一根 18.2 tex 的纱组成的股线。

纤度制：2/15/20D，表示由两根纱组成的股线，一根为 15D，另一根为 20D；3/80D，表示由 3 根 80D 的纱组成的股线。

英制支数：$32^S/2$，表示由两根细度为 16^S 的纱组成的股线。

公支支数：2/14 Nm，表示由两根 14 Nm 的纱组成的股线。

（2）捻度、捻系数及捻向。短纤维纱以及部分长丝纱为了获得足够的强度，往往加上一定的捻度。因此，加捻是使纱线（特别是短纤纱）具有一定强伸性能和稳定外观形态的必要手段。

1）捻度。将纤维束须条、纱、连续的长丝束等纤维材料绕其条状轴线的扭转、搓动或缠绕称为加捻。纱线单位长度（10 cm 或 1 m）上的捻回数称为捻度。在棉纺纱上一般用每 10 cm 上的捻回数表示捻度；在毛纺纱上一般用 1 m 长度上的捻回数表示捻度；在蚕丝上一般用 1 cm 上的捻回数表示捻度；在外贸中用 1 英寸（in）长度的捻回数表示捻度（1 in＝2.54 cm）。

纱线的捻度与纱线的强力、刚柔性、弹性、收缩率等有直接的关系，它影响纱线的光泽、手感、外观风格等。一般情况下，捻度增加，纱线的直径变小、断裂强度提高（在临界捻度以下），纱线的表面更加光滑，手感更挺括，织物的弹性和收缩率增加。如表 4—1 所示，不同捻度的纱的用途也不尽相同。

表 4—1　各种异形截面涤纶纤维的性能

纱线中的捻度	纱线的用途
无捻纱	用于长丝织物中的提花织物，如锦缎类
极弱捻纱	用于起绒织物、表面柔软的织物，如无捻毛巾、浴巾等
弱捻纱	用于真丝、粘胶等长丝织物，如高级西装的衬里等
中弱捻纱	用于短纤维纱，主要用于机织物的纬纱和针织物用纱
中捻度纱	用于普通的机织物的短纤维经纱
强捻度纱	用于轻薄且挺括类织物、起皱类织物，如巴厘纱、乔其纱、绷带等

2）捻系数。捻度在表示纱线的加捻程度时有一定的局限性，那就是无法比较不同粗细的纱线的加捻程度。为了解决上述问题，引入了捻系数的概念，捻系数是结合线密度表示纱线加捻程度的相对数值，可用于比较不同粗细纱线的加捻程度。捻系数（用 α 表示）的表达式为：

$$\alpha_{tex}=T_{tex}\times\sqrt{N_{tex}}$$

式中 α_{tex}——特克斯制下捻系数，无单位；

T_{tex}——纱线的捻度，个/10cm；

N_{tex}——纱线特克斯制细度，tex。

相关链接

- 公制支数捻系数定义式

$$\alpha_m=\frac{T_m}{\sqrt{N_m}}$$

- 英制支数捻系数定义式

$$\alpha_e=\frac{T_e}{\sqrt{N_e}}$$

3）捻向。纱线中的捻度有两个方向，一个为Z捻向（左手旋），另一个为S捻向（右手旋）（见图4—9）。通常的判断方法为：捻回方向由上而下，自左而右为S捻；捻回方向由上而下，自右至左为Z捻。一般情况下单纱多用Z捻向。

纱线中的捻向对织物的外观、光泽、风格及手感都有影响，另外将不同纤维成分（涤纶短纤纱和棉短纤纱）或不同结合状态的纱（短纤维纱与长丝纱）加捻成股线，可形成独特风格的织物，使得纱线的花色更加丰富。

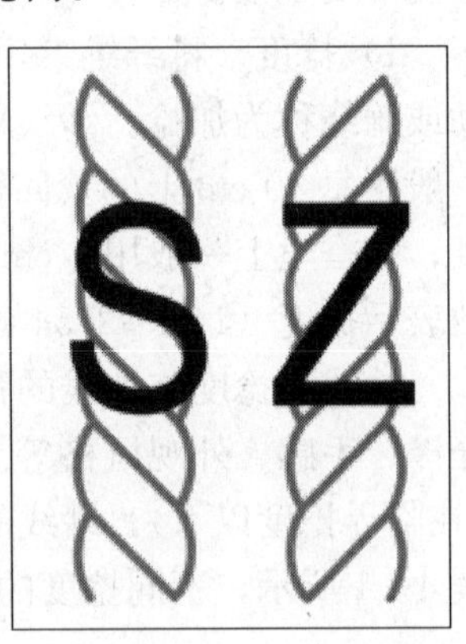

图4—9 纱线中的捻向（S捻和Z捻）

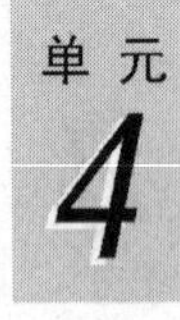

此外，纱线中的捻度对股线结构的稳定性也有重要的影响，当纱线的捻向与股线的捻向相反时，股线柔软，光泽好，捻回稳定，股线结构稳定、平衡。

（3）细度不匀。纱线的细度不匀是指纱线长度方向上的粗细不匀。纱线不匀广义上可分为下列几类：

1）纱线的细度不匀，包括纱线密度不匀和纱线外观粗细不匀。

2）纱线的加捻不匀，是指纱线的捻度不匀。

3）纱线的强力不匀，是指纱线的强度不匀及弱节。

4）纱线的色泽不匀，是指色光上的不同。

5）纱线的纤维组成不匀，是指不同纤维混合后在不同截面中各个纤维混合比例的不同。这些纱线不匀中，最基本的是纱线细度不匀和纤维混合比例不匀。在实际中，纱线不匀往往是指纱线细度不匀。

测量纱线条干均匀性系统主要有两种，一种是质量测量系统，另一种是直径（或宽度）测量系统。两种测量系统的测量结果存在差异，质量不匀测量对纱线的强度评估较为关键；直径不匀测量对面料的外观评价较为重要。

（4）毛羽。纱线的毛羽是指伸出纱体表面的纤维（见图4—10）。短纤维纱在纺纱时会或多或少有一些纤维只有一部分缠绕进纱体内部，留在纱体表面的纤维头端就形成了毛羽。

毛羽过多的危害有如下几条：一是会使纤维的强度利用系数降低，从而降低成纱质量；二是造成织造时经纱开口不清，增加织造断头，影响织造效率；三是影响织物表面的光洁度和清晰度；四是造成染色不均匀，形成横条。

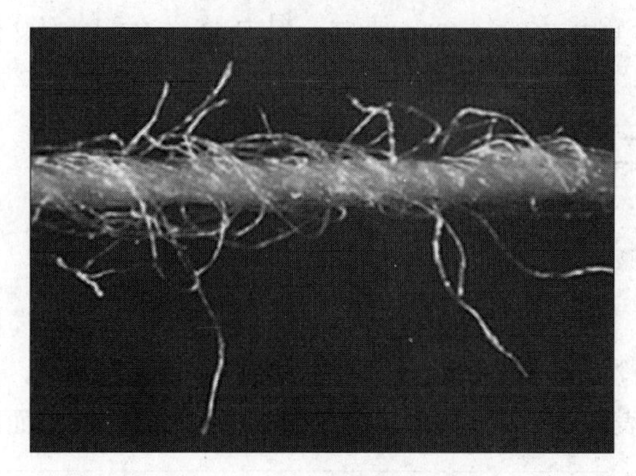

图 4—10 短纤维纱的毛羽

毛羽的测试方法有很多，传统的测试方法有外观比较法、显微镜法、烧毛失重法和电测法，但传统的测试方法都具有费时、效率低、适用性差等缺点，因此现在比较少见。目前毛羽测试多采用投影计数法和全毛羽光电测试法。

（5）断裂强力（断裂强度）。纱线的断裂强力（F）是指在纱线拉伸试验中，试样被拉伸至断裂所施加的最大力，单位为厘牛（cN）。断裂强力是绝对值，为了便于比较不同粗细的纱线之间的对抗外加拉力的能力，引入了断裂强度概念。纱线的断裂强度（P）是指单位粗细的纱线所能承受的最大拉伸力。断裂强度与断裂强力的关系为：

$$P=\frac{F}{N_{\text{tex}}}$$

式中 P——纱线的断裂强度，cN/tex；

F——纱线的断裂强力，cN；

N_{tex}——纱线特克斯制细度，tex。

4. 纱线的标示

（1）单纱的标示

1）短纤维纱。短纤维纱的从左向右依次标示为线密度、捻向和捻度。例如 27.8 texZ600，表示 Z 捻向，细度为 27.8 tex，捻度为 600 捻/m。

2）长丝纱。无捻长丝纱从左到右依次标示为线密度、f、长丝根数、t0。例如 150dtexf100t0，表示细度为 150 dtex 的长丝纱，该纱由 100 根复丝组成且无捻度。

加捻长丝纱从左到右依次标示为加捻前线密度、f、长丝根数、捻向、捻度、分号（;）、R、长丝纱加捻后线密度。如 20dtexf20S400；R401 dtex 表示 20 根细度为20 dtex 的加捻长丝纱，其捻向为 S 捻，捻度为 400 捻/m，加捻后长丝纱的密度为 401 dtex。

（2）股线的标示

1）纯纺纱股线。纯纺纱股线从左到右依次标示为单纱的线密度、单纱的捻向、单纱的捻度、乘号（×）、单纱根数、合股捻向、合股捻度、分号（;）、R、股线线密度。例如 27.8 texZ700×2S600；R57.2 tex，表示由 2 根捻度为 700 捻/m 的细度为27.8 tex 的 Z 捻纱以 600 捻/m，S 方向合股最终组成密度为 57.2 tex 的股线。

2）不同纤维成分的单纱组成的股线。其从左到右依次标示为单纱的线密度、单纱的捻向、单纱的捻度（不同单纱分别标出并用“＋”相连外加上括号）、单纱的根数、合股捻向、合股捻度、分号（;）、R、股线线密度。例如（18.2 texZ400＋27.8 texZ450）S400；R46.3 tex，表示一根为 18.2 tex 的 400 捻/m 的 Z 捻向细纱与另一根 27.8 tex 的 450 捻/m 的 Z 捻细纱，加以 400 捻/m 的 S 捻细纱，最终形成线密度为 46.3 tex 的股线。

二、服用纱线对面料的影响

1. 纱线对织物外观的影响

（1）捻度和捻向的影响

1）捻度的影响。捻度弱或无捻时，光线从每一根上反射，纱表面较暗，无光泽；捻度适当时，光线从比较平滑的表面上反射，光线达到最强；捻度过大时，光线从纱线表面凸凹之间被吸收，反射光线随捻度增加而减弱，如图 4—11 所示。

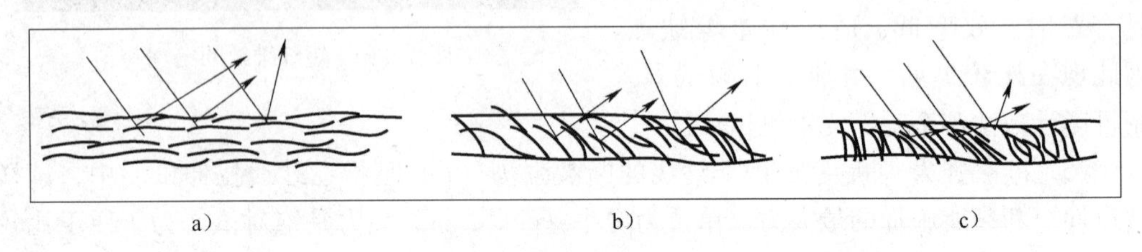

图 4—11　纱线中的捻度对光线反射的影响

a）无捻或弱捻纱　b）适当捻度纱　c）强捻度纱

2）捻向的影响。纱线中的捻向对织物的外观和手感有很大的影响：对于平纹织物，经纬捻向不同，织物表面反光一致，织物松厚柔软；经纬捻向相同则纤维形成的倾斜以不同的方向配置，由于光泽的反差，使织成的织物布面比较清晰。对于斜纹织物经纱 S 捻，纬纱 Z 捻，则经纬捻向与斜纹垂直，纹路清晰；若干根 S 捻、Z 捻纱线相间排列时，织物表面产生隐条、隐格效应，这种捻向的配置在一些精纺织物中常见。当 S 捻和 Z 捻纱捻合在一起时，或捻度大小不同的纱捻合在一起构成织物时，表面会产生波纹；当纱线的捻向与股线的捻向相同时，纱线中纤维倾斜程度大，表面光泽差。

（2）条干不匀的影响。纱线的不匀率分为短片段不匀率（50 cm 或 20 in 以下的不匀率）、中片段不匀率（50 cm 至 5 m 的周期不匀率）和长片段不匀率（5 m 以上的周期不匀率）。

纱线的短片段不匀较多时会在面料上形成条影（见图 4—12a）或云斑（见图 4—12b），影响织物的外观质量；纱线的中片段不匀通常在布面上表现不出来，但当周期性的波长恰好等于布幅或针织圆机一圈纱长的倍数时则在面料表面呈现条影或云斑；纱线的长片段不匀一般会在面料表面形成疵点，影响面料的外观。

（3）细度的影响。细度较细的纱线一般用作轻薄的织物面料。在一定面积内，细度较细纱能排列较多的根数，织出紧密、柔软、细致、光洁的织物。细纱织物印染后色泽也较均匀、鲜亮，所以细纱一般用于织制高档织物。

纱线的细度在一定程度上决定了面料的厚度，因此细度较粗纱线一般用来织造比较厚实的织物，如牛仔、毛衣、保暖的线衣等。在一定面积内，纱线细度较大，织出的织物手感较粗糙，光泽较差，印染的色泽不及细纱织物匀净、光亮。

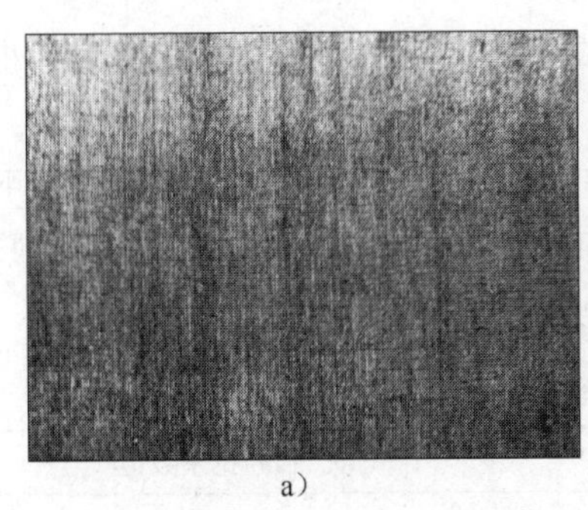

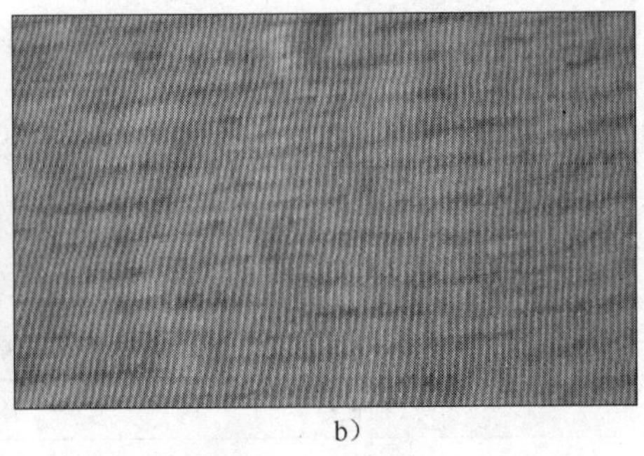

a）　　b）

图 4—12　纱线不匀产生的条影或云斑

a）条影　b）云斑

（4）纱线中纤维长度的影响。短纤维纱织成的面料具有毛绒感，对于光线的反射较为柔和（见图 4—13a），其外观随着捻度的改变而有所改变。长丝纱身外观光滑而紧密，织物有丝绸感，表面光滑并有光泽，在织物中易散开或移动，因此，长丝纱织物的表面光滑、发亮，染色后具有很亮的光泽（见图 4—13b）。

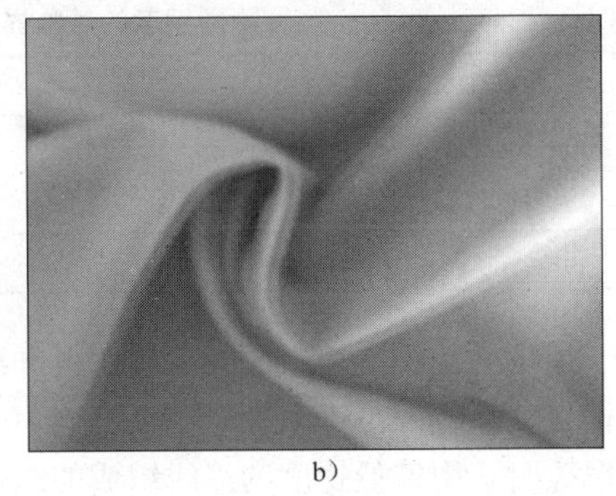

a）　　b）

图 4—13　纱线的长度对面料外观的影响

a）短纤维纱织物　b）长丝纱织物

2. 纱线对织物耐用性的影响

（1）捻度的影响。加捻是影响纱线结构的最重要因素，特别是短纤维纱，所以构成具有一定的物理机械性质的纱线，加捻起着决定性的作用。因此纱线的捻度也影响织物的耐用性，织物的耐用性包括织物的拉伸强度、织物的撕裂强度、织物的顶破强度、织物的耐磨性能等。

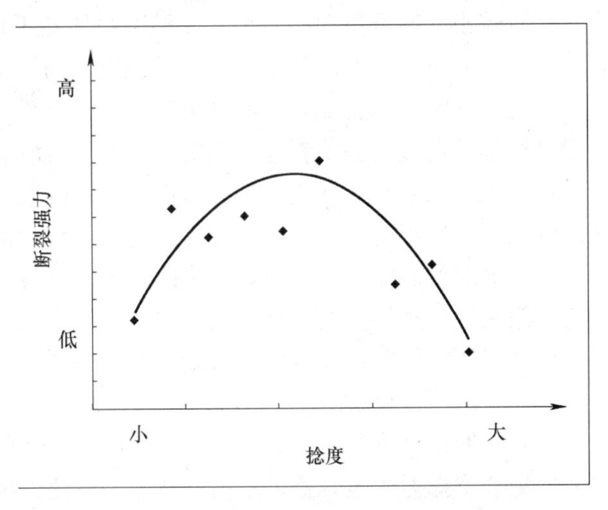

图 4—14　纱线捻度对强力的影响

一般说来纱线特别是短纤维纱，加上适当的捻度会使强度提高，用这种强度较高的纱线织成的织物强度也高。但捻度并不是越高越好，纱线的断裂强力随捻度的增加而减小，强力最大时的捻度为临界捻度（或捻系数）。

不同种类的纤维其纯纺纱线的临界捻系数是不一样的，在相同粗细的细纱下，棉纤维纱的临界捻系数＞涤纶纤维纱的临界捻系数＞腈纶纤维纱的临界捻系数＞粘胶纤维纱的临界捻系数，见表4—2。

表4—2　不同纤维纺成的纱临界捻系数值（纱线细度为19.8tex）

纤维种类	临界捻系数值
棉纤维	521.8
涤纶纤维	349.5
腈纶纤维	329.9
粘胶纤维	272.5

不同粗细的纱的临界捻系数也是有所不同的，对于棉纤维，细度较粗的细纱的临界捻系数大于细度较细的细纱，见表4—3。

表4—3　不同细度的纱临界捻系数值（棉纱）

纱线的细度（tex）	临界捻系数值
27.8	527.3
19.8	521.8
18.2	409.9

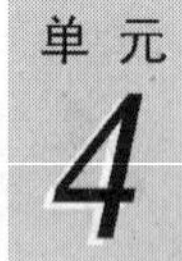

由于加捻的作用，使组成纱线的每根纤维紧密地扭结在一起，用这种纱线构成的织物耐磨性也就高；但由于摩擦的部位不同，其捻度对耐磨性的影响程度也是不一样的，在平面摩擦时，用偏低捻度的纱线织成的织物较耐磨；在曲面摩擦时，则用偏高捻度的纱线织成的织物较耐磨。

（2）条干不匀的影响。纱线的条干均匀主要影响面料的外观，对面料的耐用性能的影响相对较小，而且是间接影响。如果纱线的条干均匀度差，在纱线上存在大量细节，就会在织造的过程中产生断头率增加的现象。而接头产生的较小的疵点在织造过程中虽然可以通过针眼，但会受到针眼的阻挡，造成纱线跳布，形成“漏针”；较大的疵点不能通过针眼，造成断头或者是布面的“破洞”，使面料的耐用性能下降。

（3）细度的影响。纱线的细度对面料耐用性能的影响也是间接的，一般情况下细度细的纱线其捻度相对较高，而捻度提高使得纱线中的纤维的抱合力与摩擦力增大，纤维难以抽拔出织物表面，可以改善织物的起毛起球性能，织物的抗钩丝性能也越好，因此织物的耐用性也越好。而细度较粗纱线如采用较低的捻度，则织物的耐用性能会有所下降。例如使用较粗毛线织成的毛衣就比使用较细的纱线织成的针织衫的起毛起球性差，且易钩丝，耐用性稍差。

（4）纱线中纤维长度的影响。一般情况下，短纤维纱的强力由纤维断裂强力和纤维之间的抱合摩擦力决定，捻度不高会造成纤维之间的滑移。通常情况下短纤维纱的强力仅仅是其纤维断裂强度的20%～25%；而长丝纱则是绝大多数的纤维共同承担外加拉力，因此长丝纱织物的强力要高于短纤维纱织物。由于长丝纱结构比较紧密，摩擦应力分布到多数纤维上，所以纱线不易断裂或撕裂，长丝纱的耐磨性能优于短纤维纱。

中长型纤维纱（特别是化纤纱）织物比短纤维纱织物更容易起球。这是因为摩擦作用使纤维发生断裂，由于纤维较长，不易脱落，断裂纤维的头端就会附着在织物表面，经过挤压或摩擦形成毛球，附着在衣物上，使衣物的耐用性降低。

3. 纱线对面料手感的影响

（1）捻度的影响。面料的手感可分解为面料的硬挺度指标和压缩指标，面料的硬挺度高、压缩特征值β大，代表此面料的手感较硬；面料的硬挺度低、压缩特征值β小，代表此面料的手感较柔软。

纱线的捻度与织物的硬挺度有一定的相关性，一般情况下随着纱线捻度的增加，短纤维之间的抱合力和纱线的刚度也会增加，面料的硬挺度也逐渐增加，面料的手感会更加发硬。与之相反，拥有较小捻度或无捻的纱线，其制成的面料手感较柔软，例如市场上多见的无捻（或弱捻）毛巾、浴巾等产品。

纱线的捻度还与面料的压缩性能有关，通常随着纱线捻度的增加，面料的压缩特征值β也增加，在压缩过程中纱线的截面几乎呈圆形，面料抵抗压缩的能力就高，因此面料手感发硬；与之相反，随着纱线捻度的减少，面料的压缩特征值β降低，在压缩过程中纱线的截面几乎被压扁，面料抵抗压缩的能力变差，面料手感柔软。

（2）条干不匀的影响。条干均匀的纱线织成的面料一般制成衬衫、夹克、西装、西裤等正装，其表面平整、手感丰满。有的专门利用条干不匀来模仿特殊的效果，如市场上常见的竹节纱面料（见图 4—15），这样的面料中的纱线粗细不一，用来模仿苎麻或亚麻面料，该织物具有挺括、粗犷的手感。

（3）细度的影响。纱线细度影响服装材料的厚薄、重量，对面料的手感也产生一定的影响。纱线越细，其织造的服装材料越轻薄，织物手感越滑爽，加工的服装重量越轻。纺高支纱、织轻薄面料是近年来服装材料的一个发展趋势，如高支精梳棉衬衫，其手感细腻滑爽。将较粗的纱线合股制成股线再织成线衣等保暖衣物，给人以丰满、厚实、柔软、蓬松的手感。有的甚至将较粗的纱线多次合股，制成柔道服面料，给人以硬挺、平滑的手感。

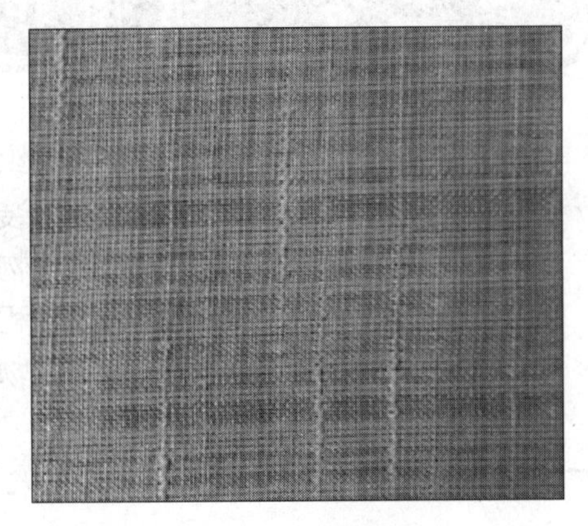

图 4—15　竹节纱面料
（条干不匀的纱线）

（4）纱线中纤维长度的影响。用长丝纱织成的轻薄织物具有滑爽、冰冷的手感，是较为理想的夏季服装材料；用羊毛纺成的蓬松的短纤维纱织物具有丰满的手感、毛绒感和弹性，是理想的冬季服装面料。

4. 纱线对面料服用性能的影响

服装面料的服用性能包括吸湿性能、热传递性能、透气性能、触觉舒适性能以及保暖性能等，因此，纱线就是通过影响这几个方面对服装的服用性能产生影响的。

（1）捻度的影响。捻度大的织物保暖性差，捻度小的织物保暖性好。捻度大的织物表面光滑，质地紧密，如身上的潮气难以挥发，容易给人造成一种不舒服的感觉；捻度小的纱线织成的织物因为表面毛羽较多，可减少织物与皮肤的接触，衣着更舒适。

有学者还对无捻棉纱织物和有捻棉纱织物进行了对比研究，研究发现：由于组成无捻织物的细纱中没有捻度存在，使得其织物扩散系数发生了改变，最终导致无捻纱织物的透湿量比有捻纱织物高 10.3%；无捻织物的经、纬向芯吸高度均大于相应的有捻织物，表明无捻织物支持水分在其织物内部毛细流动的能力要高于有捻织物。

（2）细度的影响。一般情况下，纱线越细制成的机织物密度就越大，这样可以在冬天大风天气时抵挡寒风，密度大的机织物虽然可抵挡风吹，但其保暖性较差。由较粗纱线织成的毛衣由于结构厚实、蓬松，内部包含大量静止空气，能在冬天起到保温的效果，但毛衣的防风性能差。因此，冬天人们的衣物搭配大多外层为结构紧密且纱线细度较细的短纤维机织物，里面则为厚实蓬松且纱线细度较粗的针织物。

夏季由于炎热，人们的衣物需要凉爽透气，在相同织物密度的情况下纱线越细其透气性能越好，因此夏季的衣料多由高支或中支纱织成，很少采用低支纱制作夏季面料。

（3）纱线中纤维长度的影响。长丝纱织成的织物，若织物密度大、质地紧密，人体在夏季出汗时身上的湿气就很难渗透到织物外面，这样织物会紧贴在皮肤上，造成人体的不舒适感，所以夏季出汗多的人一般不穿着密度大的长丝纱面料的衣物。短纤维纱由于具有毛羽，减少了与皮肤的接触，人体的汗液容易蒸发，从而使人们感到凉爽、舒适。

第二节　服用织物

- 了解服装用织物的概念
- 了解表征服装织物结构参数的概念
- 了解无纺织物常见产品的应用
- 掌握机织物和针织物常见产品的应用
- 掌握服用织物的分类及各类织物的用途

一、服装用织物的概念及分类

1. 服装用织物的概念

狭义上讲织物就是以纱线交编而成的物体，主要分为机织物和针织物。广义上讲织物是指由纺织纤维或纱线按照一定方法加工而成的柔软且具有一定力学性质和厚度的制品。在众多服装材料中，织物应用最广泛，服装用织物是组成服装用面料、辅料的主要材料。

2. 服装用织物的分类

服装用织物的分类方法很多，常用的有以下几种分类方法：

(1) 按织造方法分类。服装用织物按织造方法可分为机（梭）织物、针织物、非织造织物和复合织物。

1）机（梭）织物。机织物也称梭织物，是由相互垂直的一组（或多组）经纱和一组（或多组）纬纱在织机上按照一定规律纵横交错织成的制品（见图 4—16）。有时机织物也可简称为织物。服装用机织物的主要优点是结构稳定，强度高，耐磨，耐洗涤性好，表面平整，适合多种裁剪方法。机织物的缺点是弹性不如针织物，延伸性小，且不能直接成形。从应用上看，机织物适宜做外套，多半是中高档产品。

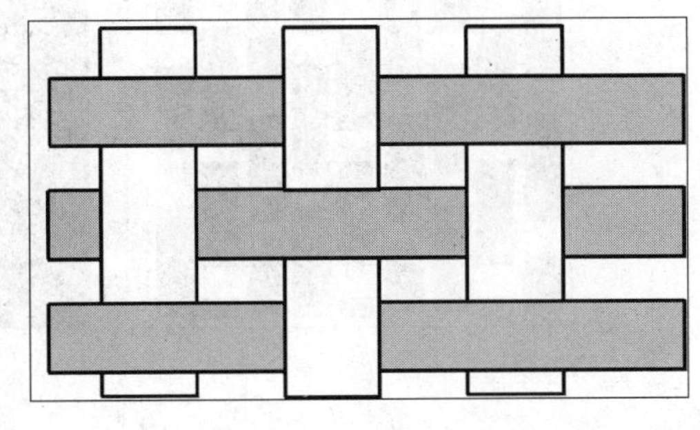

图 4—16　平纹机织物

机织物的组织结构很多，但归根到底都是由三元组织变化或组合而来的，织物的三元组织是指平纹组织、斜纹组织及缎纹组织。

①平纹组织。平纹组织是指由经纱和纬纱一上一下相间交织而成的组织（见图 4—17）。其特点是交织点最多，织物正反面基本相同，布面平整、质地紧密、坚牢而挺括，耐磨性好，但手感较硬，光泽和弹性较差。

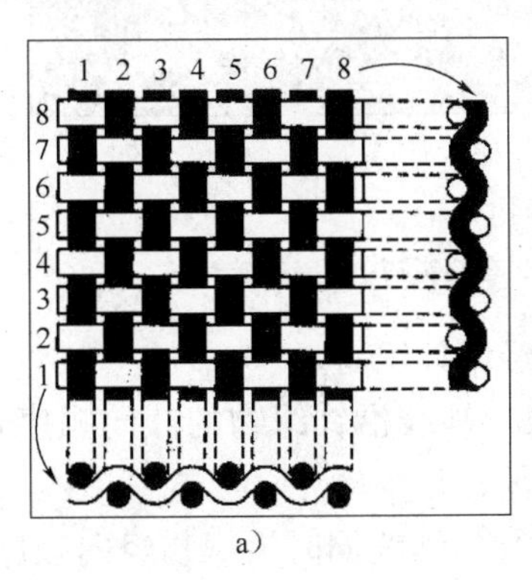

a）

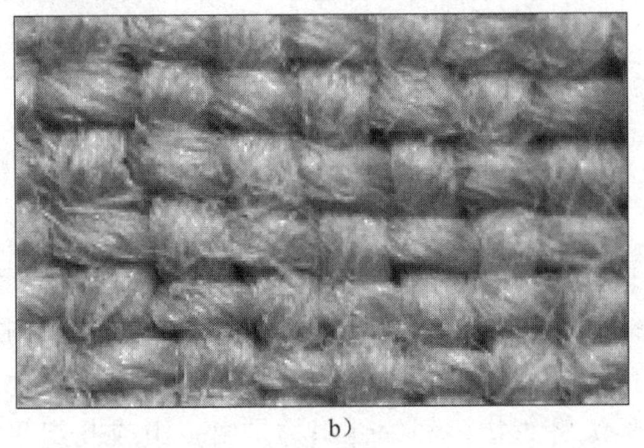

b）

图 4—17　平纹机织物

a）平纹机织物示意图　b）平纹机织物实物图

②斜纹组织。经组织点（或纬组织点）连续成斜线的组织称为斜纹组织（见图 4—18）。其特点是交织点较少，浮长较长，织物正反面不同，手感柔软，光泽好，但强度、耐磨性较差。

③缎纹织物。单独的、互不连续的经组织点（或纬组织点）在组织循环中有规律地均匀分布，这样的组织称为缎纹组织（见图 4—19）。其特点是缎纹组织的单独组织点被其两旁的另一系统纱线的浮长线所遮盖，织物表面呈现经浮长线（或纬浮长线），因此，织物表面富有光泽，手感柔软润滑。

2）针织物。一般针织物是由一组或多组纱线在针织机上按一定规律彼此相互串套成圈连接而成的织物。线圈是针织物的基本结构单元，也是该织物有别于其他织物的标

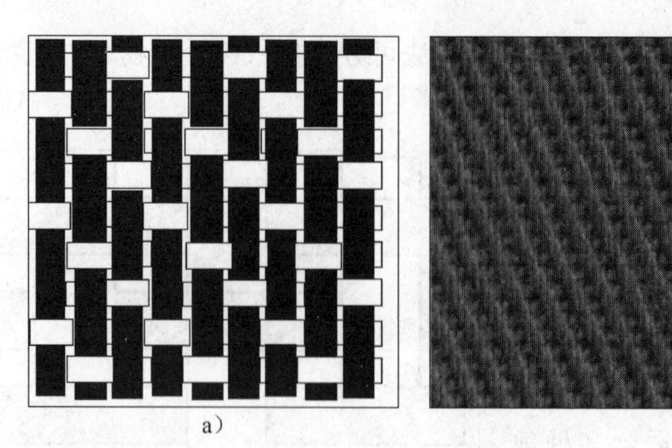

a）　　　　　　　　　　　　　　b）

图 4—18　斜纹机织物

a）斜纹机织物示意图　b）斜纹机织物实物图

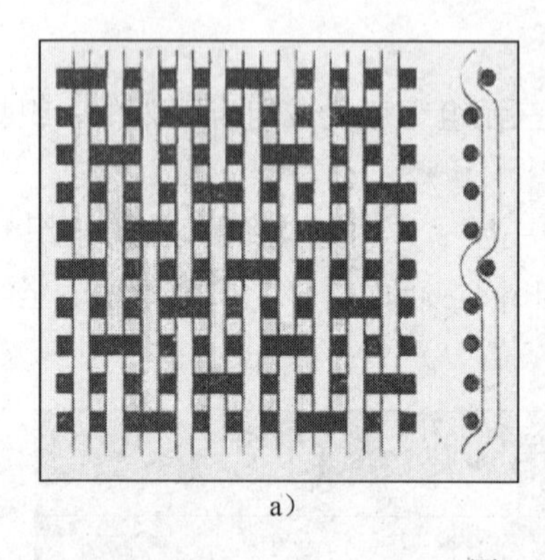

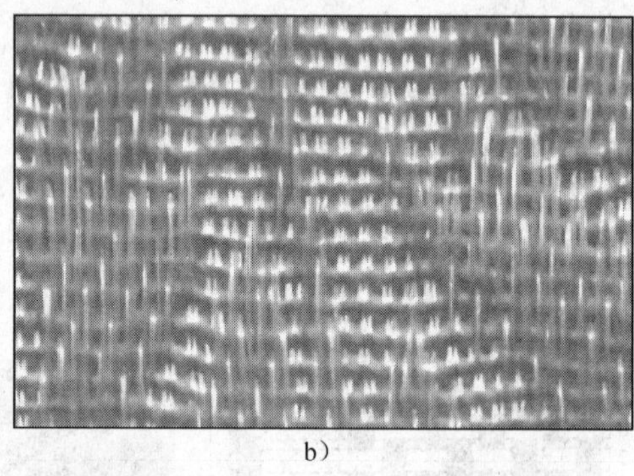

a）　　　　　　　　　　　　　　b）

图 4—19　缎纹机织物

a）缎纹机织物示意图　b）缎纹机织物实物图

志。常见的针织物按编结方式可分为纬编针织物和经编针织物。

①纬编针织物。纬编针织物是由一根（或几根）纱线沿针织物的纬向顺序弯曲成圈，并由线圈依次串套而成的织物，如图 4—20a 所示。

②经编针织物。经编针织物是由一组或几组平行的纱线同时沿织物经向顺序成圈，并相互串套联结而成的织物，如图 4—20b 所示。

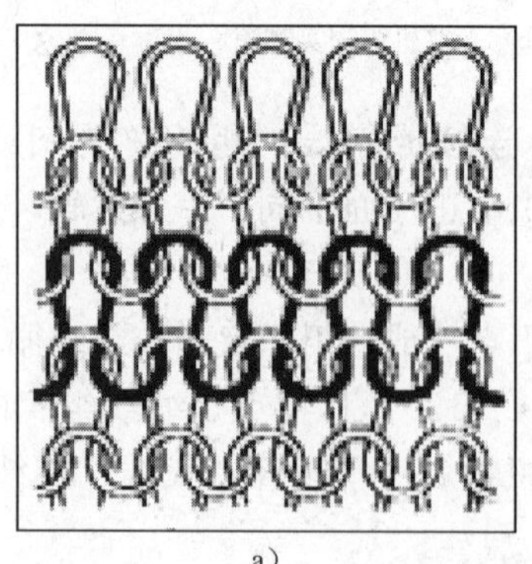

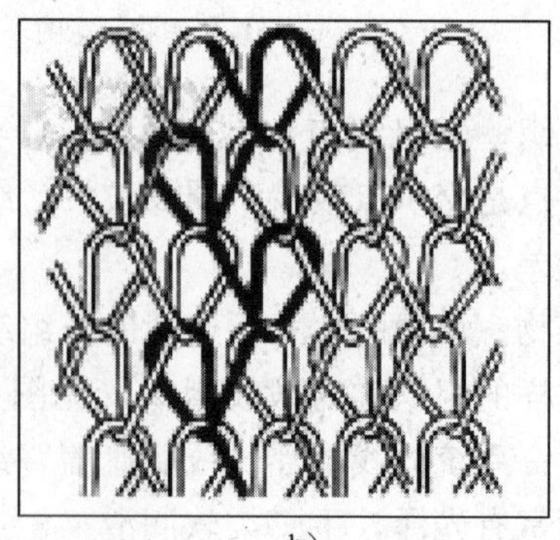

a）　　　　　　　　　　　　　　b）

图 4—20　针织物图

a）纬编针织物示意图　b）经编针织物示意图

服装用针织物的主要优点是质地松软，有良好的透气性和抗皱性，有较大的延伸性、弹性，贴身，能适应人体各部位的外形，适宜制作内衣、紧身衣、童装和运动服。此外，针织物可直接织成形或部分成形产品，如袜子、手套等。针织物的缺点是保形性和尺寸稳定性差，易变形，易钩丝，结构易脱散，有些织物易卷边，尺寸较难控制，裁剪不如机织物。

3）非织造织物。非织造织物也称非织造布、无纺布，是指以纺织纤维、纱线或长丝为原料，用机械、化学或物理的方法使之结合而成的薄片状、毡状或絮状结构物，但不包含机织、针织、簇绒和传统的毡制、纸制产品，如图 4—21 所示。

非织造织物不经过传统的纺纱、织造过程，其主要优点是加工成本低，产量高，使用范围广，缺点是产品花色品种少，多数产品的强度、弹性、悬垂性等与服装用织物的要求有一定差距。非织造织物可用于制作一次性卫生服装用品，可用作服装衬料、垫料、絮料等。

4）复合织物。复合织物是指由机织物、针织物、非织造织物或其他材料（如膜材料、泡沫片材料等）中的两种或两种以上材料通过交编、针刺、水刺、粘结、缝合、铆合等方法制成的多层织物（见图 4—22）。复合织物将多层不同性能风格的织物与其他材料组合在一起，使各层织物和其他材料性能叠加，取长补短，其外观和性能都比传统织物有较大改观。复合织物常用作外套面料，一般应用于较厚的服装或双面具有不同要求的服装。

图 4—21　非织造织物图

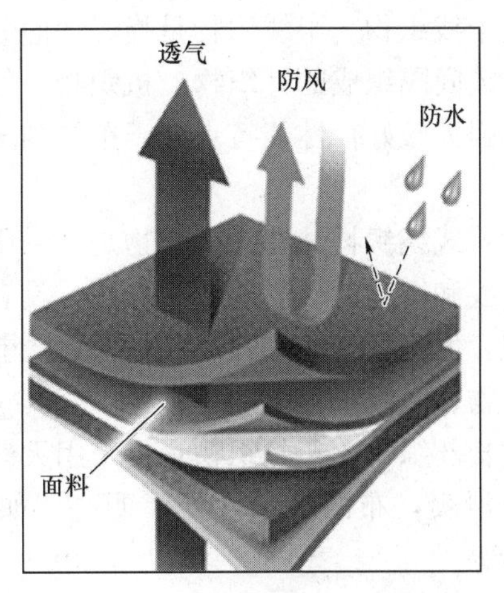

图 4—22　复合织物示意图

（2）按织物的原料构成分类

1）按纤维原料分类。服装用织物按生产织物所用纤维原料类别可分为纯纺织物、混纺织物、交织织物。

①纯纺织物。纯纺织物是指由单一纤维原料纯纺纱线织成的织物。如纯棉、纯毛、纯丝、纯麻织物以及各种纯化纤织物等。纯纺织物的主要特点是体现其组成纤维的基本性能。

②混纺织物。混纺织物是指由两种或两种以上纤维混纺成纱，以此种纱线织成的织

物。如经、纬纱均用涤纶/棉（65/35）纱织成的涤棉混纺织物，经、纬纱均用羊毛/涤纶（70/30）纱织成的毛涤混纺织物，用羊毛/腈纶（80/20）纱织成的毛腈混纺织物等。混纺织物的主要特点是体现其组成原料中多种纤维的综合性能。纤维混纺比不同，织物性能也不同。

③交织织物。交织织物是指由经纱与纬纱使用不同纤维原料的纱线织成的机织物，或是以两种或两种以上不同原料的纱线并合（或间隔）织制而成的针织物。如经纱为涤纶、纬纱为棉交织制成的衬衫，棉纱与锦纶长丝交织、低弹涤纶丝与高弹涤纶丝交织的针织物等。此外，在织物中用金、银线进行装饰点缀，也可算作一种交织形式，是低比例的装饰交织织物。交织物的基本性能由构成该织物的不同种类的纱线和组织结构决定，若为机织物则一般具有经纬向或正反面不同的特点。利用交织物的这一特点，可以织成具有独特色、光效应的织物。

2）按纱线种类分类。服装用织物按生产织物所用纱线的类别可分为单纱、全线、半线、花式线和长丝织物等。

①单纱织物。单纱织物是指完全采用单纱织成的机织物或针织物。其特点是手感柔软，毛羽多，光泽相对偏暗，强度低，如巴厘纱、细布、纱哔叽、纱府绸等。

②全线织物。全线织物是指完全采用股线织成的机织物或针织物。其特点是手感硬挺，布面细腻平整，光泽好，强度高，如全线府绸、全线卡其、全线平布、全线哔叽、全线华达呢等。

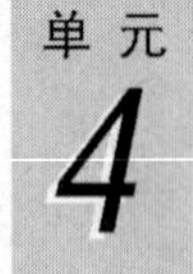

③半线织物。半线织物是指经纬向分别采用股线和单纱织成的机织物或者单纱和股线并合或间隔织成的针织物。机织物一般都是股线作经，单纱作纬。其特点是织物股线方向的强力较好，性能特点介于单纱和全线织物之间，如半线卡其、半线府绸、半线派力司等。

④花式线织物。花式线织物是指采用各种花式线织成的机织物或针织物。其特点是变化纱线和织物的色彩或加工方法，具有特殊的外观、手感、结构和质地的织物，装饰性较强，但是花式线的强度和耐磨性较差，容易起球和钩丝，如彩点呢、竹节织物、结子线织物、圈线织物等。

⑤长丝织物。长丝织物是指采用天然丝或化纤长丝织成的机织物或针织物。其特点是手感滑爽，布面光洁，光泽明亮，如用各种长丝织成的绫、罗、绸、缎、纺、绉、锦、纱等。

（3）按组成织物的纤维长度和细度分类。服装用织物按组成织物的纤维长度和细度可分为棉型织物、毛型织物、中长型织物、麻型织物和丝型织物。

1）棉型织物。棉型织物是指用棉纱、棉型化纤纱或棉与棉型化纤混纺纱线织成的织物，包括全棉织物、棉型化纤纯纺织物和棉与棉型化纤的混纺织物。棉型化纤的长度、细度均与棉纤维接近，一般线密度为 1.3～1.8 dtex、长度为 33～38 mm，织物具有棉型感。常用的棉型化纤有涤纶、维纶、丙纶、粘胶纤维、富强纤维、Lyocell 等短纤维。

2）毛型织物。毛型织物是指用毛纱、毛型化纤纱或毛与毛型化纤混纺纱线织成的织物，包括全毛织物、毛型化纤纯纺织物和毛与毛型化纤的混纺织物。毛型化纤的长度、细度、卷曲度等方面均与毛纤维接近，一般线密度为 3.3～5.5 dtex、长度为 64～114 mm，织物具有毛型感。常用的毛型化纤有涤纶、腈纶、粘胶纤维、Lyocell 等短纤维。

3）中长型织物。中长型织物是指以长度和细度界于棉型与毛型之间的中长型化纤为原料织成的织物。中长型化纤的线密度一般为 2.2～3.3 dtex、长度为 51～76 mm，织物具有类似毛织物的风格。常见的品种如涤粘中长型织物、涤腈中长型织物等。

4）麻型织物。麻型织物是指用麻纱、麻型化纤纱或麻与麻型化纤混纺纱线织成的织物，包括纯麻织物、化纤丝仿麻织物和麻与麻型化纤的混纺织物。麻型化纤在纤维的细度、细度不匀、截面形状等方面与天然麻纤维相似，织物具有麻型感。常用的麻型化纤主要是涤纶。

5）丝型织物。丝型织物是指用天然丝或化纤长丝织成的织物，包括蚕丝织物、化纤仿丝绸织物和蚕丝与化纤长丝的交织物，织物具有丝绸感。常用的化纤丝有涤纶、锦纶、粘胶纤维、富强纤维、Lyocell 等长丝。

（4）按印染加工和后整理方式分类。服装用织物按印染加工和后整理方式可分为原色织物、色织物、色纺织物、漂白织物、染色织物、印花织物和其他后整理织物等。

1）原色织物。原色织物指以未染色原料织成的织物，又称本色坯布，简称织坯（见图 4—23）。如本色棉平布、本色涤/棉细布等。

2）色织物。色织物指将纱线全部或部分染色后织成的各种条、格及小提花织物。色织物采用的是纱线染色工艺，可以通过变化纱线的交织方式，配合不同色泽，生产出多种不同花型和色泽的产品（见图 4—24）。色织物的线条、图案清晰，条格花型立体感强。常见的品种如彩条彩格府绸、色织缎条府绸、彩格绒、被单布、衬衫面料等。

图 4—23　精梳本色布

图 4—24　色织布

3）色纺织物。色纺织物指先将散纤维、毛条、纺丝原液等染色后加工织成的织物。通过色纺工艺可以将不同颜色的纤维混纺或不同颜色的纱混并后得到具有混色效果的织物（见图 4—25）。与色织物相比，色纺织物的色彩层次更丰富，色彩感染力更强。色纺工艺在毛型织物中运用最多，如派力司、啥味呢、法兰绒等。

4）漂白织物。漂白织物指本色坯布经练漂加工后的织物（见图 4—26）。其主要特点是色洁白，布面匀净。常见的品种如漂白棉布、漂白麻布、真丝或化纤长丝的漂白绸等。

图 4—25　色纺布

图 4—26　漂白布

5）染色织物。染色织物指坯布经匹染加工后的织物。其主要特点是以单色为主。染色后成为某一种颜色的织物称为素色织物（见图 4—27）。由不同染色性能的纤维混纺织成的织物经染色后可能成为混色织物。另外，有一种染色织物是半色织物，它是指纺织加工过程为本色织物，在后整理时利用纤维的不同染色性能加工而成的具有色织效果的织物。如经纱为本色棉纱和本色涤纶间隔排列，织造时是本色坯布，染整加工时利用棉纤维和涤纶的不同染色性能将两种经纱染成不同颜色，使织物具有色织物的视觉效果。

6）印花织物。印花织物指坯布经练漂、印花加工后的织物（见图 4—28）。可采用不同的印花方法（如直接印花、拔染印花、防染印花等）及印花技术（辊筒印花、平板筛网印花、圆网印花、转移印花、多色淋染印花、数码喷射印花等）将大部分的染料印到织物上。根据加工方法的不同，印花织物有一般的坯布印花织物、花色朦胧的纱线印花（印经）织物和花纹富有立体感、透明美观的烂花织物等。

图 4—27　染色布

图 4—28　印花布

7）其他后整理织物。其他后整理织物是指通过后整理工艺可使织物获得特殊外观、手感或功能的织物。后整理方法有很多，常见的如仿旧、磨毛、丝光、模仿、折皱、轧花、烫花、功能整理等。功能整理可使织物具有某些特殊性能，是极为重要和广泛采用的整理工艺。织物经渗透、浸渍、涂层等功能整理后可获得抗皱防缩、防水透湿、防风、拒油、拒水、阻燃、抗静电、防辐射、抗起毛起球等功能。

3. 服用织物结构的表征

服用织物的结构参数是影响织物服用性能和风格特征的重要因素，也是设计织物的基本要素。表征服用织物的结构参数包括织物内纱线细度、密度与紧度，以及织物长度、幅宽、厚度、重量等。

（1）织物内纱线的细度。织物内纱线的细度直接影响织物性能和外观风格，如硬挺度、纹路、光泽、耐磨性、厚度等。通常在相同条件下，较细的纱线织成的织物较为轻薄、柔软、细腻，但坚牢度要差一些。表征纱线细度的指标有定长制的线密度 Nt、纤度 Nd 和定重制的公制支数 Nm、英制支数 Ne。线密度的单位为特克斯，是目前国内外的法定计量单位。在机织物中，经纬纱所用纱线特数以“经纱特数×纬纱特数”来表示。如 13×13 表示经纬纱均为 13 tex 单纱；14×2/28 表示经纱采用两根 14 tex 单纱组成的股线，纬纱采用 28 tex 单纱；（16＋18）×（16＋18）表示经纬纱均采用一根 16 tex单纱和一根 18 tex 单纱组成的股线。

（2）织物的密度及紧度

1）机织物的密度与紧度。机织物的经向密度（经密）或纬向密度（纬密），是指沿织物经向或纬向单位长度内经纱或纬纱排列的根数。机织物的密度表示织物中纱线排列的疏密程度。国家标准规定以公制密度表示，即 10 cm 宽度内经纱或纬纱的根数。一般情况下织物经密大于纬密，这既是提高织造生产效率的需要，也是服装成型的需要。机织物的密度一般以“经密×纬密”表示，如 236×220 表示织物经密为 236 根/10 cm，纬密为 220 根/10 cm。织物密度大小是由其用途、品种、原料、结构等因素决定的，对织物的性能，如重量、坚牢度、手感、保暖性、透气性和透水性等都有重要影响。

对于组织和纱线细度都相同的织物，经纬密度越大，则织物越紧密。在比较纱线细度不同的织物的紧密程度时，应采用织物的相对密度，即织物紧度。

机织物的紧度是指织物中纱线的投影面积占织物全部面积的百分比，本质是纱线的覆盖率或覆盖系数。织物的紧度综合考虑了纱线的粗细和织物的经纬密度，有经向紧度、纬向紧度和总紧度之分。织物的紧度越大，织物越紧密。

2）针织物的密度。针织物的密度表示在一定的线密度条件下针织物的疏密程度，是指单位长度内的线圈数，通常用横向密度（横密）和纵向密度（纵密）表示。横密是指沿线圈横列方向在规定长度（50 mm）内的线圈纵行数。纵密是指沿线圈纵行方向在规定长度（50 mm）内的线圈横列数。

针织物的密度对针织物的服用性能影响很大。密度较大的针织物相对厚实，尺寸稳定性较好，保暖性也好些，但透气性较差。同时，其弹性、强度、耐磨性、抗起毛起球性和抗钩丝性等方面也比较好。

（3）织物的物理量度

1）长度

①机织物的长度。机织物的长度一般用匹长（米）来表示（国际贸易中有时用码来

表示）。匹长主要根据织物的种类和用途而定，同时还要考虑织物的单位重量、厚度、卷装容量、搬运以及印染后整理和制衣排料、铺布裁剪等因素。一般来说，棉织物的匹长为30～60 m，精纺毛织物的匹长为50～70 m，粗纺毛织物的匹长为30～40 m，长毛绒和驼绒的匹长为25～35 m，丝织物的匹长为20～50 m，麻类夏布的匹长为16～35 m。

②针织物的长度。针织物的匹长一般由原料、织物品种和染整加工要素而定。一种是定重方式，即每匹重量一定；另外一种是定长方式，即每匹长度一定。经编针织物的匹长多采用定重方式，纬编针织物的匹长多由匹重、幅宽和每米重量而定。汗布的匹重为12±0.5 kg，绒布匹重为13～15 kg±0.5 kg，人造毛皮针织布匹长一般为30～40 m。

2）幅宽

①机织物的幅宽。机织物的幅宽是指织物沿纬向的最大宽度，一般用厘米（cm）表示（国际贸易中有时用英寸表示）。织物幅宽由织物用途、生产设备条件、生产效益、节约用料等因素而定，并有一定的规范性。一般来说棉织物的幅宽分为80～120 cm和127～168 cm两大类，精纺毛织物幅宽为144 cm或149 cm，粗纺毛织物的幅宽为143 cm、145 cm和150 cm三种，长毛绒的幅宽为124 cm，驼绒幅宽为137 cm，丝织物幅宽一般为70～140 cm。上述织物的幅宽也包括相应的化纤混纺织物、交织织物以及纯化纤织物等的幅宽。

近年来，随着服装工业的发展，宽幅织物的需求量增大，无梭织机出现后，幅宽最大可达300 cm。从服装裁剪排料的角度考虑，织物以宽幅为佳，幅宽在91.5 cm以下的织物有逐渐被淘汰的趋势。

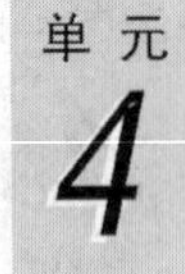

②针织物的幅宽。经编针织物幅宽由产品品种和组织结构而定，一般为150～180 cm。纬编针织物幅宽主要与加工用的针织机的规格、纱线和组织结构等因素有关，一般为40～60 cm。

3）织物的厚度。织物的厚度是指在一定压力下，织物正反面之间的垂直距离，单位为毫米（mm）。织物厚度主要由织物的用途和技术要求而定。织物厚度对织物的坚牢度、耐磨性、保暖性、透气性、防风性、刚度和悬垂性等服用性能及织物的手感、外观风格都有很大的影响。织物的厚度可分为轻薄型、中厚型和厚重型三类。表4—4列出了棉型、毛型及丝织物的一般厚度范围。绒类织物较厚，絮用非织造织物厚度可达20 mm。

表4—4　一般棉型、毛型及丝织物的厚度　（单位：mm）

织物类型	棉型织物	精纺毛型织物	粗纺毛型织物	丝织物
轻薄型	0.24以下	0.40以下	1.10以下	0.14以下
中厚型	0.24～0.40	0.40～0.60	1.10～1.60	0.14～0.28
厚重型	0.40以上	0.60以上	1.60以上	0.28以上

4）织物的重量。织物的重量通常用来描述织物的厚实程度，织物的品种、用途、性能不同，对其重量的要求也不同。

①织物的单位面积质量。织物的单位面积质量是指织物在公定回潮率下单位面积的质量，单位为克/平方米（g/m^2），丝织物的质量单位常用姆米（m/m）表示

($1\ m/m=4.305\ 6\ g/m^2$)，国际贸易中有时也用盎司每平方码（oz/yd^2）表示。织物的单位面积质量与服装的服用性能和加工性能有关，是织物设计和选用的主要参数，同时也是对织物进行价格计算的重要依据。

一般棉织物的单位面积质量为 70 ～250 g/m^2，精纺毛织物为 130～350 g/m^2。其中，单位面积质量在 195 g/m^2 以下的属轻薄型织物，宜做夏令服装；195～315 g/m^2 之间的属中厚型织物，宜做春秋服装；在 315 g/m^2 以上的属厚重型织物，只宜做冬令服装。粗纺毛织物为 300～600 g/m^2。薄型丝织物为 20～100 g/m^2。

针织物的单位面积质量因品种、纱线细度、密度等的不同而有一定差异。单面棉汗布为 100～215 g/m^2，棉毛布为 190～244 g/m^2，棉绒布为 272～570 g/m^2，低弹涤纶针织衬衫面料为 85～100 g/m^2，低弹涤纶针织外衣为 115～200 g/m^2。

②织物的单位体积质量。织物的单位体积质量是指织物单位体积内的质量，单位为克/立方厘米（g/cm^3）。织物的单位体积质量与织物厚度有关，可以用来衡量织物的毛型感。毛织物的单位体积质量一般为 0.45～0.50 g/cm^3，绒类织物则较低。织物的单位体积质量因其纤维、纱线和织物的结构不同而有一定的差异，直接影响织物的保暖性、丰厚性、柔软性、蓬松性等性能。

二、服用织物的应用

1. 机织物的应用

（1）棉型机织物。棉型机织物以优良的服用性能成为最常用的服用织物之一。棉型机织物的共同特征是吸湿透气、穿着舒适、手感柔软、染色性好、色泽鲜艳、色谱齐全、光泽柔和、布面平整，能抗虫蛀。以棉等天然纤维为主要原料的大多数织物，其明显特征是弹性和抗皱性较差，易霉变。

1）平纹类棉型机织物。平纹类棉型机织物，是指在平纹组织基础上，通过改变纱线线密度、纱线捻度、织物密度等结构参数，得到的风格性能迥异的平纹织物，包括平布、府绸、巴厘纱、帆布、防绒布、麻纱等。

①平布。平布的特点是采用平纹组织，经纬向密度、经纬纱的线密度相同或相近，经纬向紧度接近 1∶1。平布的布面平整，比同规格的其他织物坚牢耐用，但光泽、手感丰满度和弹性较差。根据所用经纬纱的粗细，平布可分为细平布、中平布、粗平布三类，见表 4—5。

表 4—5　平布的分类

类别	线密度/tex	特征	应用
细平布	10～20	细平布质地轻薄，布面平整、均匀、洁净、杂质少，手感光滑柔软	内衣、婴幼儿服装、衬衣、夏季外衣、夏用睡衣、手帕、绣品、床上用品等
中平布	21～31	布身厚薄适中，布面平整，结构较紧密，质地坚牢	内衣、睡衣、儿童服、被单、衬布等
粗平布	32～58	布身厚实粗糙，坚牢耐用，布面棉结杂质较多	服装软衬、工作服、夹克、裤子、床单等

②府绸。府绸是一种细特、高密度的平纹或提花棉织物，经过特殊的紧度设计和后处理后，织物略带丝绸风格，故名府绸。府绸织物用纱较细，密度较高，且经密高于纬密，经纬向紧度比约为 2∶1 或 5∶3。上述结构配置使府绸织物中纬纱处于较平直状态而经纱屈曲较大，织物表面主要由经纱覆盖，经向强度均比纬向大，用久后会因纬纱的断裂而产生织物的“破肚”现象。布面上分布着均匀的菱形状颗粒，粒纹饱满清晰，称为颗粒效应，又称府绸效应，如图 4—29 所示。

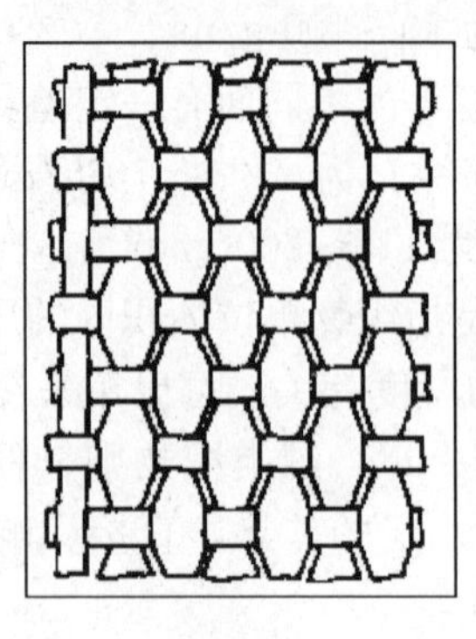

图 4—29　府绸的颗粒效应

③巴厘纱。巴厘纱又称玻璃纱，是用细特强捻纱织成的稀薄平纹织物，因透明度较高，又称玻璃纱。巴厘纱常用经过烧毛处理的精梳纱线织制，其经纬纱线捻向相同，经向紧度与纬向紧度接近。巴厘纱布身稀疏、质地轻薄、手感轻盈挺爽、富有弹性、布孔清晰、透明透气，一般用来制作衬衫、裙子、手帕、面纱、民族服装、抽绣的底布、台灯罩、窗帘等。采用普通纱线、织物结构与巴厘纱类似的产品叫作麦尔纱，用途与巴厘纱类似，档次较低。

④帆布。帆布是经纬纱均采用多股线织成的粗厚织物，因最初用于船帆而得名。帆布的组织一般采用平纹、纬重平、双层等，用料以棉、棉混纺为主，按纱号粗细可分为粗帆布和细帆布两种，服装多使用细帆布，具有紧密厚实、手感硬挺、坚牢耐磨等特点。帆布外观粗犷、朴实、自然，特别是经水洗、磨绒等处理后，具有柔软的手感，穿着更舒适，多用来制作男女秋冬外套、夹克、风雨衣或羽绒服。

⑤防绒布。防绒布是防止羽绒钻出的一种高紧密度的织物，多用平纹或纬重平组织，配以精梳棉纱、涤棉混纺细号纱或全涤纶长丝纱织制。防羽绒布的特点是轻薄细密、柔软、布面光洁、透气量较低、防羽绒钻出性强，多用来制作羽绒服、滑雪衫等。

⑥麻纱。麻纱是布面纵向呈现宽窄不等直条纹的轻薄织物，因视觉风格类似麻织物而得名。麻纱多为纬重平组织，经纬纱为 19.5～13 tex 的细特纱，紧度较低，经纱捻系数较高，使得织物挺而爽；经纱和纬纱的捻向相同，使织物表面条纹清晰。麻纱因组织不同可分为普通麻纱、空筘形成的柳条麻纱、不同粗细经纱排列形成的异经麻纱以及由小提花组织形成的提花麻纱等。麻纱具有薄爽透气、条纹清晰、手感爽滑、穿着舒适等特点，适合做夏季男女衬衫、裙子等。

2）斜纹类棉型机织物。斜纹类棉型机织物的共同特点是织物表面呈现出由经浮长线或纬浮长线构成的清晰的斜纹纹路，斜纹线的倾向有左有右，布身较平纹厚实柔软。

当斜纹线由经纱的浮长线组成时，称为经面斜纹；而由纬纱的浮长线组成时，称为纬面斜纹。常用的斜纹类棉型机织物有斜纹布、卡其、华达呢、哔叽等。

①斜纹布。斜纹布属中厚低档斜纹棉布，斜纹布的经纱密度比平纹布大，且经纬纱交织次数比平纹少，所以斜纹布质地较平布紧密且厚实，手感较松软，光泽优于平纹，吸湿，透气。但布面光洁度、挺括度不及卡其。斜纹布有本色、漂白和杂色多种种类，常用作男女便装、制服、运动服、睡衣等服装面料，也可以用作运动服的夹里和服装的衬垫料。细斜纹布经电光或轧光整理后，布面光亮，可制作服装衬里。

②卡其。卡其是高紧度的斜纹棉织物，卡其织物最大的特点是布面有细密而清晰的斜向纹路，质地紧密，挺括耐穿，手感丰满厚实。纱卡质地较柔软，不易折裂；线卡光滑硬挺，光泽较好，但折边耐磨损能力差，因此其服装的袖口、领口、裤门等部位易磨损、折裂。卡其可用来制作各种制服、工作服、休闲服、风衣、夹克等，特细卡其可用来制作衬衫。

③华达呢。华达呢为双面斜纹织物，正反面织纹特征相同但斜纹方向相反。华达呢质地厚实而不发硬，耐磨而不易折裂，织纹组织突出而细致。通常染整加工成藏青、黑色、灰色等各种色相，可用来制作春秋各式男女外衣等。

④哔叽。哔叽的经纬向紧度比例为 1∶1，紧度比卡其、华达呢都小。哔叽的紧密度与平布接近，但交织次数远低于平布，所以哔叽质地柔软。经纬向紧度接近的结构配置，使哔叽的纹路平缓，经纬纱都浮现在织物表面，对光泽形成散射，因此哔叽光泽不及华达呢和卡其。哔叽多用来制作妇女、儿童服装和被面，也可用来制作男装。

3）缎纹类棉型机织物。缎纹类棉型机织物在纱线密度相同的条件下，在三元组织中，缎纹组织是经纬纱交织次数最少的一种，所以缎纹织物的手感最柔软，弹性良好，强度和耐磨性最低，易起毛、勾丝。组织浮长和经纬纱排列紧密度差异的双重效果，使缎纹织物的正反面呈现明显区别，正面纱线排列紧密、光泽好；反面纱线排列疏松、手感粗糙、光泽暗淡。缎纹类棉型机织物的主要品种有直贡和横贡。

①直贡。直贡的表面大多被经浮线覆盖，厚者具有毛织物的外观效应，故又称贡呢或直贡呢；薄者很像丝绸中的缎类织物，故又称直贡缎。为保证良好的布面，常选用品质优良的纱作为经纱。直贡多为素色，有少量印花，宜用作外衣面料、床上用品、鞋面等。

②横贡。横贡是采用纬面缎纹组织织制的棉型织物。其纬密比经密高，由于织物表面主要以纬浮长覆盖，表面光洁、手感柔软、富有光泽，很像丝绸中的缎类织物，故又称横贡缎。横贡棉织物中的高档产品适宜做女外衣、便服、裙子、儿童棉衣、羽绒被面等。

（2）毛型机织物。毛型机织物是服用织物中的高档品种。按其生产工艺和商业习惯可分为精纺毛织物与粗纺毛织物。毛织物的主要服用性能特点如下：纯毛织物光泽柔和，手感柔软而富有弹性，一般为高档或中高档服装面料；毛织物具有良好的弹性和干态抗皱性，服装熨烫后有较好的褶裥成型和服装保形性，毛织物的湿态抗皱性和可洗穿性差；表面茸毛丰满厚实的粗纺毛织物具有良好的保暖性，轻薄滑爽、布面光洁的精纺毛织物具有较好的吸湿透气性；毛织物比较耐酸而不耐碱，易被虫蛀。

1）精纺毛织物。精纺毛织物是用精梳毛纱织成的，又称精纺呢绒。常用17～34 tex的股线作为经纬用纱，平方米重量一般为100～380 g/m²，并且有向轻薄化方向发展的趋势。精纺毛织物呢面洁净、织纹清晰、手感滑糯、富有弹性、光泽柔和、平整挺括、不易变形，大多用来制作春秋及夏令服装。精纺毛织物的典型品种有凡立丁、派力司、华达呢等。

①凡立丁。凡立丁又称薄毛呢，与派力司都是精纺毛织物中的轻薄型面料，主要用来制作夏季服装（见图4—30a）。凡立丁原料以纯毛为主，也有涤/毛、纯化纤等，采用平纹组织织制，经纬向均采用单色股线，纱线较细，捻度较大，织物的经纬密度较小。凡立丁轻薄挺爽、富有弹性、呢面光洁、织纹清晰、光泽自然柔和，适宜制作夏季男女上衣、西裤、裙子等，也可用来制作夏季军装、制服。

②派力司。派力司是用平纹组织织成的混色薄型毛织物，属经向用线、纬向用纱的半线毛织物（见图4—30b），有全毛、毛混纺以及纯化纤仿毛派立司，织物重量比凡立丁稍轻。派力司表面光洁，质地轻薄，手感挺爽，有弹性，透气性好，光泽自然柔和。毛涤派立司更为挺括抗皱、易洗易干，有良好的服用性能。派力司为夏季理想的男女西服套装、两用衬衫、长短西裤等用料。

a）

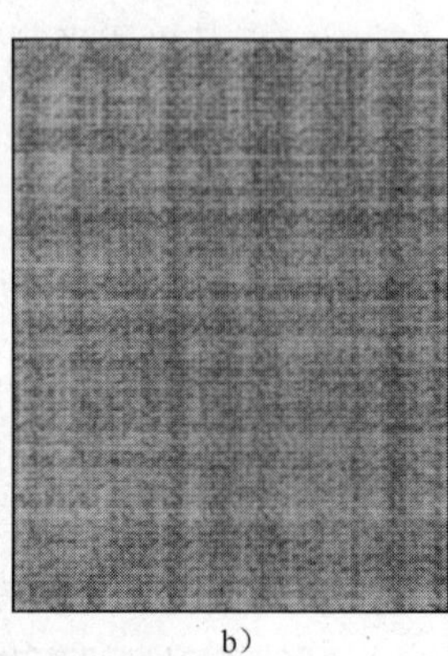

b）

图4—30　府绸的颗粒效应

a）凡立丁　b）派力司

③华达呢。华达呢又名轧别丁，属中厚型斜纹织物，华达呢的经纬向紧度比约为2∶1，呢面呈现63°左右的清晰斜纹，纹路间距较窄，斜纹线陡而平直。华达呢纹路清晰、细密、饱满，呢面光洁平整，质地紧密，手感滑糯，富有弹性，光泽自然柔和，有一定的防水性能。单面华达呢较薄，质地柔软，悬垂性好，且多用鲜艳色、浅色，采用匹染工艺，适于用作女装裙衣料；双面华达呢质地较厚实，挺括感强，一般用来制作春秋西服套装；较厚型的缎背华达呢质地厚重，挺括保暖，易起毛起球，适于做秋冬大衣，色泽多用素色，如藏青、灰、黑、咖啡等色。

2）粗纺毛织物。粗纺毛织物是用粗纺毛纱织成的，也称粗纺呢绒。其用纱细度一般为63～176 tex，高档轻薄型的用纱细度为50 tex，厚重型的用纱细度可达500 tex。粗纺毛织物一般经过缩绒和起毛处理，表面都由或长或短的绒毛覆盖，手感丰满柔软，质地厚实，不露或半露底纹，保暖性好，适宜用作春秋冬季的服装面料。粗纺毛织物的典型品种有麦尔登、海军呢、制服呢等。

①麦尔登。麦尔登是品质较高的高紧度粗纺或半精纺毛织物，因在英国麦尔登（Melton Mowbray）地方创制而得名。传统麦尔登成衣挺括，保暖性好，穿着舒适，色泽以藏青色、黑色或其他深色居多，近年也有中浅色产品。适合制作冬季服装，如长短大衣、制服、军服、中山装、青年装等。

②海军呢。海军呢是海军制服呢的简称，也称细制服呢。海军呢表面基本上被绒毛覆盖，基本不露底纹，质地紧密有身骨，手感柔软有弹性，呢面平整不起球，耐磨，保暖性好，色泽匀净。适合做秋冬外衣，常用来制作海军、铁路、海关等军服、制服。

③制服呢。制服呢是一种较低级的粗纺呢绒，亦称粗制服呢，风格与海军呢类似，但品质不及海军呢。制服呢质地紧密厚实，保暖性好，但由于使用了较低级的羊毛，且纱线线密度较大，因此呢面织纹不能完全被绒毛覆盖，手感略粗糙，色泽不够匀净，一般用来制作秋冬制服、外套、夹克等。

（3）丝型机织物。丝型机织物是纺织品中的高档产品，手感柔软滑爽，光泽优雅明亮，穿着舒适，外观华丽、高贵，服用性能好。丝型织物按组织结构和外观特征分为缎类、锦类、绡类、绢类、绫类、绸类等。

1）缎类。缎类是织物的全部或大部分采用缎纹组织（除经或纬用强捻线织成的绉缎外）的素、花丝织物，浮在织物表面的一组丝线不加捻或加弱捻，而且这组丝线的织造密度较高。缎类织物质地紧密，手感光滑柔软，光泽明亮，但不耐磨，易起毛。其应用因品种而异，薄型缎适用于制作衬衣、裙装、头巾、戏装、饰品等，厚型缎适用于制作棉袄面料、高级外衣、旗袍、礼服等。

2）锦类。锦类是绸面绚丽多彩的色织提花丝织物，是丝织物中最为精致的产品。锦类织物外观富丽堂皇，花纹精致典雅，质地厚实丰满，紧密平挺。采用的纹样多为龙、凤、仙鹤和梅、兰、竹、菊以及文字“福、禄、寿、喜”“吉祥如意”等民族花纹图案。锦类织物常用作装饰布，在服饰方面多用来制作领带、腰带、棉袄面料、旗袍、礼服、民族服装和戏剧服装等。

3）绡类。绡类是采用平纹或假纱（透孔）等组织织制的质地轻薄透孔的素、花丝织物，如真丝绡、乔其绡、素绡、花绡等。绡类织物质地轻薄飘逸，手感爽挺，透明度好，凉爽透气，孔眼方正清晰，适宜制作晚礼服、婚礼服、连衣裙、时装、舞台装，以及披纱、头巾、窗帘装饰等。

4）绢类。绢类是采用平纹或平纹变化组织，色织或色织套染的素、花丝织物，如塔夫绸、天香绢等。绢类织物质地紧密，轻薄而坚韧，布面细洁光滑平整，手感挺括，光泽柔和，既可用于外衣、礼服等服装，又可作领结、绢花等装饰物以及高级伞绸等的面料。用生丝织成的画绢不需精练，结构细密，表面光洁，专供书画、裱糊扇面、扎制彩灯之用。

5）绫类。绫类是以斜纹或变化斜纹为基础组织，外观具有明显的斜向纹路的素、花丝织物。绫品种繁多，主要有素绫和提花绫之分。绫类织物质地细密，厚薄适中，手感光滑柔软，光泽和顺。多数用于服装里料、衬衣、连衣裙、方巾、领带、民族服装、书法装裱等，中厚型面料还可用来制作春秋冬服装、婴幼儿斗篷、襁褓等。

6）绸类。绸类是采用或混用基本组织或者变化组织的具有不同外观的素、花丝织物。不具备其他十三类明显特征的丝织物一般都归为绸类。绸类轻重厚薄差异较大，轻薄型的绸质地柔软，富有弹性，常用作衬衫、裙料等；中厚型绸层次丰富，质地平挺厚实，适宜制作各种高级服装，如西服、礼服或供室内装饰之用的服装。

（4）麻型机织物。麻织物风格粗犷，因其纱线粗细不匀，表面有粗节；手感粗硬挺括，易起皱褶，采用以较粗麻纤维为原料的麻织物贴身穿着常有刺痒感；光泽自然柔和，作为衣料有高雅大方、自然淳朴之美感。麻织物的吸湿性和散热性好，因此麻织物在夏季吸湿放湿快，干爽利汗，穿着凉爽。纯麻织物包括以下两种：

1）苎麻织物。苎麻织物是苎麻纤维经过脱胶，用麻纺机生产出来的，由于采用现代纺织技术，它的布面比夏布细洁匀净。苎麻织物布面匀净挺括、吸湿散湿快、散热性好、穿着透凉爽滑、出汗不贴身，是夏用服装的理想面料。但苎麻织物弹性差、容易起褶皱、耐磨性也差、折边处易磨损，且纤维较粗，穿着时有刺痒感。薄型苎麻织物适宜制作夏季服装，中厚型苎麻织物适宜制作春秋外衣。此外，苎麻织物还可用作工艺品抽绣用布、台布、手帕等。

2）亚麻织物。亚麻织物是亚麻纤维经湿纺等方法制造成纱而后织制而成的织物。亚麻织物具有苎麻织物的特点，但因亚麻单纤维线密度低，所以纤维和织物相对柔软，光泽柔和，无刺痒感，受高档市场的青睐。亚麻织物适宜制作内衣、衬衫等夏服和春秋外衣，还可制作床单、被套、台布、抽纱底布以及精致的高级手帕等。

2. 针织物的应用

（1）棉针织物。纯棉针织物吸湿透气，耐洗耐穿，耐热性、耐碱性、保暖性好，染色性能好，色泽鲜艳，色谱齐全，体肤触感好，穿着柔软舒适，服用性能良好，可作为各种内衣、家居服、婴幼儿服、便服、运动服及夏季外衣的良好材料。纯棉针织外衣一般采用纤维较长的高级原棉，有的要对纱线或坯布进行烧毛丝光整理和防缩防皱整理，以提高光泽和挺度。此外，与麻、涤纶、锦纶、腈纶、再生纤维素等纤维混纺或交织等方法也被广泛采用。

（2）毛针织物。纯毛针织物手感柔软，抗皱性、弹性、保暖性、吸湿性都很好，耐酸不耐碱，在碱液中易“毡化”，易被虫蛀。毛也可与涤纶、锦纶、腈纶等混纺织制，适合制作羊毛衫、外衣、套装等。

（3）丝针织物。纯丝针织物质地轻盈柔软，手感滑爽，富有弹性，吸湿透气性好，穿着舒适，光泽亮丽，比机织绸具有更好的弹性、抗皱性和耐洗性，适用于高级夏季服装。

（4）麻针织物。纯麻针织物用于针织生产的主要是苎麻和亚麻纤维。纯麻针织物手感滑爽挺括，透气性好，吸湿散热快，强力高，但抗皱性和耐磨性较差，织物表面毛绒较多，如果做服装，则需要进行烧毛丝光处理，以减少毛绒对皮肤刺痒感觉，适用于夏季服装。在针织生产中，目前多采用麻纤维与化纤混纺或交织的纱线编织。

（5）涤纶针织物。纯涤纶针织物耐热性、强度、弹性、抗皱性、保形性好，织物挺括不皱，可进行永久定型，易洗快干，有“洗可穿”之称。涤纶等化纤一般吸湿性较差，不适宜制作贴身内衣，可与天然纤维进行混纺或交织，制作各种外衣或作为装饰织物。

（6）锦纶针织物。纯锦纶针织物强度、弹性、吸湿性好，耐磨性最强，耐酸、耐碱、防虫蛀，染色性好，并有热可塑性，可以做永久性变形加工，适用于各种运动衣、游泳衣、弹力衫或外衣。

（7）腈纶针织物。腈纶有“合成羊毛”之美称，其弹性和蓬松度类似于天然羊毛。

纯腈纶针织物手感蓬松柔软，弹性、保暖性、耐日光性、染色性好，但耐磨性、吸湿性较差，适合做腈纶衫等外衣，但不适于做袜子、手套等经常受摩擦的针织品。

（8）丙纶针织物。丙纶是目前最为廉价的合成纤维，其针织物强度高，耐化学药品能力强，抗勾丝、抗起毛起球效果好，但吸湿性、染色性、耐光性差，不耐高温，织物受日光照射后，强度明显降低。采用细旦或超细丙纶丝编织生产的针织面料具有良好的芯吸效应和单向导湿透气性，可迅速吸附人体产生的汗液、水分并由织物内部向外表面散出进而被蒸发，导湿性、爽滑性较好，且手感细腻柔软，悬垂性好，轻盈、飘逸。丙纶针织物可用于制作T恤衫、外衣、运动衣、袜子等。

3. 无纺织物的应用

无纺织物又名非织造布。与其他服装材料相比，无纺织物具有生产流程短、产量高、成本低、纤维应用面广、产品性能优良、用途广泛等优点。无纺织物的兴起虽然不过半个世纪，但发展速度很快。与一般的交织布相比，由于其结构和加工方式的独特性，使无纺织物具有广阔的应用前景。其产品已广泛地应用到民用服装、装饰用布、工业用布、医疗用材料及军工和高尖端技术等许多领域中。开发的产品有几百种，如各种服装衬料、窗帘、医疗保健用品、土工布、过滤布、坐垫、墙布、地毯、婴儿尿布、包装材料及农作物保温棚等。

无纺织物的结构按纤网的组成及形成方法可分为以下几类：

（1）纤网结构无纺织物

1）纤维黏合法无纺织物。纤维黏合法是将短纤维铺叠成薄片状的纤维网，通过纤维网本身或纵横的重叠使纤维相互黏合而制成布状。它包括黏合剂黏合和热熔黏结。

黏合剂黏合指采用合成树脂或合成纤维黏着剂来固定纤维层，使纤维网被固化黏结变成不能分离的无纺织布。根据黏合剂类型和加工方法，黏合剂黏合可分成点黏合、片膜黏合、团块黏合以及局部黏合等。这种类型的无纺织物具有较好的透气性，但手感较硬，多用于墙布和用即弃产品。热熔黏结指预先在纤维网中加入热熔性纤维，当重叠的纤维网通过加热轧光机时，在轧点或轧纹作用的区域内的热熔纤维熔融产生加固作用，从而与其他纤维相互黏合。这种无纺织物有较好的过滤性能、弹性和蓬松度，以及较好的透气性、吸湿性，可作为冬季服装的絮填料、被褥料、过滤布，汽车用布及簇绒地毯基布。

2）相互纠缠纤维的黏合无纺织物。相互纠缠纤维的黏合无纺织物指将适当的纤维网重叠，通过一定的作用方式（如针刺、缝编等），使纤维相互很好地纠合而制得的类似于毡结构的无纺织物。根据作用方式，可分为针刺法、射流喷网法及编结法无纺织物。

针刺法无纺织物将数千枚特殊结构的钩针，穿过纤维网反复做上下运动，使整个纤维网变成相互缠绕、纠缠、彼此不离的致密毡状无纺布。该类产品用途很广，广泛用于土工布、床毯、过滤材料、针刺毡及人造革底布等。

射流喷网法无纺织物也称无针刺法非织造布。它利用许多束极强的水流射向纤网，加固成布。它具有较高的强力、丰满的手感和良好的通透性，可用来制作服装的衬里、垫肩等。

编结法无纺织物是指将无规则排列的纤维网，用多头缝纫机多路缝合，使其成为结构较紧密的无纺织布。这类布具有接近传统服装材料的外观和性能，被广泛用于服装面料和人造毛皮底布、衬绒等。

（2）纱线型缝编结构无纺织物

1）缝编纱线型缝编无纺布。缝编纱线型缝编无纺布是由经纬纱铺层，缝编纱按经平组织编织，进行加固纱层的无纺织物。该织物兼有机织物和针织物的外观，具有良好的尺寸稳定性和较高的强力，可作为外衣面料。

2）毛圈型缝编无纺布。毛圈型缝编无纺布由纬纱铺叠成网，再由缝编纱形成的编链组织加固。毛圈纱在缝编区进行分段衬纬，使布面呈隆起的毛圈状。这种无纺织物可作为装饰布、服装衣料等。

第三节　服用裘皮和皮革

- → 了解服装用裘皮与皮革的概念及加工工艺
- → 了解裘皮和皮革的鉴别方法
- → 掌握生皮的结构
- → 掌握服用裘皮和皮革的分类及用途

一、概述

1. 服用毛皮的历史沿革

动物的毛皮是人类最早使用的服装材料之一，早在远古时期人们就已经开始使用某些动物的皮毛来抵御寒冷、遮身蔽体，并逐渐掌握一些裘皮与皮革的加工技术。人类开始使用皮革的确切时间至今无法考证，但人们普遍认为使用历史非常久远，对皮革的使用是人类发展史上极其重要的组成部分之一。

专业上把直接从动物身上剥下来的毛皮叫作生皮，生皮在潮湿的时候容易腐烂，晾干后变硬，且易生虫、发霉，所以生皮必须经过加工处理才能作为服装材料。生皮经过不同方法的鞣制加工后，带毛的成为裘皮或皮草（也叫毛皮）；而把经过加工处理的光面或绒面皮板叫作皮革。

我国是世界上最早使用动物皮毛的国家之一，在北京西南约 50 km 的周口店，考古发现北京猿人早在距今 50 万～60 万年前就已经会使用刮削石器与尖状石器剥取兽皮了。同样在北京周口店，距今已经有 2 万～3 万年的山顶洞人已经开始用骨针缝制兽皮制品了。在我国出土的甲骨文中还可以找到“裘”字。春秋时期齐国的《考工记》是现存最早的一部记录皮革、皮甲、皮鼓等制造技艺的国内古代文献，该书所记述的攻皮之工有五种，可见皮革生产在当时已相当发达。《论语》中还有“虎豹之鞟”的记载，“鞟”是去毛的兽皮，表明当时已经有较成熟的脱毛制革方法。在西汉的手工艺专著

《周礼考工记》中就有对皮革工艺的记载。战国后，皮靴逐渐在各地普及开来，著名的有“六合靴”，即用六块皮缝合而成的靴子。到了唐代无论男女都流行穿靴。宋代帝王服饰规定，着朝服时穿皮履，宋朝基于军事的需要还成立了“皮角场”，专门用于大规模制革。元代是制革的鼎盛时期，有专门的制革工业部门“甸皮局”。明代的《天工开物》一书专门记载了以芒硝为主的鞣制皮革的方法。到了清代，穿着毛皮服装成为达官贵人们的一种风尚。在近代，我国形成了著名的皮毛集散地——河北的辛集，辛集的皮革产业兴盛于清代，到了民国时期辛集的皮革不仅仅满足国内需求，还远销欧亚和美洲地区。

相关链接

● 裘皮、毛皮、皮草叫法的来历

裘皮：早在商朝，人们用硝熟动物的毛皮来制作裘皮服装，并且“集腋成裘”，制成一件华丽的狐裘大衣，所以北方一直习惯称作“裘皮”。

毛皮：在旧上海的殖民地，很多意大利商人在上海开设了毛皮店，并用英文标注为“FUR”，翻译过来就叫“毛皮”，这种叫法在上海一直沿用至今。

皮草：粤方言词“皮草”中的“草”就是“不毛之地”中的“毛”，“草”和“毛”是同义语素。所以“皮草”指的就是“皮毛”。

2. 生皮的结构

裘皮的原料虽然取自不同的动物，但这些毛皮的基本组织结构是相同的。如图 4—31 所示，利用显微镜观察皮板的纵切面，可以看到生皮由覆盖在动物体外的毛被和毛被下面的毛板组成。生皮的毛被分为针毛、粗毛和绒毛，针毛长且生长数量少，呈针状、有光泽、弹性好；绒毛数量较多，短而且密；粗毛的数量与长度介于针毛和绒毛之间，其上半段像针毛，下半段像绒毛。绒毛因为长度短，所以一般隐藏在针毛与粗毛中，起保暖的作用；针毛与粗毛展现出毛被的颜色和光泽，起防水的作用。

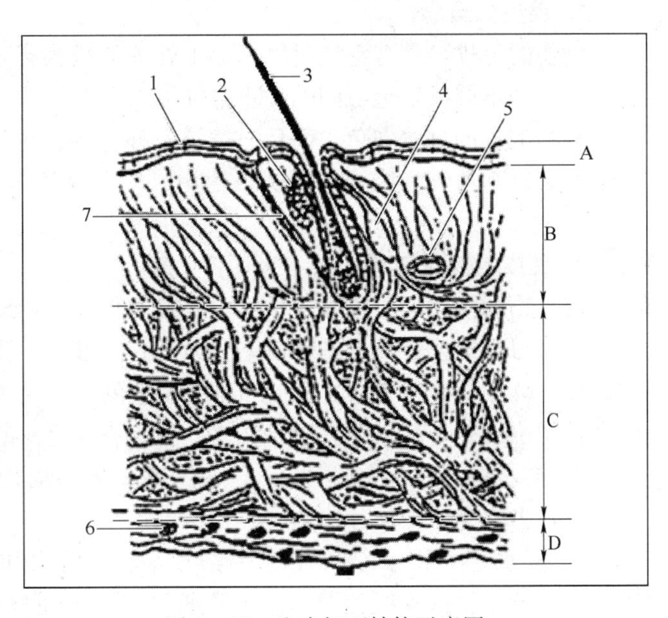

图 4—31　生皮切面结构示意图

1—表皮　2—脂腺　3—毛　4—汗腺　5—血管

6—脂肪细胞　7—竖毛肌

A-表皮层　B-乳头层　C-网状层　D-皮下层

生皮的皮板分为表皮层、真皮层及皮下层，真皮层又分为乳头层和网状层。表皮层厚度是总皮厚度的 0.5%～3%，表皮层由角质细胞组成，角质层对水、酸、碱和有机气体等有较强的抵抗，起保护动物体的作用。真皮层是原料皮的基本组成部分，也是鞣制成革的部分，占全皮重量的90%～95%。真皮层分为两层，上层呈粒状结构，叫乳头层。表皮层去掉后，乳头层就露在外面，成为皮革的表面，俗称“粒面”。乳头层的下一层是网状层，由纤维状蛋白质构成，包括胶原蛋白纤维、弹性纤维和网状纤维，呈网状交错状态。胶原蛋白纤维占真皮纤维的95%～98%，决定了毛皮的结实程度，它对温度较为敏感，高温下易熔解形成胶质。弹性纤维占真皮的0.1%～1%，伸长性能较好。网状纤维在真皮中数量很少，有耐热水、酸和碱的作用。皮下层由编织疏松的胶原纤维及部分弹性纤维和脂肪组织、血管、淋巴管、神经和肌肉等组成。由于皮下组织中的脂肪会妨碍化学药剂向皮内渗透，而且分解损害裘皮，所以在制革准备工艺中应尽量将其除去。

二、裘皮

裘皮作为古老而且珍贵的服装材料之一，自古以来受到人们的青睐。在古代裘皮被视为权贵与身份的象征。在当代随着生活和经济水平的提高，裘皮服装从早期的只有贵族阶层享用日益走进平民大众，裘皮的材料也日益多样化，从兔、羊等中低档裘皮到貂、狐狸等高档裘皮，裘皮已成为服装设计与生产用材的主流。近些年还出现了人造裘皮，它们不但在外观上与真皮相仿，穿戴舒适性与可保管性优良，而且大大降低了裘皮的生产成本，保护了生态环境。

1. 裘皮的概念

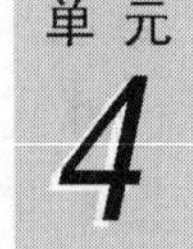

动物的毛皮，带着毛经过鞣制加工处理后成为裘皮。裘皮是防寒服装理想的材料，它的皮板密不透风，毛绒间的静止空气可以保存热量，保暖性强。裘皮服装在外观上保留了动物毛皮的自然花色，而且通过挖、补、镶、拼等缝制工艺形成绚烂多彩的花色。裘皮服装以其透气、吸湿、保暖、耐用、华丽高贵等优点，自古以来就为人们穿用的珍品。

2. 裘皮的制作工艺

将动物的生皮加工成裘皮是一个复杂的化学和物理过程，需要经过几十道甚至上百道工序。习惯上把裘皮的制作工艺分为鞣制前准备、鞣制和整饰三部分。

（1）鞣制前准备工艺。鞣制前准备工艺的目的是为裘皮的鞣制做好准备工作，其工序为：初步加工→浸水→去肉、洗皮、脱脂→脱毛→酸软化。

1）初步加工。首先按照最终产品的需要去除动物的头部、腿部或尾部，其次是整理毛体，去除毛体中的一些杂质。

2）浸水。浸水有三种方法：一般浸水、盐浸水和酸浸水。原料在储存过程中会失去部分水分，使得皮板变薄、变硬，通过浸水会使皮板变软，皮中纤维恢复到鲜皮状态，同时浸水还可洗去生皮上的污物。

3）去肉、洗皮、脱脂。去肉的方法有两种：一种是机械去肉，另一种是手工去肉。该工序的目的是去除皮下组织，拉伸皮纤维。洗皮的主要目的是去除毛被上的油污和污物，除去皮板上的部分油脂。脱脂的主要目的是去除皮板上的油脂，通常采用机械脱脂法、皂化脱脂法、乳化脱脂法等。

4）脱毛。有的裘皮在制作过程中需要局部脱毛，一般脱毛方法有碱化法、酸化法和氧化法。

5）酸软化。将动物的毛皮放入酸性溶液中进行软化，主要目的是去除纤维间质，增加纤维之间的空隙，破坏皮板中弹性纤维和肌肉纤维组织，调节皮板 pH 值，为鞣制创造条件。

（2）鞣制工艺。经过鞣制前准备工艺一系列处理后，动物的毛皮中无用的组织和成分等被去除，但由于胶原链被破坏，皮纤维的结构也变得松散，毛皮的稳定性变差。鞣制工艺就是利用化学药品与胶原分子反应，使分子链间建立交联，以提高皮板结构的稳定性，使生皮变为熟皮。鞣制的方法有很多种，根据使用的化学药品可分为铬鞣（铬盐）、铝鞣（明矾、硫酸铝、氯化铝）、甲醛鞣（甲醛）、油鞣（踢皮油）、植物鞣（栲胶）等。

（3）整饰工艺。鞣制后还需对毛皮进一步处理，生皮种类不同，其整饰工艺也不同。整饰工艺包括湿整理和干整理两部分，湿整理包括复鞣、染色、加油（脂）等工序，干整理包括干燥、涂饰等工序。

1）复鞣。鞣制过后，为了进一步提高毛皮的稳定性，有时还需要对其进行复鞣，但复鞣工序所用药品的配方、用量与操作方法与鞣制工序有所不同，其主要是对鞣制工序的一个补充。

2）染色。贵重的动物毛皮一般不需要染色，人们尽量保持其原有的色彩，但为了满足消费者对普通毛皮外观颜色的需求，还需要对毛皮进行染色。常用于毛皮染色的染料有酸性染料、金属络合物染料、活性染料、氧化染料等。

3）加油（脂）。为提高皮纤维间的润滑性、耐折性，提高皮板的防水性，改善毛被的光泽及手感等，通常采用乳液对毛皮进行加油脂。加油脂往往在多个阶段完成，可在鞣制前加油脂，也可在复鞣与染色后加油脂，也可仅在染色后即加油脂。

4）干燥。干燥是指在一定的温度下，将毛皮中的多余水分去除，干燥后皮板中的鞣制的化学药品、染料与皮中的蛋白质进一步结合，皮板的结构更加稳定。常用的干燥方法有挂晾干燥、钉板干燥及真空干燥等。

5）涂饰。半脱毛的毛皮产品需要对其没有毛的部分进行涂饰，而没有脱毛的产品则不需要涂饰。

3. 动物裘皮的分类及用途

在我国裘皮的主要来源是人工饲养动物的毛皮，其次是野生动物的毛皮，从保护野生动物资源的角度出发，我们应该提倡多采用人工饲养动物的毛皮。动物的毛皮按毛皮皮板的厚薄、毛被的长短及外观质量可分为四大类，分别是小毛细皮、大毛细皮、粗毛皮和杂毛皮。

（1）小毛细皮。小毛细皮属于高级毛皮，其毛被短而细密柔软。

1）水貂皮。水貂皮是珍贵的高档毛皮，有“裘皮之王”的美称，是国际裘皮市场三大支柱产品之一。水貂皮的毛被中针毛均匀平齐、富有光泽，绒毛稠密细软，色泽圆润，皮板轻柔、紧致、有韧性，保暖性能好（见图 4—32）。水貂主要产于丹麦、挪威、瑞典、美国、中国等国家。水貂皮多用来制作高档的翻毛大衣、皮帽、皮袖等。

图 4—32　水貂和水貂皮

2）旱獭皮。旱獭又叫土拨鼠，形似兔子，属于啮齿目松鼠科。其毛被中脊呈褐色，毛根为黑色，毛干为灰色，毛尖为褐黄色。毛皮细软而富有光泽，为中等制裘原料，适于制作裘皮服装、帽子（见图 4—33）。旱獭在我国的内蒙古、新疆、甘肃等地均有分布。

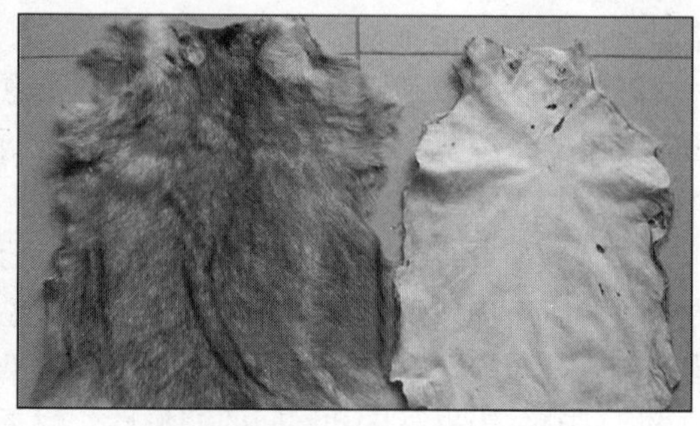

图 4—33　旱獭和旱獭皮

3）紫貂皮。紫貂体毛呈黑褐色，头部颜色较浅，其皮毛御寒能力极强。紫貂分布于中国、芬兰、日本（北海道）、韩国、朝鲜、蒙古、波兰、俄罗斯联邦等国，在中国只产于东北地区，与人参、鹿茸并称为“东北三宝”（见图 4—34）。野生紫貂已经被列入《世界自然保护联盟》（IUCN）2008 年濒危物种红色名录 ver 3.1——低危（LC）。在我国，《中国国家野生动物保护法》已将紫貂列为国家 I 级重点保护动物。紫貂皮毛的针毛粗长，色泽光润，毛被细软，皮板细腻，结实耐用，绒毛丰厚，华美轻柔。紫貂皮历来被视为珍品。

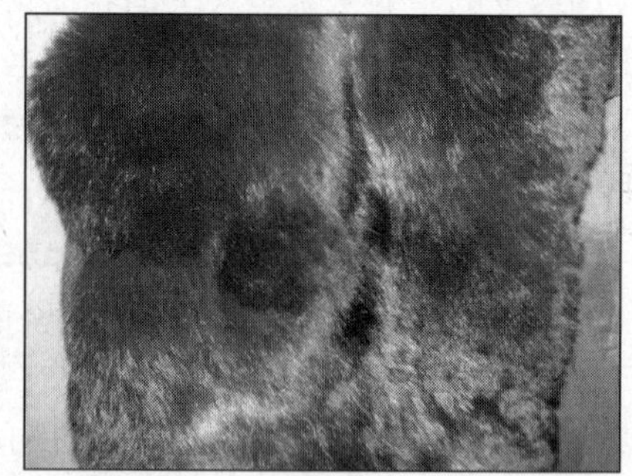

图 4—34　紫貂和紫貂皮

4）水獭皮。水獭属于肉食目鼬科动物，趾间有蹼，半水栖兽类，身体呈流线型，主要分布在亚洲、欧洲和非洲。野生水獭在我国属于国家重点二级保护动物，被列入《华盛顿公约》CITESⅠ级保护动物，被列入《世界自然保护联盟》（IUCN）2012年濒危物种红色名录ver 3.1—近危（NT）。水獭毛皮中的针毛很粗糙、无光泽，但拔掉针毛后下面的底绒细柔、色泽美观，不易被水浸透。总体来说水獭的毛皮松软厚足、耐用性好，皮板坚韧柔软（见图4—35）。用水獭皮制作的皮大衣、皮帽、皮领等，不但美观耐用，而且御寒性能强。

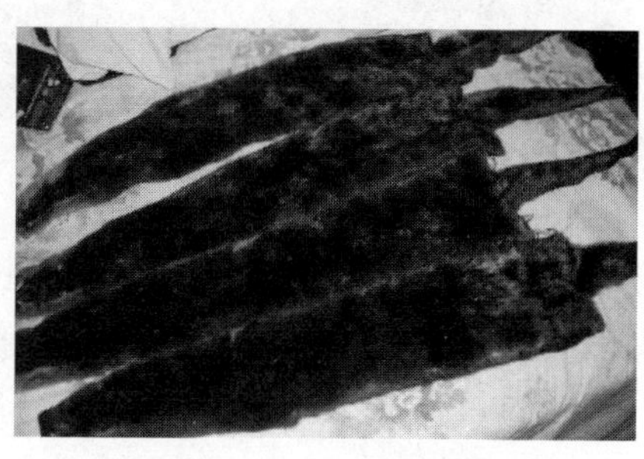

图4—35　水獭和水獭皮

（2）大毛细皮。大毛细皮是指皮板的张幅大、毛被长的高档毛皮，一般情况下这类毛皮用于制作皮毛、长短大衣、斗篷等。

1）狐皮。狐狸毛皮的生产国依次是芬兰、挪威、波兰及俄罗斯。狐狸分为红狐狸、白狐狸、灰狐狸、银狐狸、东沙狐、西沙狐等。在我国的很多地区都有分布，各地自然条件不同，狐狸的皮板、毛被及颜色等也有非常大的差异。狐皮是长毛细皮品种的代表，其中以蓝狐和银狐的皮最为珍贵。总体规律是北方狐狸皮品质较好，细绒足、皮板厚而软、断裂强力高；南方狐狸皮毛绒短、无光泽、皮板薄且干燥。狐狸皮多用来制作女士披肩、围巾、外套及斗篷等，如图4—36所示。

图4—36　狐狸和狐狸皮

2）貉子皮。貉子的脊背部呈灰棕色，有竹节纹或黑色纹，其皮毛中的针毛粗糙散乱、颜色不一，但除去针毛后其绒毛高绒足、毛细而柔软且具有很好的光泽，耐磨性能好，皮板结实，保暖性能好（见图4—37）。在我国的东北、湖北、江西、云南均有对貉子的人工养殖。貉子皮是珍贵的细毛皮，主要制作高档的帽子、女士披肩、围巾、外套、斗篷等。

图 4—37　貉子和貉子皮

3）狸子皮。狸子属肉食猫科动物，头长而嘴尖，尾巴长且有大小不一的黑色白环。狸子毛皮的基部为灰色、中部为白色、尖端为黑色，周身有明显的黑色花点，绚丽夺目，底色呈黄褐色，拔去针毛后，其毛绒细密，皮板厚实、绒毛防寒性能好，如图4—38所示。

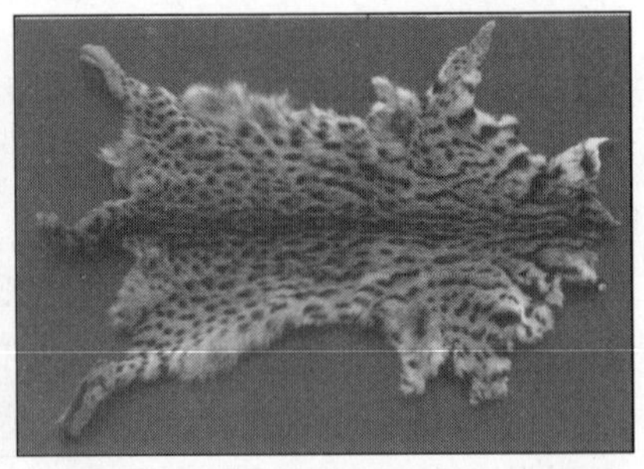

图 4—38　狸子和狸子皮

4）獾皮。獾主要分布在欧洲和亚洲大部分地区，属于食肉目鼬科动物。通常獾的毛色为灰色，下腹部为黑色，脸部有黑白相间的条纹，耳端为白色。獾的背部针毛长而光亮，其根部呈白色，毛干呈棕色，毛尖呈白色。獾的毛皮皮板坚固，有韧性，耐磨性能和保暖性能好，如图 4—39 所示。

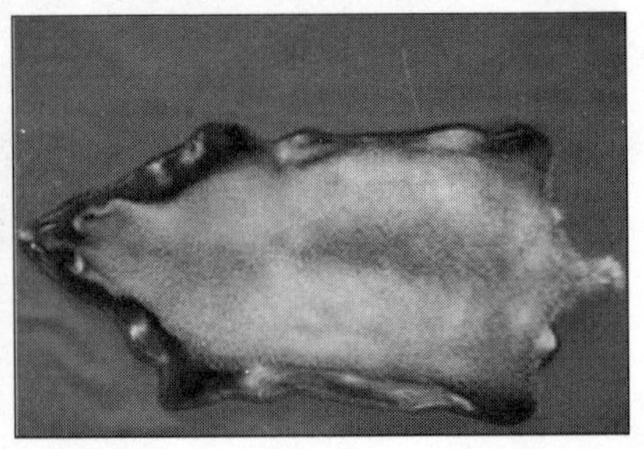

图 4—39　獾和獾皮

(3) 粗毛皮。粗毛皮是毛长、张幅较大的中档毛皮，主要用来制作帽子、长短大衣、坎肩及褥垫等产品。

1) 羊毛皮。羊毛皮可分为绵羊毛皮和山羊毛皮。

绵羊毛被上的毛呈弯曲状，颜色为黄白色，皮板结实柔软。绵羊在世界上分布范围极广，由于产地、气候、饲料、品种的不同，其毛皮各具特色：内蒙古的绵羊毛皮含脂多、毛被发达；西藏的绵羊毛皮上的绒较长、弹性好；新疆的绵羊毛皮皮板均匀，毛细密、弹性好、有光泽；澳大利亚的美利奴绵羊的毛细密、弹性好、有光泽，皮板较厚；美国的绵羊毛皮张幅较大，皮板厚实，光泽较差；荷兰的绵羊毛皮厚实，但毛较粗（见图 4—40）。绵羊的毛皮主要用来制作帽子、坎肩、衣服的里子及褥垫等。

山羊的毛皮具有皮板张幅大，柔软而坚韧的特点。去除针毛只剩绒毛的山羊毛皮一般用来制裘，未去除针毛的山羊毛皮多用来制作衣领或衣服的里子。

图 4—40　山羊和绵羊

2) 狗毛皮。狗毛皮具有毛被厚、皮板韧性好、杂色多、保暖性好、防风等特点。狗毛皮适合做皮袄、护膝和马甲等产品。不同地区和品种的狗毛皮也各具特点：总的来说我国南方产的狗毛皮毛绒较为平坦，皮板较薄；北方产的狗毛皮绒毛较多，皮板厚而强壮。

(4) 杂毛皮。杂毛皮具有毛色杂、皮质较差、产量较多的特点，主要用于制作中低档的服装或服装的辅料。

1) 兔毛皮。普通家兔毛皮的毛被由针毛和绒毛组成，底绒丰满、平顺，针毛较粗、稠密，皮板较薄。普通家兔的养殖简单且总量大，因此毛皮相对便宜，多用于制作低档产品，如衣帽、儿童大衣、皮领及服装上的滚边。

2) 獭兔毛皮。獭兔全身 95%的毛被由细而短的毛绒组成，其毛皮具有毛被光滑、柔软、光泽如丝绸、耐磨性和弹性好等特点，因此其毛皮的价格比普通家兔高出很多倍，如图 4—41 所示。

4. 人造裘皮的分类

随着人类社会文明的进步，人们开始追求奢华的生活，在服装上主要表现为对裘皮服装的需求与日俱增。对野生动物的滥杀，致使一些野生动物濒临灭绝，野生动物毛皮日渐珍贵，价格不断上涨。与此同时，随着动物保护意识的增强，一些动物保护组织及

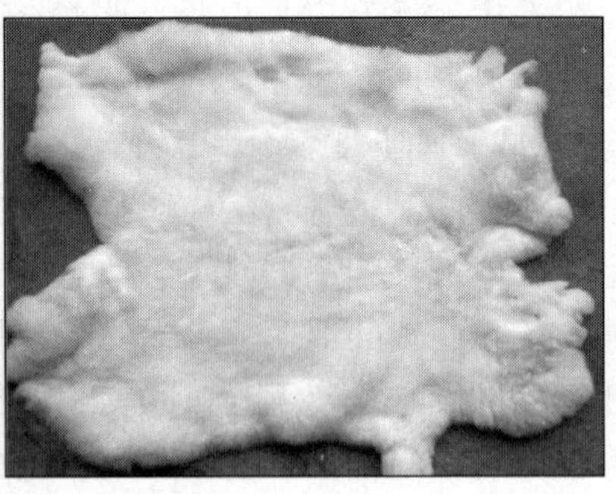

图 4—41　獭兔和獭兔皮

有关人士不仅极力反对捕杀野生动物，而且反对穿着人工饲养的动物毛皮。在这种背景下人造毛皮应运而生，人造裘皮是指以纺织纤维为原料，经织造及后加工处理生产出的外观类似天然毛皮的毛绒织物。人造裘皮按照加工方法可分为三种，分别是机织人造裘皮、针织人造裘皮和人造卷毛裘皮。

与动物裘皮服装相比，人造毛皮服装具有四大显著特征：经济性好、质量稳定、仿真度高、易于加工。人造裘皮材料面宽幅大、便于染色与缝制，材料多为相对便宜的纺织纤维，其成品的价格仅仅是动物裘皮价格的 20%～50%，是一种经济实用的秋冬季服装材质；人造裘皮材料是工业化生产的产物，其密度、皮毛厚度与高度都有可控指标，相对于来源多样化的动物裘皮，人造裘皮材料具有更好的质量稳定性；随着科技的进步，电子数码技术使得人造裘皮可以很容易地模仿自然动物毛皮的纹样，人造毛皮服装不仅可以模仿裘皮材质展现高贵、奢华的服装风格，而且还能展现休闲、时尚、个性等不同风格；人造裘皮制造所采用的机织工艺或针织工艺都是在现有纺织工艺基础上经过简单的技术改造而成的，因此人造裘皮易于加工。

（1）机织人造裘皮。机织人造裘皮多采用经起绒组织，采用双层分割法制成（见图 4—42）。该织物的结构为：经纱为表地经、绒经，纬纱依次与表、里地经交织形成两层地布；起毛经纱位于两层地布之间，与上下纬纱同时交织；两层地布间距离为两层绒毛高度之和，割绒后形成两层独立的经起毛织物。制成的长毛绒织物适于制作男女服装，多数可用来制作女装和童装的表里用料、帽料、大衣领等。近年来还用于沙发绒、地毯绒、皮辊绒及汽车和航空工业用绒等。

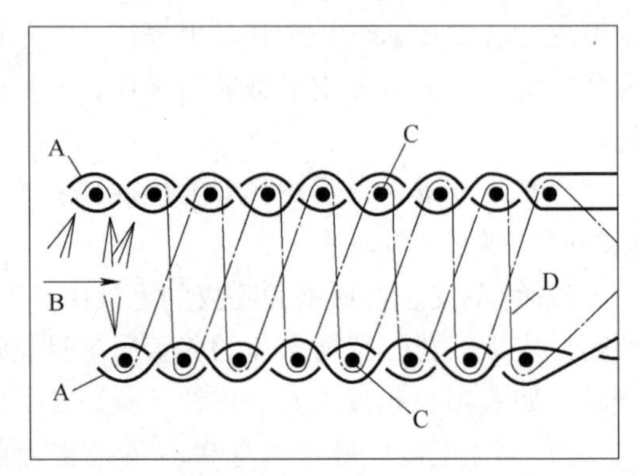

图 4—42　机织物经起绒双层织物

A—地经纱　B—割绒处　C—纬纱　D—绒经

（2）针织人造裘皮。采用纬编工艺或经编工艺生产出的外观类似天然毛皮的毛绒织物叫作针织裘皮。针织裘皮按照工艺可分为纬编裘皮和经编裘皮。

纬编裘皮多在针织机上用长毛绒组织织造而成。长毛绒组织是指在编制过程中将纤维束与地纱一起喂入进而编织成圈，同时纤维以毛绒状附在针织物表面的组织（见图4—43）。纬编工艺生产的裘皮织物具有手感柔软、保暖性和耐磨性好、比重比天然裘皮小、不易被虫蛀等优点，主要用来制作服装、动物玩具、拖鞋、装饰织物等。

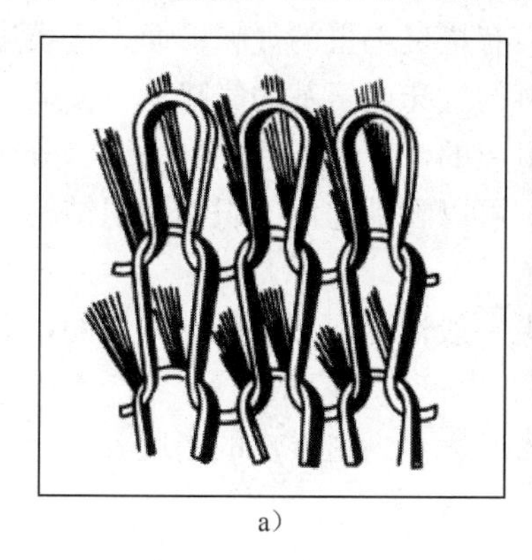
a）

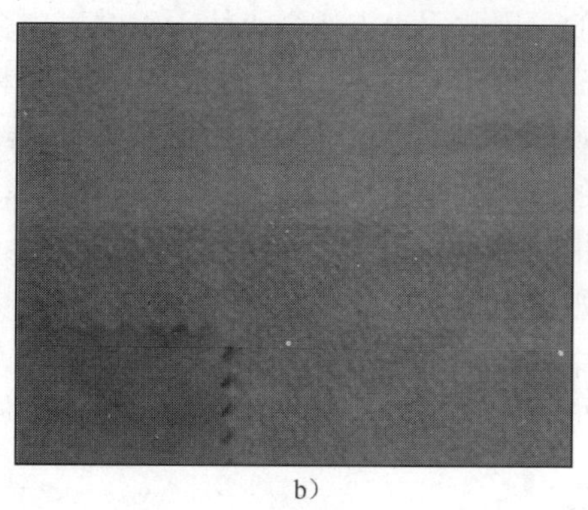
b）

图4—43　纬编织物示意图及其织物面料图

a）长毛绒组织示意图　b）纬编起绒织物面料图

经编起绒织物常以涤纶丝等合成纤维或粘胶长丝为原料，使用拉舍尔经编机，用编链组织与变化经绒组织织造而成。面料经拉毛工艺加工后，外观似呢绒，绒面丰满，布身紧密厚实，手感挺括柔软，织物悬垂性好，织物易洗、快干、免烫，但在使用中静电积聚，易吸附灰尘。经编起绒织物有许多品种，如经编麂皮绒、经编金光绒等（见图4—44）。经编起绒面料主要用来制作冬季男女大衣、风衣、上衣、西裤等。

（3）人造卷毛裘皮。人造卷毛裘皮是指将织物的表面绒毛加工成卷毛状态，形成模仿羊羔裘皮外观的人造裘皮。按照加工的方式可分为两种，一种是采用胶粘法，在各种机织、针织或无纺织物的底布上粘满仿羔皮的卷毛纱线，从而形成具有天然毛皮外观特征的人造裘皮，其表面有类似天然的花绺花弯，毛绒柔软，质地轻，保暖性和排湿透气性好，不易被腐蚀，易洗易干，被广泛应用在各个方面；另一种是以热塑性化学纤维为原料（如涤纶纤维等），经过热收缩、定型处理后得到的人造裘皮，如图4—45所示。

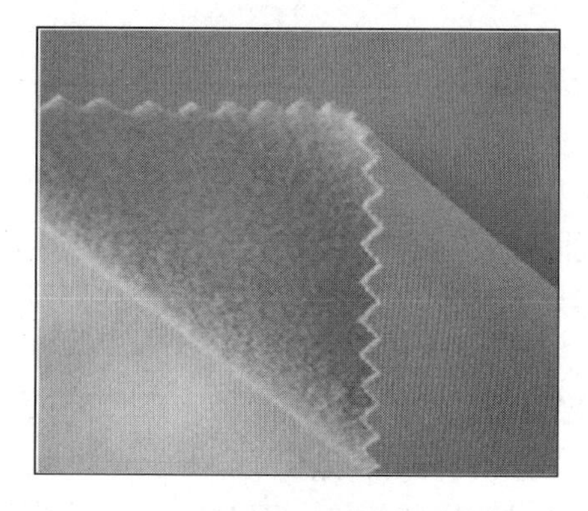

图4—44　经编织物面料图

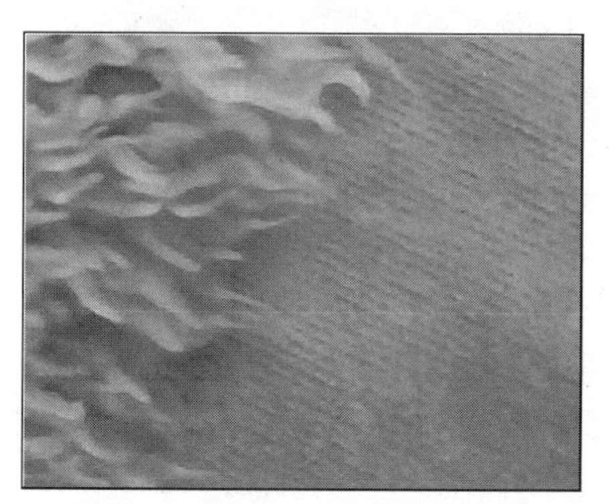

图4—45　人造卷毛裘皮

5. 裘皮的鉴别

一般情况下天然裘皮与人造裘皮有以下几种鉴别方法：

（1）燃烧法。天然裘皮的皮板是由细微的蛋白质纤维构成的，其毛被也是由蛋白质分子构成的，因此用火点燃一小块天然的裘皮会有烧臭鸡蛋的气味；而人造裘皮的毛发多是由合成纤维构成的，因此用火点会有烧塑料的气味或氨基的气味。

（2）观察皮板。天然裘皮的皮板是由真皮组成的，上面的毛发是呈簇状分布的；而人造裘皮的底部则是由机织物或针织物组成的，可以看到它们的织物组织结构，毛发的分布一般情况下是均匀的。

（3）观察毛发粗细。天然裘皮的毛根与毛尖一般情况下是粗细不均匀的，而人造裘皮的毛被中的毛发则是粗细均匀的。

（4）比较密度。一般情况下，天然裘皮的密度大于人造裘皮的密度。

三、皮革

1. 皮革的概念

经过鞣制加工处理成光面或绒面的动物的皮板叫作皮革。天然皮革由蛋白质纤维构成，手感柔软，具有较好的吸湿透气性能。

皮与革的概念是不同的，皮是指动物的皮板，皮板中的皮胶原纤维在化学结构上仍与其在动物体上相同；而革则是将动物的皮经过物理及化学加工处理，除去了皮中无用的成分，并使皮板中的胶原纤维的化学结构发生变化。动物的皮是制革的原料，而革是由动物的皮制成的。

2. 皮革的制作工艺

虽然不同动物的生皮加工方法有所不同，但一般来说将生皮加工成皮革与制作裘皮一样，也需要三大步骤：准备、鞣制和整理（整饰）。

（1）准备。鞣制前的准备的主要目的是除去动物生皮上的毛被、表皮及皮下脂肪，保留真皮组织，使之符合制革工艺的要求。准备工序处理后得到的皮板叫作“裸皮”。准备有 7 道工序，分别为：浸水→脱毛→膨胀→片皮→消肿→软化→浸酸。

1）浸水。浸水的主要目的是将干燥的生皮恢复到其原有的新鲜状态，并去除生皮表面的污物。

2）脱毛。脱毛一般采用生物酶制剂，将表皮基层和毛根鞘及毛球裂解掉，主要目的是去除动物皮板上的毛被和表皮。

3）膨胀。膨胀工序是利用碱性液体处理生皮，使其中的纤维结构松散，增加皮板的厚度和弹性，为下道工序做准备，同时去除部分杂质等非必要物质。

4）片皮。片皮是对皮板进行剖层，其目的是去除生皮的皮下组织，同时把残存在皮板上的毛被清除干净。

5）消肿。消肿是指用铵盐消除生皮中过量的碱，将皮板中的含碱量降低到软化工序所需的含碱量，同时消除皮板的膨胀状态。铵盐消肿虽然成本低，但会产生大量铵盐，对环境的污染严重；而用二氧化碳则可减少对环境的污染，因此应该鼓励使用此技术。

6）软化。生皮经过前几道工序的处理后，已基本去除和破坏了对制革无用的成分，但仍有对制革无用的成分如毛根、色素等存在皮板中，因此还需进一步对皮板进行软化，松散其中的胶原纤维。该工序处理比较柔和，一般采用中性酶、弱碱性酶或弱酸性酶进行软化。

7）浸酸。浸酸的主要目的是中和前几道工序中的碱性成分，使皮板呈弱酸性，为鞣制工艺做准备。

（2）鞣制。为了固定皮层的结构，将裸皮与鞣制的化学药剂充分结合，以改变裸皮的化学成分。一般常用的皮革鞣制方法有植鞣法、铬鞣法和复合鞣制法。

1）植鞣法。植鞣法是将植物中的单宁作鞣制剂、与裸皮中的纤维结合。植鞣法得到的皮革一般呈棕黄色，皮板组织紧密，抗水性强，不易变形，不易被汗蚀，但缺点是皮革的强度较低，耐磨性与透气性差。

2）铬鞣法。铬鞣法是指用铬的化合物加工裸皮，使其成为革。常用的铬化物有重铬酸盐、铬明矾、碱式硫酸铬等。由铬鞣制而成的皮革通常呈青绿色，皮质柔软，耐磨性能好，伸缩性、透气性好，不易变质，但缺点是皮板组织不紧密，切口不光滑。

3）复合鞣制法。复合鞣制法是指同时采用两种或两种以上的鞣制方法，可以克服不同鞣制方法的缺点，做到取长补短。常用的复合鞣制法为铬—植复鞣法。

（3）整理（整饰）。该工艺的主要目的是对皮革进一步加工，以改善其外观。整理（整饰）工艺分为湿态整理和干态整理。

1）湿态整理。皮革的湿态整理步骤为：水洗→漂洗（漂白）→削匀→复鞣→填充→中和→染色→加脂。

①水洗。其主要目的是去除前道鞣制工序中的化学药剂以及在鞣制过程中熟皮掉落的一些影响皮革质量的杂质。

②漂洗（漂白）。如果需要制作白色或浅颜色的皮革制品则需要漂白，并对水洗后的熟皮进一步清理。

③削匀。其目的是对前道工序中熟皮厚度不匀的地方进行修整。

④复鞣。其主要目的是弥补熟皮在鞣制过程中的某些不足和缺陷，进一步提高皮革的最终品质。

⑤填充。在皮革中加入化学药剂，使皮革更富有弹性、更饱满，并提高其耐热性。

⑥中和。其主要目的是中和掉皮革中多余的酸。

⑦染色。皮革的染色因皮革的品种和工艺要求的不同而不同。铬鞣工艺制出的皮革可用酸性染料；植鞣工艺制出的皮革只能用活性染料或碱性染料。

⑧加脂。为了增加皮革纤维的柔韧性和强度，需要对染色后的皮革进行加脂。加脂分为涂油、浸油和乳液加油。皮革的鞣制工艺不同，加脂方法也不同，铬鞣的需用浸油法加脂，植鞣的需用涂油法加脂。

2）干态整理。干态整理是皮革加工的最后一道工序，其主要作用是调节皮革中水分的含量，使其满足后道皮革制成品的需要。干态整理分为平展晾干、干燥、涂饰等步骤。

①平展晾干。其目的是使皮革的表面平整，去除皮革中的部分水分。

②干燥。干燥是去除皮革中过多的水分，并使鞣制过程中的化学药剂与皮中的胶原纤维进一步结合，使皮革性能更加稳定。

③涂饰。该工序的主要目的是改善皮革粒面的细致程度，掩盖粒面的缺陷，提高皮革的色泽牢度和光亮度。涂饰使用的化学原料主要有成膜剂、着色剂及光亮剂。

3. 皮革的分类及用途

（1）猪皮革。猪皮革的毛孔粗大且倾斜，由三个毛孔组成一组，呈“品”字形排列，毛孔的皮面出口呈喇叭口形，凸起明显，粒面凹凸不平。不同部位的猪皮差异较大，臀部皮板最厚，纤维束较紧密；腹部最薄，纤维束较疏松（见图 4—46）。猪皮革多用于制作衣料、男女鞋子、手套、箱包等。

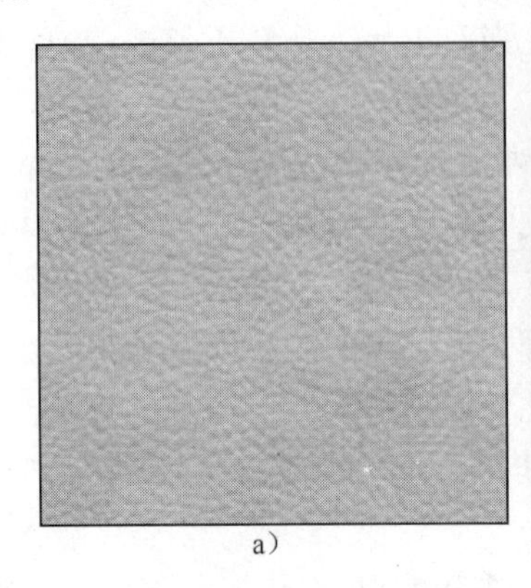
a）

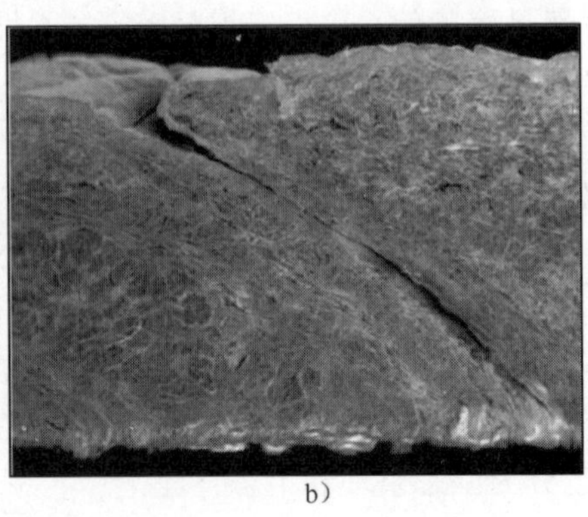
b）

图 4—46　猪皮革粒面和横截面图

a）猪皮革粒面　b）猪皮革横截面

（2）羊皮革。羊皮革分为绵羊皮革与山羊皮革。绵羊皮革的表面层较薄，网状层厚度超过粒面层，并且其中的纤维较细，脂肪含量较高，皮板厚度较为均匀；山羊皮革的粒面较细，毛孔呈扇圆形，并且倾斜深入皮革内，表面几乎没有皱纹，脂肪含量比绵羊皮革少，不同部位的山羊皮革的厚度差异较大（见图 4—47）。羊皮革多用于衣料、鞋子、帽子、手套、背包的制作。

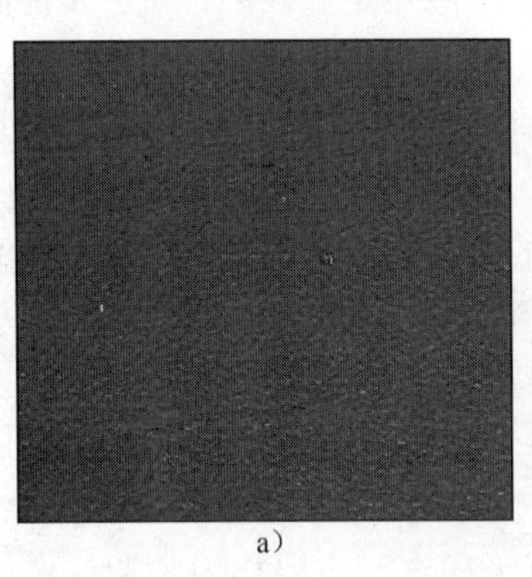
a）

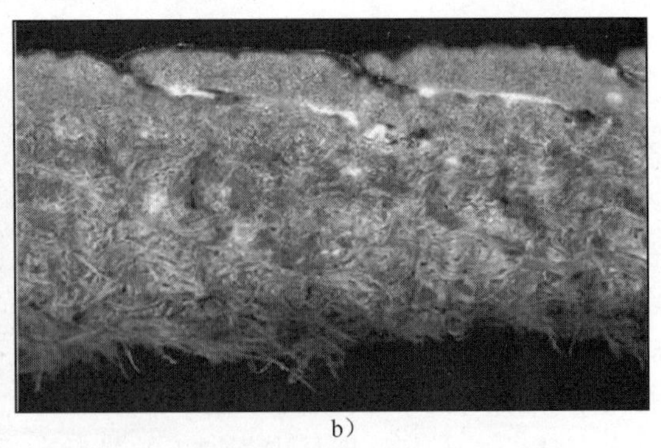
b）

图 4—47　皮革粒面和横截面图

a）羊皮革粒面　b）山羊皮革横截面

(3) 牛皮革。牛皮分为水牛皮和黄牛皮。不同部位的牛皮革的品质差异也较大，一般情况下脊背部的皮质最好。黄牛皮耐磨耐折，粒面细，毛孔分布密、孔径细，皮面皱纹少，皮中脂肪含量少，各部位的黄牛皮的皮质差异较小；水牛皮不耐折，其粒面粗且坚硬，毛孔分布稀少但孔径较大，皮板较厚，皮中脂肪含量多，不同部位的水牛皮的厚度差异较大。牛皮革常常用于制作衣料、皮带、鞋子、箱包、手套、家具（如床、沙发、椅子等）的包覆材料。

通常情况下牛皮的厚度约 4 mm，可以分割成 3～6 层，制成非常轻薄的皮革材料。头层皮即带有粒面的牛皮革，质量最好，皮革强度也最高；二层皮的质量稍差，强度稍低，经过特殊的工艺处理可形成粒面，但其表面的耐磨性不好，如图 4—48 所示。

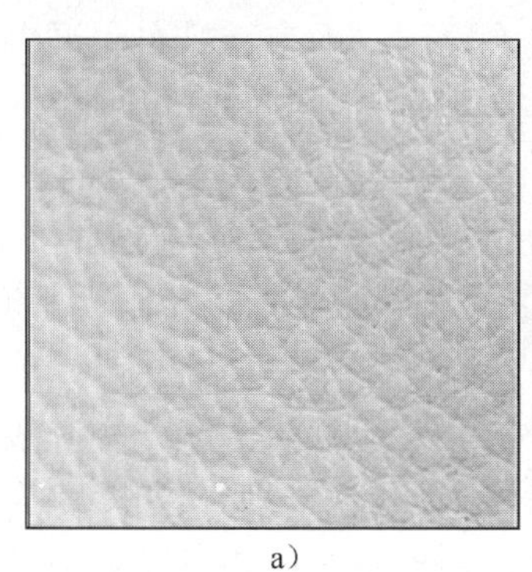

a）

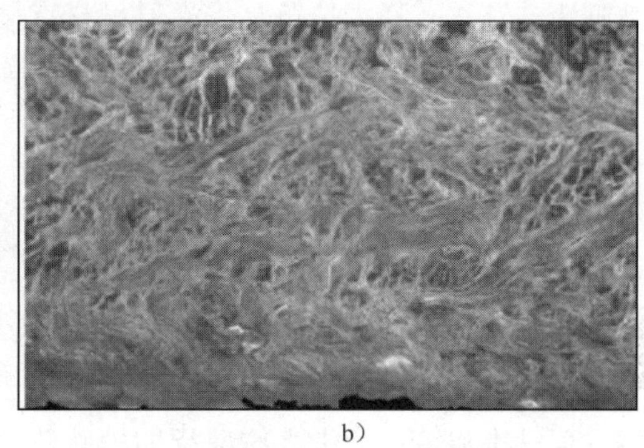

b）

图 4—48　牛皮革粒面和横截面图

a）牛皮革粒面　b）牛皮革横截面

(4) 马皮革。马皮的粒面光滑细致，毛孔呈椭圆形且孔径较大，毛孔组呈波浪形排列。马皮的前身皮较薄，手感柔软，吸湿透气性好（见图 4—49）；马皮的后身结构厚实，透气吸湿性较差，抗折性能差。由于前身皮与后身皮性能的差异，其用途也不同：前身皮多用于服装、箱包等的制作，后身皮多用于鞋子的制作。

(5) 蛇皮革。蛇皮具有柔软、粒面致密轻薄、弹性好、耐折等特点（见图 4—50）。蛇皮革多用于制作箱包或服装等。

图 4—49　马皮革粒面图

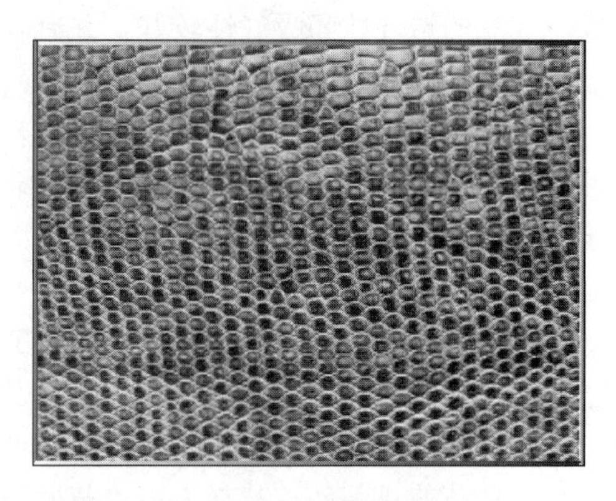

图 4—50　蛇皮革粒面图

4. 人造皮革的分类

人造皮革又叫仿皮或胶料，是由人造合成材料制得的外观上模仿动物皮革的材料的总称。人造皮革具有厚薄均匀、张幅大、裁剪简单、价格低廉等优点，但其透气与吸湿性能差，因此人造皮革产品的舒适性不如天然皮革。但近几年随着技术的进步，人造皮革舒适性有了很大改善，逐渐为人们所接受。

人造皮革按照制造的材料，主要分为四种，分别是聚氯乙烯人造革（PVC）、聚氨酯合成革（PU）、聚酰胺合成革（PA）及聚烯烃合成革。

（1）聚氯乙烯人造革（PVC）。聚氯乙烯人造革是第一代人造革，它是将由聚氯乙烯、增塑剂及其他辅料组成的混合物涂覆或贴合在基材上，加工而成的。聚氯乙烯人造革又分为普通人造革、发泡人造革和绒面人造革。

1）普通人造革。普通人造革是将涂层材料直接涂覆到以平布、帆布、再生布为基底的织物上，其成品手感较硬、耐磨。普通人造革主要用于制作耐磨包装袋、保护手套等。

2）发泡人造革。发泡人造革是将含有发泡剂的糊料涂覆到针织织物上，在凝胶化时发泡形成微孔结构，其成品质轻、手感丰满、柔软。发泡人造革多作为手套、包、袋、服装等产品的材料。

3）绒面人造革。绒面人造革，又称人造麂皮。绒面人造革的生产方法有很多，一种是采用静电植绒的方法，在经过涂胶的底布表面均匀地布满一层长度为 0.5～1.0 mm的合成纤维短绒，产生天然麂皮的绒状效果，适于制作包装袋及装饰品；另一种是将超细纤维经过经编工艺和拉绒工艺处理，在织物的表面形成致密的绒状外观，具有柔软、轻便、透气性良好等特点，常常用作各种服装材料。

（2）聚氨酯合成革（PU）。聚氨酯合成革是在织物上涂覆一层具有微孔结构的聚氨酯材料制作而成的。聚氨酯合成革最常见的产品为聚氨酯人造麂皮，它以由超细纤维制成的非织造布为基底，表层涂以聚氨酯合成材料，涂覆层经起毛辊起毛并拉伸，可制得卷曲绒面革，可用来制作运动鞋的包头和镶边材料。

（3）聚酰胺合成革（PA）。聚酰胺合成革是将尼龙 6 或尼龙 66 涂覆在织物上制成的具有连续泡孔性结构的制品。由于聚合物聚酰胺的吸湿性优于其他合成材料，因此其合成革成品的透气性和吸气性较好，并有较好的外观与手感，常用于制作箱子与提包等产品。

（4）聚烯烃合成革。聚烯烃类人造革，多以低密度聚乙烯为涂覆的主要原料，掺杂改性树脂、交联剂、润滑剂、发泡剂等材料制成。这种人造革质轻、挺实、表面滑爽，用于制作皮包、手袋等产品。

5. 再生皮革

再生皮革是将各种动物的废皮及真皮的下脚料粉碎，与天然橡胶、树脂和其他原料混合，将其压缩成滤饼；将滤饼加热，使其表层的纤维熔化具有黏性，将各层挤压、黏合、脱水成型，晾干、切片、压花及表面处理后得到的一种材料。

再生皮革兼具天然皮革与人造皮革的特点，再生皮革具有一定的吸湿透气性，表面加工工艺同真皮的修面皮、压花皮一样，其特点是皮张边缘较整齐、利用率高、价格便宜，但皮身一般较厚，强度较差，只适宜制作平价公文箱、拉杆袋、球杆套等定型工艺产品和平价皮带等产品。

6. **皮革的鉴别**

真皮革是指天然皮革，由动物皮加工而成。人造皮革是指合成革或其他似真皮，实际是由基本化工原料人工合成的产品。天然皮革的结构非常复杂，要想人工天衣无缝地制造出来，在现有的技术条件下是极困难和不经济实用的。天然皮革与人造皮革可以从以下几方面来加以区分：

（1）外观观察法。天然皮革的形状是不规则的，厚薄也不均匀，其表面往往或多或少、或轻或重地存有一些自然残缺，其表面光滑细致程度不一，一般边腹部松弛，全料面革有明显的毛孔和花纹，革里一般有绒头。而合成革厚度均匀，表面平滑，无自然残缺，其毛孔和花纹也很均匀，革里一般无绒头。

（2）毛孔及横截面鉴别法。要区分真皮与合成皮革比较困难，应仔细观察毛孔分布及其形状，如黄牛皮有较匀称的细毛孔，山羊皮有鱼鳞状的毛孔；天然皮革孔多且深不见底，略为倾斜；而毛孔浅显垂直的可能是合成革修饰面革。另外，从横截面上看，天然革的横断面纤维有其自身特点，各层纤维粗细有变化；而合成革的纤维各层基本均匀，表面一层呈塑料膜状。

（3）手感鉴别法。真皮手感富有弹性，将皮革正面向下弯折 90°左右会出现自然皱褶，分别弯折不同部位，折纹的粗细、多少有明显的不均匀，基本可以认定是真皮，因为真皮革由天然不均匀的纤维组织构成，因此形成的皱褶纹路也有明显的不均匀。而合成革手感像塑料，回复性较差，弯折下去折纹粗细多少都相似。

（4）气味鉴别法。天然皮革具有一股很浓的皮毛味，即使经过处理，味道也较明显；而人造革产品，则有股塑料的味道，无皮毛的味道。

（5）燃烧鉴别法。此方法主要是嗅焦臭味和看灰烬状态，天然皮革燃烧时会产生一股毛发烧焦的气味，烧成的灰烬一般易碎成粉状；而人造革燃烧后火焰较旺，收缩迅速，并有股塑料味道，烧后发黏，冷却后会发硬变成块状。

第四节 服用织物的风格

- 掌握织物风格的概念和分类，以及主观评价方法和术语
- 了解织物风格客观（仪器）评价方法
- 了解织物光泽的概念
- 掌握织物光泽的评定方法

一、织物风格的概念与分类

1. **织物风格的概念**

从广义上说，织物风格是人的感官对织物的特性所作的综合评价，是织物所固有的

物理机械性能作用于人的感官所产生的综合效应。人的感觉系统由视觉、触觉、听觉、嗅觉和味觉等构成，但表达和评价织物风格的主要感觉系统为触觉和视觉。织物风格是客观实体与主观意识交互作用的产物，是一种受包含外观和内在的一系列基本物理特性、生理、心理以及社会因素共同作用而得到的评价结果，其涉及内容和因素十分广泛。

狭义的织物风格是织物的触觉风格，又称为织物的手感，是指用手或肌肤触摸织物所产生的感觉来评定织物的特性。织物的手感主要包括织物的粗糙与光滑、柔软与硬挺、弹性好坏、轻重、厚薄、丰满与薄瘠、活络与板结等多个方面，与织物低应力下的力学性能密切相关，对织物的触感舒适性有较大影响。

织物的视觉风格是指用人的视觉器官眼睛来评定织物的特性。织物的视觉风格主要包括织物的外观形态、颜色、光泽、纹理、花型、明暗度、平整度、光洁度等，如织物的悬垂性、极光、肥光、膘光、柔和光、金属光、毛型感、绒面感、织物纹理和组织效应等都是用来定性描述织物视觉风格的。

2. 织物风格的分类

（1）按织物的服用要求。织物风格可分为外衣用织物风格、内衣用织物风格、夏季用织物风格、冬季用织物风格等。外衣用织物要求具有毛型感、布面挺括、有弹性、光泽柔和、褶裥保持性好特征等；内衣用织物要求具有棉型感，质地柔软、轻薄，手感滑爽，吸湿透气性好等特征；夏季用织物要求具有轻薄、滑爽的丝绸感或挺括、滑爽的仿麻感；冬季用织物要求具有丰满、厚实、挺括、滑糯、蓬松感等特征。

（2）按织物所采用的材料。服用织物的风格按织物所采用的材料，可分为棉型风格、毛型风格、丝型风格和麻型风格等。

1）棉型织物。棉型织物要求纱线条干均匀、捻度适中，布面光洁匀整、舒适滑爽，色泽匀净，外观细密，吸湿透气性好等。不同的棉织物还有各自不同的风格特征，如细平布平滑光洁，质地紧密；卡其织物手感厚实硬挺，纹路突出饱满；牛津纺织物柔软平滑，色点效果；灯芯绒织物绒条丰满圆润，质地厚实，有温暖感。

2）毛型织物。毛型织物要求光泽自然柔和，丰满而富有弹性，有温暖感，挺括抗皱，身骨良好，不板不烂，呢面匀净，花型大方有立体感，颜色鲜明悦目，边道平直，不易变形。精梳毛织物质地轻薄，组织致密，表面平滑，纹路清晰，条干均匀；粗纺毛织物质地厚重，组织稍疏松，手感丰厚，呢面茸毛细密，不发毛、不起球。

3）丝型织物。丝型织物要求轻盈柔软，色泽鲜艳，光洁美观，手感滑爽，有丝鸣效果，绸面平挺、丰富、致密。

4）麻型织物。麻型织物要求坚固挺括，抗弯刚度大，手感平滑爽适，外观朴素而粗犷。

（3）按织物厚度分类。织物风格可分为厚重型织物风格、中厚型织物风格和轻薄型织物风格。厚重型织物要求手感厚实、滑糯，有温暖感；中厚型织物一般质地坚牢，有弹性，厚实而不硬；轻薄型织物质地轻薄，手感滑爽，有凉爽感。

二、织物风格的评价方法

织物风格的评价方法有两种，一种是主观评定法，另一种是客观评定法。主观评定法是依靠感觉器官获得的感觉效果对织物作出风格语言评价。客观评定法是通过仪器测定织物风格有关的物理、力学量，然后与感官评价联系起来，计算得到织物风格的特性和等级。

1. 织物风格的主观评价法

（1）评价方法。织物风格的主观评定是根据人的手或肌肤触摸织物时所产生的感觉和对织物外观的视觉反应而对织物的风格作出评价，也称为手感目测的感官评定。这一方法广泛应用于精纺呢绒的检验上，具体方法可归纳为“一捏、二摸、三抓、四看”。

“一捏”是将三个手指捏住呢绒边，织物正面朝上，中指在呢绒下，拇指、食指捏在呢绒面上，将呢绒交叉捻动，确定呢绒面的滑爽度、弹性及厚薄、身骨等特性；“二摸”是将呢绒面贴着手心，拇指在上，其他四指在呢绒下，将局部呢绒的正反面反复擦摸，确定呢绒的厚薄、软硬、松紧、滑糯等特性；“三抓”是将局部呢绒面捏成一团，有重有轻，抓抓放放反复几次，确定呢绒的弹性、活络、挺糯、软硬、蓬松、抗皱等特性；“四看”是从呢绒面的局部到全幅仔细观察，确定呢绒面光泽、条干、边道、花型、颜色、斜纹等质量的优劣。最后对织物作出诸如滑糯、刚挺或柔软、丰满、活络、挺爽等语言评价。

（2）常用术语

1）活络感。活络感是指织物具有回弹性和柔软有度的弹跳性感觉，如优质毛派力司、轻薄花呢的感觉。

2）滑糯感。滑糯感是指织物的光滑性、柔软感和回弹感混合在一起的感觉，如细而柔软的羊绒的感觉。

3）丰满感。丰满感是指织物蓬松性好，且和手呈丰富的点状接触，压缩回弹好，给人以疏松丰满、温暖和厚实的感觉。否则就成了刺扎感。

4）挺爽感。挺爽感是指粗硬的纤维和捻度大的纱织成的织物表现出的硬挺和摩擦的错落感，例如，麻纱类织物手摸时具有的挺爽感觉。主要是织物表面的感触，具有一定刚度的各种织物都会有这种感觉。

5）柔软感。柔软感是指柔软度高，质感温和，没有粗糙感和蓬松，悬垂性相对较好，光泽好，硬挺度和弯曲刚度较低的感觉，如丝织绸缎的感觉等。

（3）评定结果的表示。在主观评定时，一般是集中适当的熟练人员，在一定的环境条件下对织物进行评判。每位评判人员根据其经验，对织物风格优劣给予评定。评定结果可用以下两种方法表示。

1）分档评分法。对织物风格的某项基本特性（如滑糯度、硬挺度等），以人为选定的尺度进行分档评分。例如，0～5 共分 6 档，0 分表示最差，1 分表示很差，2 分表示合格，3 分表示中等，4 分表示良好，5 分表示最优。最后得出该批织物中各个试样的某项（如滑糯度、硬挺度等）风格值。

这一评分方式较复杂，而且在评判过程中，评价尺度往往会不自觉地逐渐发生变化，导致各人评分结果往往不稳定，综合值离散大。

2）秩位评定法。是先由数名评判人员按各自的感觉对织物风格水平作出判断，对织物风格的水平由高到低顺序排队，排队顺序号1，2，3，…，n（n为织物试样总数），即为秩位数。然后将各评判人员对每种织物打出的秩位数相加得到它们的总秩位数。最后根据总秩位数对这些织物风格的优劣水平进行相对比较，作出主观评定的结果。

当同样几种织物由数名评判人员采用秩位评定法评定织物风格时，必须判断这几位评判员之间对这几种织物风格特性评定的一致程度。

（4）主观评定法的优缺点。织物风格的主观评定法优点是简便快捷，是一种自然、贴切而敏锐的评价方式，是评定织物风格的基础依据。但是，这种方法受评判人员的经验以及心理、生理、社会等因素的影响，评定结果往往因人、因地、因时而异，有一定的局限性。而且主观评定法由于缺乏理论指导和定量的描述，只能根据人的主观感觉给出评语或秩位数，数据可比性差，也很难与纺织服装技术相结合而指导和改善纺织服装的生产。

2. 织物风格的客观（仪器）评价法

通常通过测试仪器测定织物的相关物理机械性能来对织物的风格作出评价。织物风格（手感）相关的物理机械性能包括织物的拉伸、剪切、弯曲、压缩、表面摩擦等，是织物风格的主要受力与变形模式。织物风格的客观评定所采用的测试方法均以上述各项物理参数为测定基础，给出定性或定量的风格描述。

客观（仪器）评价法一般可分为三种类型：第一种是利用各种现成的测定织物单项性质的仪器来进行，如利用Instron电子强力试验仪对织物进行弯曲、剪切试验测定织物的风格；第二种是采用多机台分项测定的专用仪器来测定织物的拉伸、剪切、弯曲、压缩、表面摩擦等性能，这类方法以日本的KES-F型织物风格仪和澳大利亚的FAST型织物风格仪为代表；第三种是采用单台多指标型分项测试的织物风格仪，以国产的YG-821型织物风格仪为代表。

（1）KES-F型织物风格仪。日本KES-F系统（Kawabata's Evaluation System-Fabric——川端型织物风格评价系统）的4台由试验仪器组成，分别为KES-FB1拉伸测试仪与剪切性能测试仪（见图4—51a）、KES-FB2弯曲性能测试仪（见图4—51b）、KES-FB3压缩性能及厚度测试仪（见图4—51c）、KES-FB4摩擦及表面粗糙度测试仪（见图4—51d）。通过织物的拉伸、剪切、弯曲、压缩、摩擦、表面不平6种不同的力学行为获得与织物风格有关的16个基本力学、物理性质指标，从而对织物的风格特征作出客观的评价。

KES-F系统将织物风格的客观评定分为三个层次，分别为基本力学、物理量；基本风格，如光滑度、丰满度、刚柔度、硬挺度、挺爽度等；综合风格，如棉型感、毛型感、丝型感等。采用KES-F系统客观评定织物风格时，先测得织物的16个基本力学、物理性质指标，然后运用逐步回归方程算出织物的基本风格值（HV）与综合风格值（THV）。

（2）FAST型织物风格仪。由澳大利亚联邦科学与工业研究组织开发的FAST织物风格仪测试系统，是通过测试织物在低应力条件下的基础指标来评定织物的风格和成衣

a）

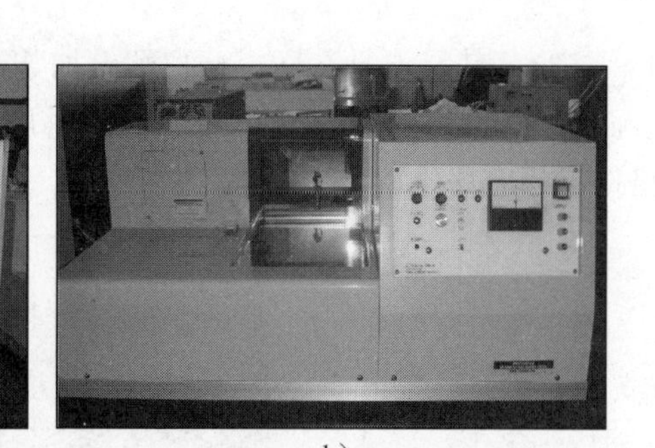

b）

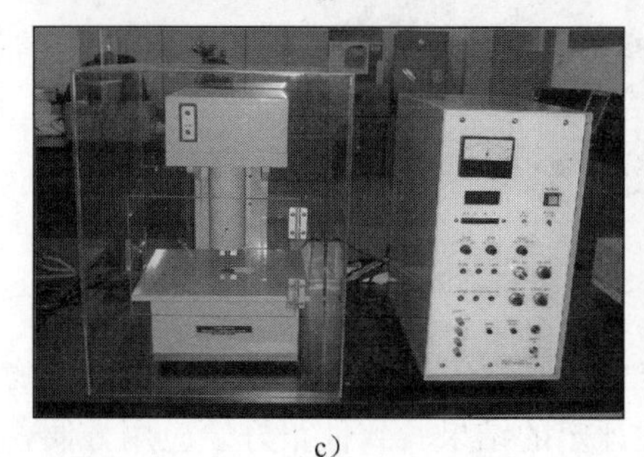

c）

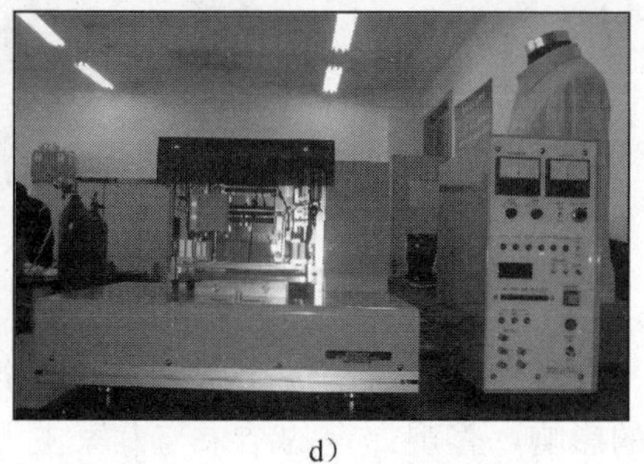

d）

图 4—51　川端型织物风格评价系统

a）KES-FB1 拉伸测试仪、剪切性能测试仪　　b）KES-FB2 弯曲性能测试仪

c）KES-FB3 压缩性能及厚度测试仪　　d）KES-FB4 摩擦及表面粗糙度测试仪

加工中的性能。FAST 系统（Fabric Assurance by Simple Testing——织物简化测试质量保证系统）由多台测试设备组成（见图 4—52），可以测得织物的松弛厚度、表观厚度、剪切刚性、弯曲刚性、低负荷拉伸性能、织物松弛收缩和湿膨胀率等 12 个物理力学特性指标。

a）

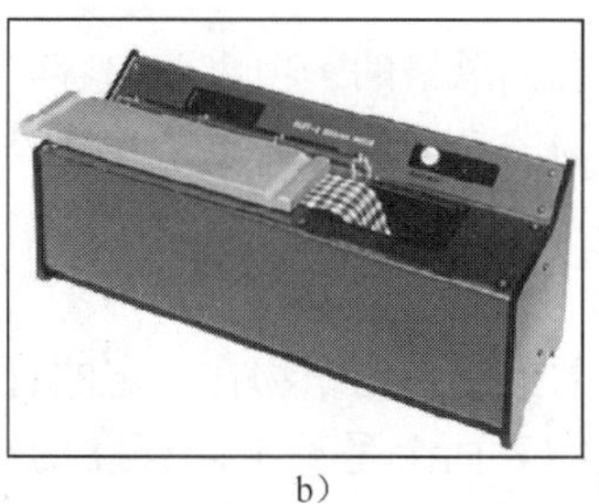

b）

c）

图 4—52　FAST 型织物风格评价系统

a）厚度测试仪　b）弯曲刚性测试仪　c）拉伸、剪切、松弛仪器

FAST 系统为服装加工和面料后整理企业提供科学的工艺修正依据。通过对织物进行 FAST 客观评价，可以预测服装外观及服用性能的优劣，提示服装制造厂该织物加工过程中的难点、潜在的问题，从而指导服装加工过程；同时客观评价数据又可反馈给织物制造厂，指导织造、染色、后整理加工。

（3）YG-821 型织物风格仪。YG-821 型织物风格仪是单机台分项式多指标型测试仪

(见图 4—53)，其特点是在同一台仪器上加装不同的附属装置，可测量织物的弯曲、压缩、表面摩擦、交织阻力、起拱变形及平整度等性能，最后由测得的各项指标数据对织物风格作出相应评价。

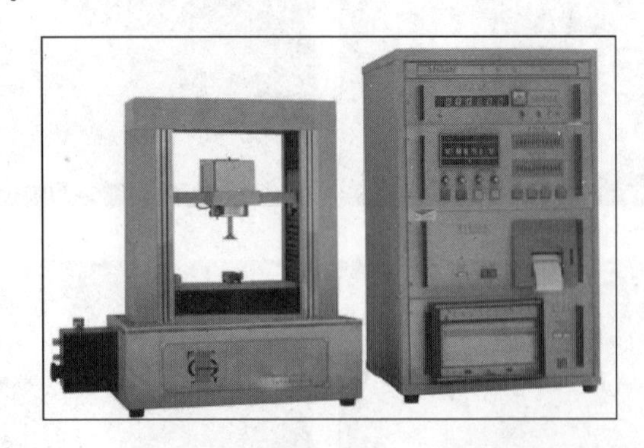

图 4—53　YG-821 型织物风格仪

(4) 客观评定方法的优缺点。织物风格的客观评定法消除了主观因素对织物风格评定结果的影响，客观评定的结果与专家主观评定的结果一致性很好，应用方便，为织物的开发和质量控制以及服装厂面料采购提供了强有力的帮助。

织物风格客观评定方面已做了大量的工作，不但研发出诸如 KES-F 系统、FAST 系统和 YG-821 型织物风格仪等风格测试仪，而且使用了许多分析方法，但它们的适用范围还不够广，都具有一定的局限性，无法反映所有织物的客观风格，对不同织物的物理量与织物风格的内在联系的研究仍需深入。同时，研究织物的风格不能仅仅局限于对客观物理量的测试，还应研究主观与客观风格之间的内在联系，毕竟织物的风格是客观物理量与主观意识相互作用的产物，是客观性与主观性的统一。

三、织物的视觉风格

织物的光泽是评价织物视觉风格的一项重要内容，无论是织物还是服装，从形式美感的要求来讲，都离不开织物的光泽与光泽感。光泽是产生光泽感的基础，光泽感是评定光泽的依据。

1. 织物光泽的概念

(1) 织物的光泽。织物的光泽是指织物在一定的背景与光照条件下，织物表面定向选择反射的性质，表现于织物表面上呈现不同程度的亮斑或形成重叠于表面的物体的像。简单地说织物的光泽是织物表面的反射现象，是由光在织物表面上反射引起的。

织物的光泽与织物的反射光密切相关，与光泽有关的光学特性有表面反射光、内部反射光两个方面。

1）表面反射光。表面反射光分正反射光与漫射光。由于织物表面状态差异较大，所以，这两部分光线在整个表面反射光中所占比例的差别也较大。表面反射光的强弱及分布一直是织物光泽研究与测试的主要对象。

2）内部反射光。内部反射光是光线折射进入织物之后，由织物内部反射重新进入原介质的这部分光线。内部反射光由于织物的选择吸收而呈现出织物的颜色。从分布看，内部反射光也可分为有方向的反射光和漫射光。另外，由于色散现象，内部反射光会形成彩色的晕光，这就是织物的彩度。一般认为内部反射光与织物光泽的质感有较大关系。

（2）织物的光泽感。织物的光泽感是指人的视觉对被观察织物光泽的一种感知，与织物本身的物理特性和观察者的生理、心理等因素有关。根据织物光泽的强弱可将织物分为强光泽织物和弱光泽织物，有时也把光泽的强弱用光泽的量来表示。织物的光泽量主要决定于织物表面的光滑程度，服装用织物表面一般比较复杂，多属于弱光泽织物。根据织物光泽感的好坏也可对织物进行区分，称为光泽的质。强光泽织物不一定光泽感好，光泽质这一概念与心理因素有很大关系，从描述服装用织物光泽的语言中可以体会到这一点，见表4—6和表4—7。

表4—6　描述物体光泽的语言

光泽种类	光泽描述
金属光泽	如镀金或抛光的金属光泽
水晶光泽	如玻璃、水晶的光泽
钻石光泽	如金刚石闪烁的光泽
玻璃光泽	如上釉瓷器的光泽
珍珠光泽	如珍珠和蛋白石等带有干涉色的柔和的光泽

表4—7　织物光泽的评价用语

光泽种类	对织物光泽的评价
用其他物质的光泽表示	金属状、蜡状、珍珠状、乳白状
与织物织纹关系的表示	霜纹光泽、闪烁光泽、活泼光泽、闪闪发光
与反射光源关系的表示	表面闪光、内部闪光、烟熏的光泽
光泽质感	有光泽、缺乏光泽、没有光泽
其他	高贵的光泽、优美的光泽、鲜艳的光泽

2. 织物光泽的评定

在评价织物光泽时，首先依据织物的商品属性（如类型、原料等）联想其用途（服装类型），然后对织物光泽进行评价，并且会将织物风格整体考虑。评价时依据过去的视觉经验或印象，其评价标准有两类：一类是追求天然材料的质感，如真丝面料的华丽高雅、毛织物柔和的光泽、棉织物淳朴的质感、麻织物粗犷的风格等；另一类是依据视觉美学规律，评价结果受个人特点、风俗习惯和流行趋势的影响。织物光泽的评价是十分复杂的问题，目前常用的方法有主观评定法和仪器测试法。

（1）主观评定法。织物光泽的主观评定法是指利用人的视觉来评价织物的光泽。一般是集中一定数量有经验的专业人员，在一定环境下对织物进行评价，在评定时应注意环境条件的一致性，方法要统一，评语要适当选择，其评价结果是织物视觉风格的综合反映。对不同织物的光泽进行评定时广泛应用的是秩位法，即对需要评定的织物，由几个专业人员分别进行评定，按各自的判断对光泽排定优劣秩位，然后根据各种织物的总秩位数评定这几种织物的优劣；或者由一个专业人员对几个织物的光泽做反复评定，排定各次评定的优劣秩位，最后计算总秩位。

织物光泽的主观评定法具有简便、快速的优点，其他方法目前还无法取代，所以目前多采用此种方法。该方法的缺点是带有人为因素，而且评价结果也与专业人员的熟练程度和心理状态有关。此外，主观评定只能得出织物光泽的相对优劣概念，不能得出定量数值，因而有一定的局限性。

（2）仪器测试法。织物光泽的仪器测试法是用织物光泽测试仪将光源以不同角度照射到试样上，检测器分别在不同位置，测得来自织物的正反射光和漫反射光等来计算织物的光泽度。织物的光泽度是指用数字量化表示物体表面的光泽大小。织物光泽的仪器测试法能直观地对织物的正、漫反射光强度和光泽度进行测量和表征。

1）光泽强度。光泽强度一般是用来比较织物的光泽度。测定光泽强度的方法很多，较适合织物的是对比光泽度，即测试两种不同条件下的反射光强度的比值。常见的方法有二维对比光泽度、三维对比光泽度、水平轴旋转法（NF 法）对比光泽度、垂直轴旋转法（Jeffries 法）对比光泽度等。

2）光泽的质感。质感是一种心理感知，这一测试的研究主要有两种方法：显微光泽计法和偏光光泽计法。前者主要考虑织纹对光泽感的影响，后者以区分内部与外部反射光为原理。

织物光泽的物理测试目前仍处于研究探索过程中，一时还难以提出系统的测量方法与指标体系。织物光泽的测试方法及适用范围见表 4—8。

表 4—8　　织物光泽的测试方法及适用范围

测试目的	测试方法或指标	适用范围
异向性	定向度、Jeffries 法、纤维轴旋转法	纤维束、异形单纤维
平滑度	镜面、NF 法、鲜明度、半高宽	量的光泽、布的组织
光泽的量感	镜面、三维、鲜明度、半高宽	量的光泽、平滑度
光泽的质感	对比、偏光、显微	质的光泽、织物组织波纹、异形断面丝
低光泽试样	漫射、偏光	羊毛、棉
彩色试样	三维、镜面、亮度、白度	格子花纹织物、碎花织物、闪光织物

（3）织物光泽的影响因素。从纤维到纤维加工成织物的整个过程中，纤维的性状、纱线、织物组织结构以及织物的后整理都会对织物的光泽产生不同程度的影响。

1）纤维的性状对织物光泽的影响

①纤维的纵向形态。纤维表面的光滑程度对织物的光泽有直接影响。纤维纵向表面光滑，镜面反射就强，漫反射就少，纤维具有较强的光泽，如天然纤维中的蚕丝、化纤长丝、有光涤纶等。大多数纺织纤维的表面都是粗糙的，光线照射到纤维的表面时，对光会发生一定的偏漫反射现象，从而使得纤维看起来光泽柔和，如棉纤维表面的褶皱、沟槽和天然转曲，羊毛纤维表面的鳞片结构和天然卷曲等。

②纤维的横截面形状。纤维横截面形状中，Y 型和三角形截面的纤维光泽感最强，照射在纤维上的光线会产生强烈的镜面反射效果，进入纤维内部的光线，会产生镜面反

射和平行的透射，像棱柱晶体一样转动或不同视角观察，产生光泽暗淡相间的现象，称为“闪光”效应。圆形截面的纤维在光的照射下，会起到凸透镜的作用，透光能力强，平行光束照射时，透射光会形成聚焦，形成极光点或线，称为“极光”效应。

③纤维的内部结构。大分子取向度好的纤维，内部结构比较均匀，纤维的反射光强，光泽明亮；具有层状结构的纤维，光线照射时除了表面反射光，折射到纤维内部的光遇到分层的截面，会出现反射和折射现象，各层的反射光之间还会互相干涉，形成较强的内部反射光，光泽柔和均匀而有层次。天然蚕丝的独特光泽与其纤维内的层状结构密切相关。

2）纱线对织物光泽的影响。纱线的捻度、捻向、表面毛羽、纱线线密度、组成纱线的纤维长度、混纺比等因素都会对织物的光泽造成影响。这里简要分析一下纱线的捻度、捻向和表面毛羽对织物光泽所带来的影响。

①纱线的捻度。纱线无捻时，光线在各根纤维表面反射，纱的表面显得较暗、无光泽。纱线加捻会使纱线中的纤维发生倾斜、弯曲，从而改变纤维的反射光分布。当纱线捻度达到一定值时，光线从比较光滑的表面反射，反射量达到最大值，光泽较强；当捻度继续增加时，光线在纱线表面的凸凹之间被漫反射并吸收，因此反射的光线随捻度的继续增加而减弱。

②纱线的捻向。纱线的捻向有“Z”捻和“S”捻两种。当织物采用不同捻向的经纬纱线交织时，经纬纱间平行纤维较多，采用这种经纬纱线配置织造的织物纹路清晰，手感松软，光泽度好；当织物采用相同捻向的经纬纱线交织时，情况恰恰相反，织物的光泽度会下降。

③纱线的表面毛羽。纱线在纺织过程中，会有许多纤维的端头露出纱线的表面，形成毛羽。这些毛羽的排列是无规律的，会使漫反射光增强，从而使织物的光泽减弱。

3）织物的组织结构对织物光泽的影响。服装用织物多为机织物和针织物。针织物为线圈结构，纤维的弯曲使得漫射光增加，降低了织物的光泽，所以针织物的光泽一般较弱。机织物的组织结构不同，其光泽差异较大，主要有以下四个影响因素。

①织物的经纬纱排列方式。织物中经纬纱线的不同排列方式决定了织物中纱线的弯曲状态。经纱或纬纱越接近织物的表面，纱线弯曲程度越大，漫反射光越强，从而光泽越弱。对于织物表面的纱线系统，在一定光照条件下，经纬两系统纱线的反射光分布差异较大，所以，哪个系统纱线越接近织物表面，就会对织物光泽的影响越大。

②织物经纬纱覆盖率。由于织物组织的不同，经纬纱浮点在织物表面的覆盖率差异较大。在光照条件一定时，经纬两系统纱线的反射光分布截然不同，导致经纬纱浮点在织物正面所覆盖的比例对织物的反射光分布有较大影响，从而影响织物的光泽视觉效果。

③织物的浮长。不同浮长的织物组织对织物表面的光泽有显著的影响。在一定光照条件下，织物组织平均浮长越长，织物表面的反光性能越好，织物表面的光泽度越大。在基础的三原组织中，平纹的光泽度最小，斜纹次之，缎纹最大。八枚缎纹和五枚缎纹组织中，前者的浮长线比后者的浮长线长，所以前者织物的光泽度也较大。

④织物的紧度。织物的紧度越小，织物的结构越疏松，纱线间的空隙越多，且织物

布面不平整，漫反射较多，正反射较少，因而光泽度比较低；随着织物紧度的增加，织物中纱线间的空隙减少，单位面积内的纱线根数增多，织物的布面也越来越平整，织物的正反射光增加，漫反射光减少，光泽度增大。

4）织物的后整理对织物光泽的影响。织物后整理可分为光洁整理和光泽整理，对织物光泽的影响较大，主要表现在增强或削弱织物的光泽两个方面。

①光洁整理包括提高织物光泽的整理和削弱织物光泽的整理。为了改善织物的光泽，通常采取烧毛、剪毛、定型、轧光、生物酶抛光、烫毛、电光等整理方法减少织物表面的毛羽，使织物表面光洁平整，减少了漫反射，增加了镜面反射，从而提高了织物的光泽。削弱织物光泽的整理主要是通过磨毛等机械加工增加织物表面的毛羽，提高漫反射，降低镜面反射来减弱光泽。

②光泽整理是将金属粉末、珠光粉、玻璃微珠和反光材料等喷涂在织物表面，或用特殊的涂层方法处理到织物表面，使织物具有金属光泽、珠光效果、定向反射功能等。

第5单元

少数民族服饰

民族服饰是中华民族文明史的重要组成部分，是民族识别和民族归属的体现。从最初的保护身体、便于行动等实用价值，演变为丰富多彩的象征价值、文化价值和艺术价值，民族服饰具有极高的研究价值。通过本单元学习，使学生充分认识少数民族服饰的地位、艺术和传承，认识民族服饰特征，总结服装发展规律，特别是丰富多彩的少数民族服饰为艺术创造、服装设计提供了用之不尽的素材元素。学习服装设计，有义务和责任继承和发展我国民族优秀传统服饰，弘扬民族文化，设计出具有民族风格的现代服装作品。

第一节 少数民族服饰概述

→ 了解少数民族服饰的地位
→ 熟悉少数民族服饰的分类
→ 掌握少数民族服饰的特征

一、少数民族服饰的地位

1. 民族服饰的地位性

民族服饰是在民族社会中能够体现民族识别和归属意识的服装。少数民族服装作为中华民族文明史的重要组成部分，占有不可替代的重要位置。从最初的遮羞、御寒，逐步分离、演变、发展、丰富，最终形成丰富多彩、形式万千的少数民族服饰瑰宝。整个过程反映了人类发现自然、改变自然的能力，体现了人类社会文明的不断积累、进步和发展。不同的历史内涵、地域文化、经济发展水平、方言习俗、宗教信仰、审美情趣等，形成了各民族以及民族内部各支系服饰的独特风格和装饰意识，或古朴质美，或繁缛华丽，或厚重雄伟，或轻盈精致……无不展现出中华民族特有的东方智慧以及人生哲理。丰富多彩的少数民族服饰是中华民族服饰文化的重要组成部分，是人类文明发展进步的重要参照物，是人类服饰文化不可多得的瑰宝。服饰是人类文化的显性特征，在服装设计的研究中，少数民族服饰是重要的研究依据，也是取之不尽、用之不竭的创作宝库。

2. 民族服饰的艺术性

我国少数民族服饰不仅具有保护身体、便于行动的实用价值，还具有象征价值、文化意义以及极高的艺术价值。在历史发展的长河中，少数民族同胞在长期的生活生产实践中不断探索，从兽皮藤条、植物纤维的使用，到自种、自织、自染、自裁衣料，以及在编织、刺绣、蜡染、扎染、织锦、鞣质皮革等方面都积累了很多经验。如苗族以刺绣而闻名，妇女的盛装衣裙常常采用刺绣、蜡染等多种工艺制成，上面绣满各种花纹图案，而且不同部位所采用的针法、所绣的图案也不尽相同，一套衣服往往需要几年，甚至几十年的业余时间方能制成。还有些少数民族服装在款式设计、面料选用、色彩组合方面达到很高的艺术境界。

3. 民族服饰的文化性

我国少数民族服饰是人类服饰文化史上的活化石，具有极高的研究价值。由于地理环境、风俗习惯、经济文化等原因，形成不同风格并具有鲜明的民族特征。从不同的服饰上可以看到历史的缩影，有的服饰反映母系氏族特点，如云南纳西族妇女“披星戴月”，既是妇女起早贪黑、辛勤劳作的反映，也是妇女地位崇高、母权至上的象征，如图5—1所示；有的服饰展现族源大迁徙缩影；有的服饰展现同族源文化起源，如达斡尔族男子着鄂伦春族猎装，妇女则穿满族皮装，反映了达斡尔族曾受满洲贵族封爵并效命于满洲贵族的近代史实。服饰的变化和演变或多或少地、直接或隐蔽地渗透着历史文化的影响和痕迹，每一个民族的服饰都是这个民族服饰文化的象征和积淀，是长期民族文化精华的积累。

图5—1　纳西族女子服饰

4. 民族服饰的继承性

中国少数民族服饰作为我国珍贵的传统文化，应该虚心学习、深入了解，全面地、完整地从历史唯物主义角度看待问题，吸收其精华，去除其糟粕。服饰文明是等同于饮食文明的民族文化的精粹部分，认真研究民族服饰，不仅可以从中得到其艺术形式带来的震撼和启迪，还可获得服饰本身的玄妙内涵，并为当今时尚艺术注入经典民族元素，通过对民族服饰的继承和发展，增加当代文明的艺术内涵和文化底蕴。在国家提出的人类文明遗产概念和政策的保护下，应对民族服饰加以有效保护和有效传承。

二、少数民族服饰的分类

1. 服饰地理区域分类

中国是一个多民族社会，拥有九千多万人口的少数民族占全国总人口的8%，分布面积却占全国总面积的60%以上。由于居住的地区、气候、生产、生活、信仰等有的相同、有的不同，因此体现在服饰上有差异又有共性。北方民族多从事牧猎渔业，加之气候寒冷，主要款式为长袍长裤、鞋帽配套、装饰较少、质地厚重，具有防寒保暖及适应马上生活等特点，只有朝鲜族还保留妇女穿裙的习俗；而南方民族多从事农耕业，加之气候温暖，主要款式为短衣裙装、饰品较多、讲究绣花、质地轻薄、露头跣足。为便于宏观把握，将少数民族分为北方与南方两大部类四个区域。

北方民族服饰分为两个区域：一是东北内蒙古地区少数民族服饰，包括蒙古族、满族、鄂伦春族、赫哲族、达斡尔族、鄂温克族、朝鲜族共7个民族的服饰；二是西北地区少数民族服饰，包括新疆地区的维吾尔族、哈萨克族、塔吉克族、塔塔尔族、乌孜别克族、柯尔克孜族、俄罗斯族、锡伯族，甘肃、青海、宁夏地区的裕固族、土族、东乡族、保安族、撒拉族、回族共14个民族的服饰。

南方民族服饰也分为两个区域：一是西南地区，包括西藏地区的藏族、门巴族、珞巴族，四川、贵州地区的彝族、羌族、苗族、侗族、布依族、水族、仡佬族，云南地区的傣族、佤族、哈尼族、基诺族、德昂族、景颇族、白族、纳西族、普米族、拉祜族、傈僳族、阿昌族、独龙族、布朗族、怒族共 25 个民族的服饰；二是中东南地区，包括广西地区的瑶族、壮族、仫佬族、京族、毛南族，福建的畲族，海南的黎族，湖南的土家族，台湾的高山族共 9 个民族的服饰。

2. 服饰造型款式分类

民族服饰可以说是随着氏族、部落、民族的产生而产生的，既是族群区别的标志，又是民族文化的显性表现。很多民族的服饰既丰富多彩，又非常讲究，不同的年龄、性别、身份、节日、社会地位都赋予不同的服饰。很多少数民族内部支系繁多，不同支系的服饰也不尽相同，从服饰样式上看，至少有五六百种之多，仅苗族、藏族和彝族就各有一百余种。总结不同服饰样式，大体分为上装、裙装、裤装、头式、鞋装、佩饰六类。

（1）上装。主要有贯首服、交领衣、无领服、高领服、矮领服、圆领服、方领服、长领服、直领服、翻领服、大袖服、窄袖服、右衽服、左衽服、满襟服、对襟服、大襟服、方摆服、圆摆服、紧身服、高腰服、鹿皮袍、鱼皮袍、羊皮袍、棉袍、坎肩、马褂等。

（2）裙装。主要有飘带裙、超短裙、半边裙、缠裙、羽毛裙、树叶裙、毡裙、圆筒裙、长裙、中短裙、百褶裙、片裙、裤裙、石榴裙、背裙、围裙、吊檐裙等。

（3）裤装。裤装主要有裙裤、宽脚裤、窄脚裤、马裤、中裤、短裤、超短裤等。

（4）头式。主要有圆锥髻、双抓髻、凤凰髻、盘龙髻、偏脑髻、顶子髻、牛角髻、粽子髻、菊花髻、田螺髻等。

（5）鞋装。主要有皮靴、布靴、缎靴、马靴、毡靴、鱼皮靰鞡、胶鞋套、皮鞋套、平底布鞋、高底布鞋、船形布鞋、翘鼻布鞋、木履、棕履、麻履、草鞋等。

（6）佩饰。佩饰主要分为头饰、项饰、胸饰、背饰、腰饰、手饰、脚饰等。头饰主要有耳环、耳坠、耳柱、头簪、旗头、头带、头圈、辫钳、辫套、头钗、头面、发箍、俄勒、银冠、银角、银梳、头帕、缠假发、插羽毛、插饰花等；项饰主要有各种材质的项链、项圈、板项等；胸饰主要有胸针、胸链、胸银坠、胸银包、胸荷包、胸银牌等；背饰主要有七星披肩、银背饰、银衣泡、铜圆盘、背牌、背饰带等；腰饰主要有各种材质的腰带、裤带、大小长短不一的刀饰、火镰盒、装针筒、香荷包、烟袋、央箩、腰箍、腰藤圈、围腰等；手饰主要有手镯、手筒、手铃、手链、戒指等；脚饰主要有脚圈、脚腕饰、护腿、绑腿、脚铃等。

三、少数民族服饰的特征

少数民族服饰受历史因素、自然环境、经济形态、生活习俗、审美情趣、宗教意识等方面的影响，具有显著的民族性、区域性、时限性、性别与职业性等多种属性特征。我国有 55 个少数民族，民族之间交流影响以及民族内部的支系交错，构成了多元文化纷繁复杂的局面。

1. 服饰的民族性

服饰的民族性是指民族服饰具有自己鲜明的，能够反映本民族历史、文化、生活、习俗的个性特点。同一民族使用同一语言，居住在同一区域，共同生活生产劳动，拥有同一民族文化，有别于其他区域民族，区别和识别民族的最直观、最明显的途径就是通过服饰。例如，赫哲族十分罕见的鱼皮装，直接体现传统渔猎民族特色；藏族的肥大藏袍，反映了藏区的早晚温差变化大以及藏民畜猎生活方式（藏族康巴男子服饰见图5—2）；独龙族的独龙毯展现了较为封闭的原始遗风。

图 5—2　藏族康巴男子服饰

这些民族服饰的独特性并非偶然，取决于独特的民族特征，它是民族特殊的生存环境、政治经济、历史文化以及社会发展程度等众多因素逐渐积淀而成，并相沿成习、与世人公认的。不同的自然条件和经济生活方式，为各民族提供了不同的物质生活和衣饰原料；不同的生产方式和兴趣爱好又决定了各民族服饰不同的式样、颜色等。

2. 服饰的区域性

我国少数民族多分布在中原周边地区，地理位置偏远，多处于山高水深之处，交通、通信不便，与外界交流相对较少，因此民族服饰各具特色并得到了较好保存和沿袭。有的少数民族因地域广、支系多、交流少，几乎“十里不同风，百里不同服”，如苗族、彝族、瑶族等，一个民族的服装款式少则十几种，多则上百种。偏远地区民族服饰保留原始痕迹较多，中东南地区的少数民族因多与汉人杂居，民族服饰汉化比较严重。

（1）民族内部区域性。民族内部区域性是指民族内部不同支系、不同地区的服饰除了共同性特征外，还具备各自的特点。在我国民族内部的区域性是比较普遍的，有很多民族因其人口多、分布广，各地区经济条件、生活习惯以及受周围民族影响程度的不同，导致该民族服饰虽总体上属于同一民族文化范畴，但在某些方面仍产生了一定的差异性。如藏袍，从质料上比较，农区藏袍多以羊毛织成的氆氇为原料，而牧区多为羊皮袍；从款式上比较，西藏地区的藏袍短些，而青海地区的藏袍一般较长。又如苗族，单看妇女下装就已千变万化，台江地区的苗族着百褶中长裙，雷公山地区的苗族同时穿数条短裙，丹寨地区的苗族着宽脚短裤，丹都地区的苗族着长裤外套长裙等。

（2）民族间的区域性。民族间的区域性是指各民族间除了鲜明的个性特征外，还具有跨民族、超时空的区域性共同特征。一定区域内诸民族服饰由于地域气候、生活生产方式近似，其款式、色彩、质地或工艺制作等往往相似，另外，同一族源的民族之间也具有一定的共同性。根据生活、生产方式类型分为渔猎采集型、草原畜牧型和农耕型三大类。

渔猎采集型主要分布在东北大小兴安岭的森林地带和黑龙江、松花江、乌苏里江交汇处三江平原的完达山一带，包括赫哲族、鄂伦春族和部分鄂温克族。此区域人烟稀少、气候寒冷、交通不便，独特的生存环境和原始的生产力水平，使他们只好把自己的生存和希望紧紧依附于自然、山林、江河。自然界万物是他们物质生活的支柱和来源，食肉寝皮便构成了这些民族及整个区域最显著的文化特征之一。服饰特点是直接攫取野生动植物，多以野生鱼、狍、鹿等皮为原料，经过简单的熟制，加工成衣帽鞋配套装束，以袍式为主，保暖功能强，但款式比较单调，颜色多为光板白茬或黄色等动物毛皮本色。

草原畜牧型主要分布在内蒙古高原、青藏高原畜牧带，包括蒙古族、哈萨克族、裕固族、柯尔克孜族、塔吉克族、藏族、达斡尔族和部分鄂温克族等。此区域的民族不完全从自然界直接获取物质，而是利用自然，通过蓄养和放牧牲畜来获取衣、食、住、行所需的物质资料，因此，与渔猎民族相比，他们制作服饰的原料也更加丰富。食肉、饮奶、穿皮毛制品便构成了他们的生活特点和草原畜牧文化特征。服饰特征是：根据季节性强的特点，服装的季节性差异大，冬装多为无布面的白茬羊皮袍，夏装则多以棉布或毛织品为原料，服装款式宽松肥大，便于骑乘，质地保暖实用。

农耕型主要分布在从西帕米尔高原到东台湾省，从北黑龙江省到南海南省的辽阔地域里，除前述两大类型的民族外，我国其他民族基本上都属于这一类型。他们利用自然，改变自然，通过人对自然界的直接作用来获取生活资料。农耕文化的特点，决定了这一区域诸民族制作服饰的原料已不局限于动物皮毛，而更多地采用自织、自染的棉麻土布为主要原料。此区域分布范围广，自然和社会条件复杂、差异较大，所以一般又分为山林刀耕火种型、山地耕牧型、山地耕猎型、丘陵稻作型、绿洲耕牧型和平原集约农耕型六种类型。每种类型中诸民族的服饰既有共性，又有差异，如属于山林刀耕火种型的门巴族、独龙族、佤族、景颇族、基诺族等，其服饰的款式、原料都较为简单、粗糙，不少人类远古时代的服饰遗迹仍依稀可见；属于山地耕牧型的羌族、纳西族、彝族、白族、拉祜族等，其服装款式和原料中则还保留有许多畜牧文化的遗迹，如袍服式样和羊皮、羊毛织物的大量应用等。

为适应农事活动和较为湿热的气候需要，服装款式以单薄、短小、灵活的衣裤和衣裙型为主，不注重鞋帽而偏重首饰，颜色丰富，工艺性强，特别是南方农耕民族更为突出，多赤足行走或穿草鞋，青布包头，但各种银质、贝质、骨质、竹质、木质、珠质、植物果等质地的首饰非常普遍，如银角、头花、银花牌、簪子、耳环、项圈、头圈、项链、手镯、腰环、脚环等。

3. 服饰的时限性

我国少数民族的服饰因同一族源、同一地区、同一生活方式、同一民族等因素大体相似，但因历史、季节、年龄、节庆等限制，又呈现出不同的变化和特点。

（1）历史时限。历史时限是指在社会发展的不同历史阶段过程中，由于战争、政治、生产力的发展，自然条件、社会环境的改变以及文化的变迁都会导致服饰文化的变革。如满族，在 17 世纪以前还生活在东北边疆地区，以渔猎采集为主，男着马蹄袖袍褂，女穿肥大旗袍；入关以后，随着骑射生活的逐渐废弛，马蹄袖袍子失去了它原来的意义，演变为身份的象征，妇女的旗袍式样也由原来肥大逐渐变得窄瘦。又如土家族，土家族早期男女服饰不分，皆为一式，头裹绣花巾帕，衣裙尽绣花边，男女垂髻；清改土归流以后，男子不再穿八幅罗裙和佩戴耳环、首饰，也不编发而是剃光头了。

（2）季节时限。季节时限是指随着春夏秋冬一年四季的更迭，各民族服饰所呈现出的不同特点，这种特点在四季差异明显的北方民族中表现得尤为明显。

寒冷地区季节时限性。东北内蒙古地区及西北地区因气候寒冷，多采用袍装、长裤，冬夏服装款式造型区别较大，图案、服饰配件简单大方。如蒙古族四季着袍，春秋穿夹袍，夏季穿单袍，冬季穿皮袍或棉袍。又如鄂伦春族，也是四季着袍，冬季的狍皮是长而厚密的绒毛，御寒性好；夏季的狍皮为毛质疏松的沙毛，毛朝外穿，既凉爽又能防雨抗潮，还是狩猎的极好伪装。再如维吾尔族、乌孜别克族、克尔克孜族、哈萨克族、塔吉克族、塔塔尔族，妇女虽四季着裙，但也随季节的更替在裙内换穿单、夹、棉、毛或皮质长筒袜。

炎热地区季节时限性。西南地区和中东南地区因气候温和，冬夏差别小，因此冬夏服装差异较小，质地轻薄，变化丰富，色彩鲜艳，装饰繁多。如傣族支系花腰傣，常年穿无领无袖、下摆到脐的短上衣；又如哈尼族支系叶车人，一年四季皆穿短裤。

（3）年龄时限。年龄时限是指儿童阶段、青年阶段、老年阶段的服装差异，尤其是未婚姑娘和已婚妇女之间的差异，主要体现在服饰色彩、款式以及头式的变化。在色彩上，儿童服饰多鲜艳活泼，形式简单；青年服饰多色彩明快，做工精致；中年服饰多素雅清淡，老成稳重；老年服饰多平淡朴实，不再装饰。

成年之后，服饰样式已经固定，很少有改变，而一些标志性饰物则在婚姻和生育两个关口面临新的更换。例如，西北地区的撒拉族、保安族、东乡族的少女戴绿色盖头，已婚妇女改戴黑色的盖头，老年人则戴白色的。又如普米族少女一般用双层刺花的天蓝色布包头，外挂一根红毛绒；已婚妇女则要用长三四米、宽六十多厘米的黑布包头，且以直径大、圆为美。再如，彝族（凉山、黔西地区）少女一般穿两种颜色的裙子，已婚妇女则穿三四种颜色的裙子。生育之后，也要在衣装上做一定的标识，以适合于自己的身份，避免不必要的麻烦。以头饰变更居多，有的是全部更换，如帽子换成头帕、包头之类；也有的只做局部更改，主要是改变头饰的形状，或去掉部分部件。彝族女子服饰如图 5—3 所示。

图 5—3　彝族女子服饰

（4）日常与节庆时限。日常与节庆的时限就是指常服与盛装的区别。各族群众在平时生活、生产劳动中，通常都穿着比较简单、方便的服装，而到了节日、婚礼、祭祀等喜庆吉日或重大节日时往往就要穿戴盛装，盛装最具原始民族特色，繁缛华丽、精致细致，各种装饰既添增节日气氛，同时也展示工艺、财富。例如，彝族（云南楚雄）专门有“赛装节”，从小到老，全都穿戴上自己绣制的花帽、花衣、花围腰、花裤、花鞋，成群结队地来到村边的斜坡地上，参加“赛装”比美活动，由各村代表组成评委，评比打分。又如，苗族（黔东南）男子常服为黑色窄领对襟便衣，盛装为长及膝部的左衽长衫；女子常装为右衽花便衣和黑色及膝长裙或长裤，衣襟边缘镶彩色花边或绣图案，盛装为绣满图案花纹或缀满银片的交领上衣，百褶裙、彩带裙，还要佩戴上琳琅满目的各种银饰品。再如，土家族女子常装为白细麻布衣，盛装“露水衣”相当艳丽，上为左衽大袖大摆上衣，下为八幅罗裙或百褶裙，佩带各种银饰，显得更加绚丽多姿。

4. 服饰的性别差异性

我国少数民族服饰文化的性别差异性是指各民族服饰在男女性别上的区别。世界上无论哪个民族男女服饰都有一定的差异性，由于各种原因我国少数民族男子的服饰一般都比较简单，服饰造型款式变化少，色彩配置比较简单，并且男子往往要外出劳动，与外界文化交流就会较为广泛，与其他民族服饰融合的机遇也比较大，很多少数民族男子服饰与汉族男子服饰基本相同。而女子服饰则精细美观，造型多变，色彩艳丽，佩饰丰富，并且不同的年龄、身份会有不同的服饰变化。另外，女子外出机会少，多数在家务农，与外界交往贫乏，服装汉化的程度较小，服饰的原始痕迹保留较多。如纳西族女子的“披星戴月”披肩独具特色，而现今纳西族男子服饰已经基本融于汉服之中。又如哈尼族支系繁多，各支系的女子服饰多种多样，各不相同，从服饰到服饰配件都具有特色；而男子服饰基本与当地汉族服饰一致。

5. 服饰的宗教与职业性

宗教习俗与职业性是指在不同职业以及不同宗教影响下，所表现出来的差异性。尤其是宗教，每个民族都有自己的宗教信仰和图腾崇拜，是一种特殊的社会意识形态，是唯心主义世界观的反映。宗教信仰会渗透到各个领域和层次，积淀为稳定的文化心理因素，隐埋于各民族的精神文化之中，在不同时代和不同条件下，以各种形式支配着人们的价值取向和社会行为。西北地区的少数民族服饰多受西域文化、阿拉伯文化、伊斯兰教习俗的影响，特点是服装款式宽松肥大，遮盖肌肤面积大，头顶都有一顶帽或巾覆盖物，如维吾尔族、哈萨克族、塔吉克族、克尔克孜族、撒拉族、东乡族等服饰；西南地区少数民族服饰主要受印度文化、佛教习俗影响较大，特点主要体现在帽子上和服饰配件上，如傣族、纳西族、德昂族、布朗族、藏族等服饰；中东南地区的少数民族服饰多受汉族文化的影响，所以与汉族服饰接近，如壮族、畲族、土家族等服饰。

我国少数民族服饰的职业性不是很突出。因为过去大多数民族社会发展都比较缓慢，职业区分不明显，服装职业性也就不强，但也有部分民族有职业区分的服饰，如彝族、蒙古族的战服、摔跤服，满族的萨满教服，藏族的藏传佛教中的萨满、喇叭法衣和袈裟等。

第二节　各少数民族服饰

→ 了解少数民族服饰文化
→ 能归纳总结少数民族服饰的造型、色彩、图案特点
→ 能根据少数民族服装造型款式特点、色彩与图案元素，设计具有民族风格的现代服装效果图

一、东北内蒙古地区主要少数民族服饰

1. 蒙古族服饰

蒙古族起源于我国北方，是我国北方主要的民族之一，最初只是蒙古诸多部落中的

一个，后来逐渐成为所有部落的统称。蒙古族对我国疆域的开拓做出过积极贡献，13世纪初，在成吉思汗的率领下，先后建立了四个横跨亚欧大陆的汗国，开通了东西方陆路交通线，推动了东西方经济文化交流。蒙古族人口480万余人，主要分布在长城以北的内蒙古地区、黑龙江地区，少数分布在新疆、辽宁、甘肃、青海、云南等地。

蒙古族的游牧经济和长期南北征战造就了独特的粗犷性格和草原文化，服饰的样式、功能、审美及穿着方法都具有鲜明的民族地域特点。蒙古服饰的主体是蒙古袍，其特点是：右衽、斜襟、高领、长袖，多数地区下摆不开衩，色彩明亮艳丽，装饰手法多为镶边滚边等工艺。

男袍肥大尽显豪放，多为黄色、蓝色、棕色。“布斯”（腰带）是蒙古族服饰的重要组成部分，通常用棉布绸缎制成，长度一般三四米，扎上腰带不仅可以抵御草原寒冷的天气，而且可以保持肋骨的垂直稳定，同时还可以起到装饰作用，腰带挂“三不离身”：蒙古刀、火镰、烟荷包。蒙古族的摔跤服非常有名，以鲜明的民族风格享名于世，是一种艺术价值很高的服饰套装。摔跤服是一种由熟牛皮和鞣革缝制的特色服饰，表面镶有银铆钉或铜铆钉，形成点的排列构成；后背中间镶有铜镜或是“吉祥”之类的文字。摔跤服宽大多褶，用纯白色绸布制成，外套吊膝，缘边绣有各种美丽图案，膝盖处绣花纹或兽头；颈部配有彩环，由红、黄、蓝等五色彩布组成，摔跤手每次胜利就会得到一条彩布，因此彩布越多声望越大，现在彩布已成为一种装饰品；腰间系有各色条布缝制的“拉布尔”（腰间的装饰布），主要起装饰作用，脚蹬绣花靴。

女袍紧身尽显苗条健美，袍色多为红、绿、黄、天蓝色，袍边、袖口、领口多绣“盘肠”“云卷”纹饰。夏天以布面夹袍为主，冬天以羊皮袍为主，有的挂绸面。蒙古族妇女首饰繁多，主要有玛瑙、珍珠、宝石、金银饰品。女子在喜庆节日中戴帽，平时不戴，多用红绿绸包头。未婚女子头发中分，扎两个发辫，发根上带两个大圆珠，发梢下垂用玛瑙、珊瑚、碧玉等装饰。蒙古族女子绣花袍如图5—4所示。

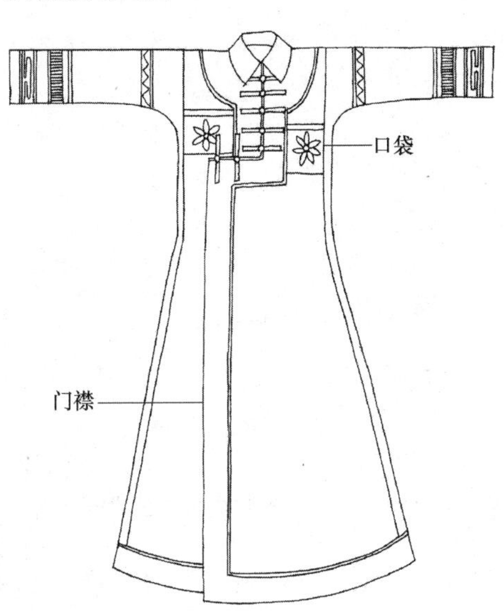

图5—4　蒙古族女子绣花袍

蒙古族服饰是在长期的生活生产实践中逐渐发展完善起来的，虽有一定的规律性，但因地区不同、部落不同等多方因素，也有很多不同风格，主要分为巴尔虎蒙古族服饰、布里亚特蒙古族服饰、乌珠穆沁蒙古族服饰、鄂尔多斯蒙古族服饰、新疆蒙古族服饰、青海蒙古族服饰、云南蒙古族服饰七种。巴尔虎蒙古族服饰主要特点是不论男女均穿宽下摆长袍，外穿腰节线靠上的长坎肩，前后开衩，腰节线以上用盘扣装饰，门襟左右对称。陈巴尔虎旗长袍开衩，新巴尔虎旗长袍不开衩（见图5—5）。布里亚特蒙古族服饰主要特点是以帽顶象征太阳，帽缨象征阳光，并以帽上缝制的横线代表不同父系氏族姓氏的多少。女袍在腰、肩、肘等部位有分割工艺。乌珠穆沁蒙古族服饰主要特点是款式肥大色彩绚丽，以镶边工艺而著称。男女长袍均为大襟、镶边、马蹄袖。长袍外套穿坎肩，未婚男女穿四个开衩的坎肩，已婚妇女穿对襟长坎肩。鄂尔多斯蒙古族服饰主要特点是非常讲究，男袍肥短，面料多为蓝、白、棕色布帛；女袍长至脚面，大襟、立领、两侧开衩，以素为美（见图 5—6）。成年男子和已婚妇女穿用长短坎肩，以缎为面料，金黄色织锦镶边，其款式、色彩和制作工艺都相当讲究。新疆蒙古族服饰主要特点是男女都穿镶边的大襟袍子，男袍肥大下摆开衩小或不开衩，女袍不开衩，都穿皮靴或毡靴。牧民平日穿羊皮袄，下穿光板黑边羊皮裤，节日里头戴宽边毡礼帽或皮帽。已婚妇女还穿一种无袖长袍，头戴圆帽，头顶着坠有碧玉、珊瑚链的银圈，梳双辫放入辫套。青海蒙古族服饰主要特点是女袍宽大，受藏袍影响，色彩以红蓝为主，袖口镶黄色缎边，扎腰带并缀饰绣裙带。受土族影响戴饰红缨子的喇叭形黑白相间的毡帽，佩珊瑚珠、海贝及各色丝线编织的头面饰及胸饰。云南蒙古族服饰的主要特点是男子穿大襟长袍系围腰。妇女多梳长辫盘于头顶，穿“三件衬”：第一件为贴身衣，袖长至腕，在衣袖 15 cm 处绣有各种图案或花边；第二件在贴身衣外，长及股，袖长仅达肘，袖下端和衣服边处均绣满花纹图案；第三件则为无领无袖及腰的对襟式夹布坎肩，钉有一排银扣，系围腰穿长裤。

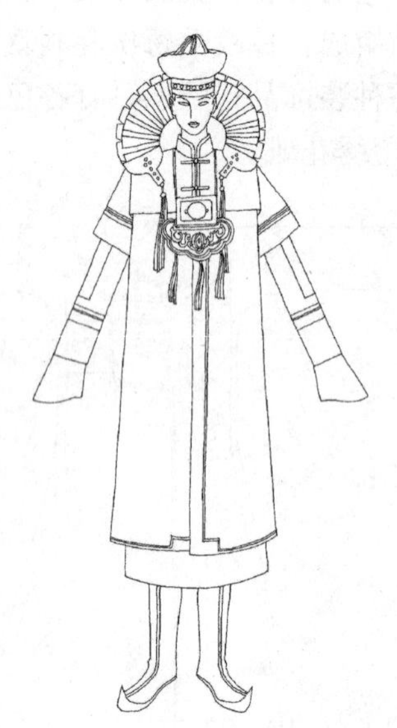

图 5—5　巴尔虎蒙古族女子服饰

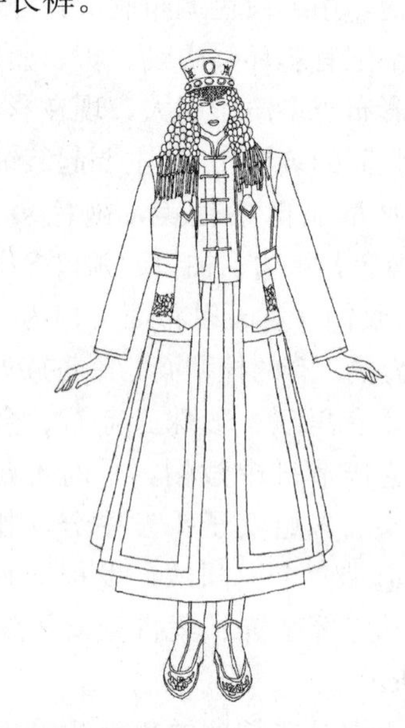

图 5—6　鄂尔多斯蒙古族女子服饰

蒙古族有一个传统的“那达慕”盛会，在每年七八月间牧民们都要举行摔跤、赛马、射箭等活动，以示喜庆丰收，这也是服装大盛会，牧民们都会盛装出席。蒙古族在色彩上“尚白”，认为白色是最圣洁的，多在盛典节日时穿用；蓝色象征永恒、坚贞、忠诚；红色象征太阳，温暖、光明、愉快，所以平时多穿这样颜色的衣服。蒙古族人的包头源于成吉思汗时期，将三四尺的布或绸缠头，左右两侧各垂下布的两头，以表示人人头上皆飘有旌旗之角，沿用至今。

2. 朝鲜族服饰

朝鲜族是明末清初从朝鲜半岛移居到东北地区的，其文化与朝鲜半岛文化有着深厚的渊源关系。公元前15世纪，商朝的箕子将商文化传入朝鲜，660年朝鲜统一后，一切礼教文化制度皆仿唐制，朝鲜服样式基本从唐朝服装演变，同时保留大量汉服痕迹。朝鲜族人口190万余人，主要分布在吉林延边朝鲜族自治州长白山地区，少数分布在黑龙江、辽宁等地。

朝鲜族有“白衣同胞”之称，喜欢白衣素服。迁入初期，朝鲜人多居于偏僻的山村，服装原料主要以自种自织的麻布和土布为主；20世纪初，随着近代文化的输入，面料颜色随之多元化。

男子一般穿短款上衣，斜襟、左衽、宽袖筒、无纽扣，前襟两侧各钉一飘带，系在右襟中上方；外套为黑色或其他颜色带纽扣的“背褂”（坎肩），下穿宽腿肥腰大裆长裤，便于盘腿而坐；外出时喜穿斜襟长袍，无扣以布带打结；过去习惯戴笠，现喜戴鸭舌帽或毡帽，脚穿宽大的长方形胶鞋。

女子一般穿短衣长裙，上衣多为斜襟、右衽、袖筒长而窄，前襟两侧各钉一长飘带，多以黄、白、粉等色绸制成；裙分为缠裙和筒裙两种，缠裙由裙腰、裙摆、裙带组成，上窄下宽，裙长至脚背，加穿白色衬裙。姑娘上衣袖筒多用“七色缎”做料，俗称“七彩衣”，下穿裙长及膝的背心式带褶筒裙，白色或天蓝色船形鞋、白袜。朝鲜族女子服饰如图5—7所示。

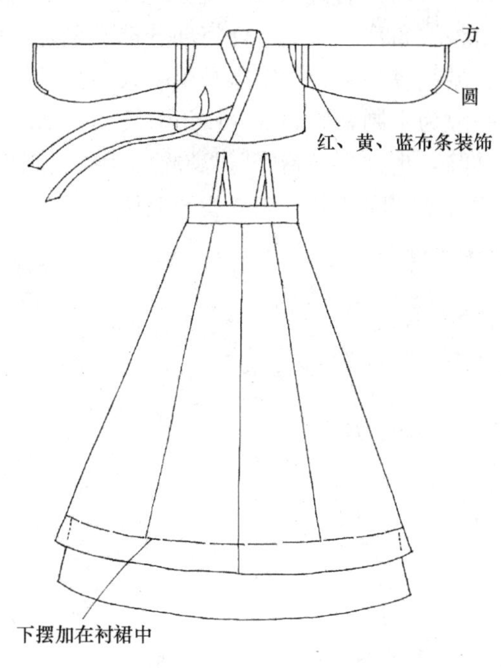

图5—7　朝鲜族女子服饰

3. 满族服饰

满族最早可追溯到两千多年前的“肃慎人”，秦汉时期称“挹娄”，三国时期称“勿吉”，隋唐时期称“靺鞨”，辽明时期称“女真”，1636年皇太极改女真为满族。满族人口980万余人，主要分布在辽宁省、吉林省、黑龙江省、河北省、内蒙古自治区和北京市，其他散居在全国28个省、市、自治区。

满族服饰高贵华丽、独树一帜，皇太极亲手制定和完善清朝衣冠制，以此做固国之本，对我国服饰发展有很大的影响。满人喜欢穿靰鞡，是一种皮革做成的鞋，里面垫靰鞡草，形状前后圆，方口，前脸上纳褶，两帮安有六个小耳，以备系带用，鞋跟上端安有三寸长的皮条，靰鞡绳捆在外面起固定作用。有的鞋后跟上钉两个铁圆钉，使后跟不易磨破。男女通穿长腰、宽裆大脚裤，裤腰和裤脚都需抿褶系带，冬天需再穿套裤，无裆无腰。

男服讲究图案对称，以长袍马褂为主，圆领、窄袖、右衽、衣摆两侧开衩、有扣袢，束腰带。男袍称为“箭服”，因箭袖（马蹄袖）得名，可护手防蚊便于骑射，行礼时必须放下袖口，礼毕再卷起，开祺旧指吉祥福气，因此官级越大开祺越多，官级越小开祺越少。马褂又称短褂、马墩子，由行褂演变而来，因便于骑马而得名，领形多为圆领、立领，门襟有对襟、大襟、琵琶襟、人字襟等，衣袖有长袖、短袖、大袖、窄袖等，均是平袖口。男子的传统发式是剃发垂辫，源于早期骑射生活，剃发以避免马上飞驰时遮住眼睛，脑后留辫便于马上活动灵活，又可以辫当枕，按满族传统观念，头发是人的灵魂不可轻易丢弃。

女服基本样式为“旗袍”（推行八旗制度后的命名），多为绸缎制作的筒式，外形平直，袖宽、袖口平，袍长至脚面，右开大襟、钉扣袢，两侧开衩，旗袍领是单镶上去的，可拆洗。整件旗袍由整块布裁剪而成，任何部分都不重叠，多以浅色为主。袍服外多套马甲，有对襟马甲、琵琶襟马甲、一字襟马甲、人字襟马甲等，衽边及四周镶缀精美花边。脚穿花盆鞋，一般为木制，底高 3～6 cm，最高者 13～16 cm，因形似花盆而得名，又因踏地痕迹像马蹄，也称“马蹄底”。满族妇女擅长刺绣，衣襟、鞋面、荷包、枕头等物品上均绣有各式吉祥图案符号。满族女子服饰如图 5—8 所示。

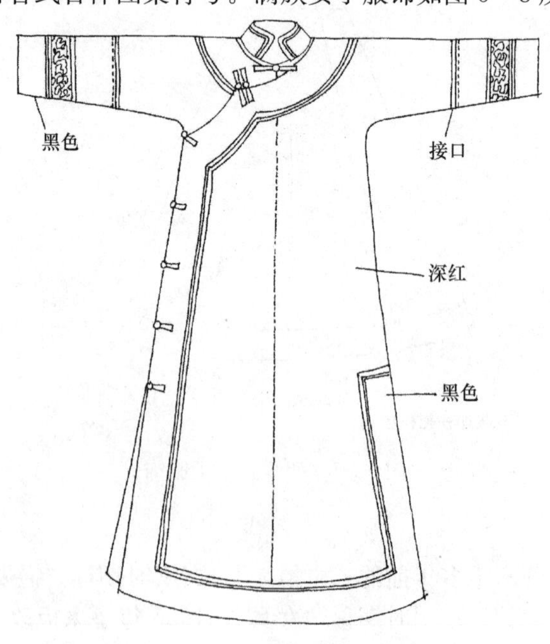

图 5—8　满族女子服饰

4. 鄂伦春族服饰

鄂伦春族起源于东北大小兴安岭原始森林中，被誉为“兴安岭的王者”，以游猎为生，食兽肉，穿兽皮。鄂伦春是“使用驯鹿的人”和“居于山岭的人”的含义，有近 7 千人，主要分布在黑龙江省，社会发展进程较缓慢，直至新中国成立前夕还停留在父系氏族公社阶段。

鄂伦春族创造了适合于森林游猎的狍皮服饰文化，不仅经久耐磨，而且防风耐寒。最有特色的是“灭日塔”狍头皮帽，是将狍头完整剥下晒干后按原样镶缝上布、皮，戴在头上不仅防寒，而且可以诱惑野兽。

男袍为右衽大襟、前后左右开衩，装饰黑褐色、素色皮子花边，服装上的图案纹样多为不对称。下穿到膝下的短皮裤，下半截为皮套裤，无腰无裆，只有两条马蹄形裤腿，用皮绳系在裤带上，既保暖又行动灵活，如图 5—9 所示。

女袍以曲线为主，长及脚面，为右衽大襟，不仅镶有精致的皮边，而且在领口、袖口与大襟处还缝有华丽的花纹，两侧开衩，开衩处普遍绣有云纹装饰，再以红黄绿色缝制成色彩鲜艳的图案，常见贝壳装饰饰品。女帽镶有花边，顶端缀有红绿线穗，如图 5—10 所示。

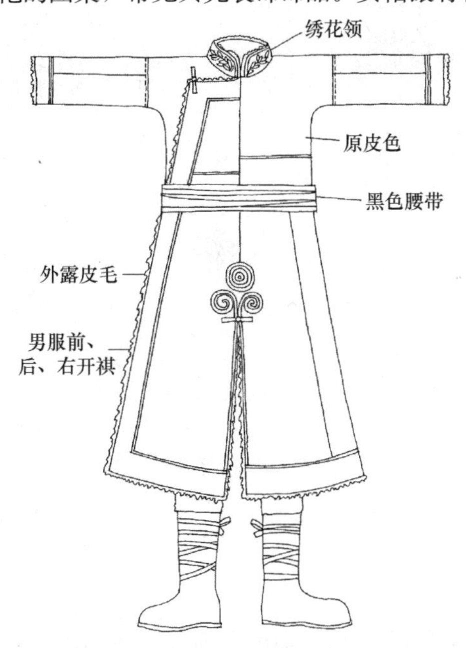

图 5—9　鄂伦春族男子服饰

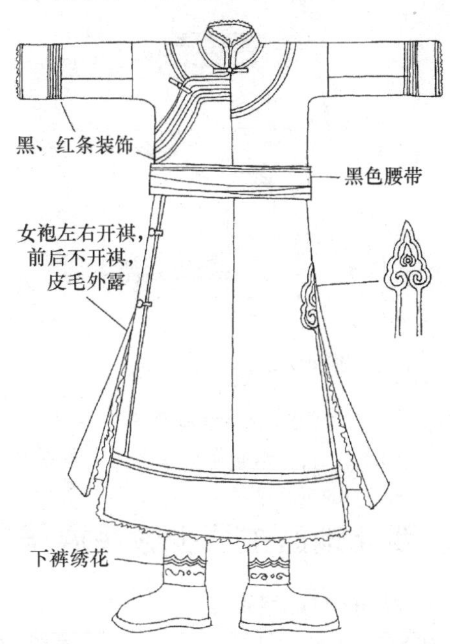

图 5—10　鄂伦春族女子服饰

5. 赫哲族服饰

赫哲族是北方唯一以捕鱼为生产方式和使用狗拉雪橇的民族，起源于黑龙江和俄罗斯接壤处，赫哲是指居住在“下游”和“东方”的人们的意思。赫哲族人口 4 000 余人，主要分布在黑龙江、松花江、乌苏里江下游沿岸，是我国人口较少的少数民族之一。

赫哲族的鱼皮服是独一无二的，非常有特色，将胖头鱼皮、鲑鱼皮、鲩鱼皮、鲤鱼皮晒干，用特制的熟皮工具反复捶打揉搓直至柔软，再用野花染色，制成衣服、腰带、绑腿、围裙、手套等，充分反映赫哲族人民适应自然、利用自然、改造自然的聪明才智。赫哲族人不仅制作鱼皮装，而且制作鱼皮线，鱼皮服具有抗寒、抗湿、耐磨、防滑、防水等特征，在冬季也用狗皮、鹿皮做衣料，不过以鱼皮为主、兽皮为辅。赫哲族人喜欢穿大襟长袍，外套坎肩或短褂，都穿套裤。

男式鱼皮装主要有鱼皮长衫、内有鱼皮套裤，男式套裤上口是斜的，多镶边，脚凳鱼皮靴。冬季戴皮帽子，穿皮袍，中间以鱼皮带系腰，在领口、袖口处翻毛，既保温又装饰，如图 5—11 所示。

女式鱼皮装以长衣居多，形同旗袍，袖短肥，腰身窄，下身肥大，领边、衣边、袖口、后背等多用刺绣或贴皮图案，用鱼骨扣子做装饰，系鲜艳的绣有纹样的宽大腰带，如图 5—12 所示。冬袍的领子、袖口、门襟、下摆处皮毛外翻形成独特装饰效果。套裤上口是齐的，有镶边和绣花。姑娘一般梳一条辫子，婚后改两条，头戴粉红、天蓝色头巾。赫哲族妇女比较重视首饰和发型，年轻姑娘带耳钳，年长者佩戴耳环和手镯。

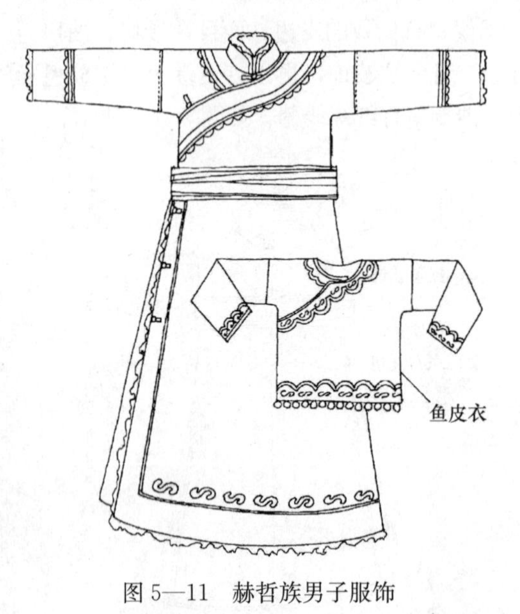

图 5—11　赫哲族男子服饰

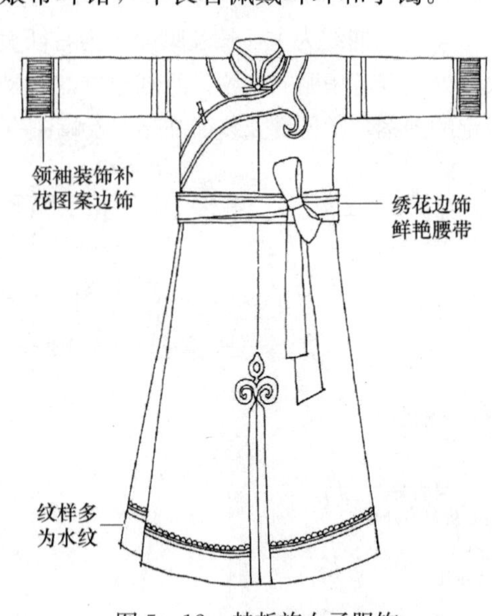

图 5—12　赫哲族女子服饰

二、西北地区主要少数民族服饰

1. 维吾尔族服饰

维吾尔族的祖先丁零人曾游牧于我国北方和西北贝加尔湖以南地区，唐朝南迁至西域一带，并与当地民族相融合，逐渐形成维吾尔族。人口 720 万余人，占新疆总人口的 3/5，主要分布于新疆维吾尔自治区，大多居住在天山以南各个绿洲。

维吾尔族服饰最有代表性的是维吾尔族首服小帽，无论男女都喜欢戴四楞绣花小帽，俗称“朵帕”，不仅是服饰的一部分，还是馈赠亲友的贵重礼物。不同地区、场合、年龄、性别、身份、季节戴不同的花帽。早期的维吾尔族人过着游牧、狩猎的生活，养成了穿皮靴的习俗，多为牛羊皮革制成，这种装束至今仍为维吾尔族男女所喜爱。

男子服装比较简单，长外衣、长袍、短袄、上衣、衬衣、腰巾等，多用黑白布料，蓝、灰、白、黑绸缎，各种宽窄相同的彩布条和几何纹样的本色扎花料等制作。多穿过膝、宽袖、无领、无扣的“袷袢”，腰系长腰巾，起到扣子和口袋的作用，多为黑、棕、蓝等深色，节日里的腰巾十分鲜艳。男子衬衣多为不开胸的贯头衬衣，长及臀部、膝部，多缀花边，如图5—13所示。

女子服装款式较多，主要有长衣、短外衣、坎肩、背心、衬衣、长裤、裙子、连衣裙等，一般都比较宽松，色彩艳丽。最喜欢用“艾特里斯”绸制作衣服，意为扎染的丝织品，已有两千多年历史，质地柔软轻盈，色彩艳丽，图案变化丰富，富有独特的民族特色。未婚姑娘以辫为美，女童每增一岁就增加一条发辫。喜欢戴耳环、项链、胸针、手镯等。面装上的主要特点是“点痣”“连心眉”，认为在脸上合适的位置点一黑痣，并将两眉用黛连接起来，形成春燕展翅状非常美丽。按照伊斯兰教教规限制，婚后妇女不能“抛头露面”，忌光着脑袋在户外、宗教礼节或见长辈的场合中，一般要戴帽子或“琼百勒”（蒙面纱），如图5—14所示。

图5—13　维吾尔族男子服饰

图5—14　维吾尔族女子服饰

2. 哈萨克族服饰

哈萨克族的祖先是西汉古代民族乌孙人，是传统的牧业民族，哈萨克的称呼最早见于15世纪初，有“逃难者”“自由的人”“脱离者”等含义。人口110万余人，主要分布于新疆维吾尔自治区、伊犁哈萨克自治州等。

哈萨克族男子服装比较宽大结实，衣袖长过手指，原料多为马、骆驼、羊的皮毛，非常便于放牧与骑乘。衬衣为套头式，衣领较高绣各种纹样，往往外罩棉或皮的坎肩；下穿大裆皮裤。男性帽子多因地而异、冬夏有别，如阿勒泰地区的哈萨克族部落，冬季戴两侧和后面都有下垂的“三叶”皮帽，为尖顶四楞形，顶插猫头鹰毛；夏季戴白毡帽，由细羊毛织的白毡缝制，分瓣翻边镶以黑平绒或黑羊羔皮，是防暑防雨两用帽。伊犁地区的哈萨克夏季戴白毡帽，冬季戴“库拉帕然”的圆锥形皮帽。无论是阿勒泰地区还是伊犁地区的哈萨克族，戴皮帽时都要戴衬帽。

哈萨克族男子服饰如图5—15所示。

哈萨克族女子一般喜穿鲜艳的花布连衣裙和坎肩，多用红绿蓝绸缎、毛纺织品做成。婚前姑娘大都穿红色连衣裙，裙子下摆与袖口处加三层飞边褶皱，外套黑色或紫红色对襟坎肩，胸前挂缀各种金属饰品，行走起来，叮咚作响，脚蹬高筒皮靴；婚后妇女服饰较为朴素，胸前不戴任何装饰；中年后加戴头巾遮住脖颈、前胸和后背，头巾上缀有银饰珠宝、绣花。哈萨克族首服很有特色，俗称“塔克亚”帽，是下沿大、上沿小的圆斗形帽子，一般用红色、绿色或黑色的绒布制作，帽壳较硬，帽壁多用珠子镶成各种美丽的图案，帽顶用金丝绒线绣花并插一羽毛，尤其以猫头鹰的羽毛为贵，象征勇敢、坚定、吉祥、智慧；帽边绣花镶银箔等饰物。姑娘在出嫁时要戴尖顶的“沙吾克烈”帽，以毡为里，以布、绸为面，上面绣花并用珠宝装饰，帽的正前方还有串珠垂饰脸前，并在婚后戴一年，一年后改大头巾，生育第一个孩子后戴披巾，又叫套头，用白布制作，长垂于臀部以下，绣各种花纹。

哈萨克族的帽子头巾特别讲究，是因为有着头不见天的习俗，男女都要戴帽，无帽时以巾帕缠头，即便什么也没有也要在头上放根草，以示没有亵渎神灵。

3. 塔吉克族服饰

塔吉克族最初是由幼发拉底河左岸的一个称为“塔吉”的阿拉伯部落逐渐演变而来的，塔吉克族早在三千年前就在帕米尔草原建立塔吉国，以畜牧业为主，兼营农业，过着半游牧半定居的生活。塔吉克族人口 3 万余人，主要分布于新疆西南部塔什布尔干塔吉克自治县，其余分布在莎车、泽普、叶城和皮山等县。

塔吉克族男女服饰如图 5—16 所示。

图 5—15　哈萨克族男子服饰

图 5—16　塔吉克族男女服饰

塔吉克族的服装以棉衣和夹衣为主，没有明显的四季更替服装。男子服装样式与新疆地区的其他民族相似，一般是套头衬衣，外罩黑色袷袢，系绣花腰带，外罩坎肩，多为白色、青色、蓝色，绝不绣花，冬季穿皮袄皮裤，腰右侧挂一小刀。塔吉克族的帽子最有特色，俗称“吐马克”帽，为黑绒高筒帽，绣有数道花边，下沿卷起露出一圈皮毛，绒面上带有红色、蓝色的丝绒边或绸子边（青年人与老年人有所区别），帽面与边的连接处有各色丝线的刺绣；夏季戴白布缝制刺绣的谢伊达小圆帽。

妇女的服装比较讲究，一年四季都喜欢穿带花的连衣裙，并穿长裤，天冷时外罩袷袢，年轻姑娘多着红、黄花色连衣裙，不留鬓发，四条发辫上不佩戴饰物，常用小铜链连接起来；新婚妇女梳四辫，各佩戴一排大的白色纽扣或银元等做装饰，已婚妇女外出时常系三角形腰带，臀后带后围裙，佩戴胸饰、项链、耳环和发饰；中年妇女留鬓发，长与耳下垂相齐；老年妇女多穿蓝、绿花色连衣裙，留一条长辫，不戴佩饰。女子不论年龄大小，均戴一顶库勒塔帽，此帽为绣花圆顶带耳围的花帽，后部稍长，可以护住颈部，额部用白布作底，绣各样纹式，盛装时，额部立檐上加缀一排“斯力斯拉”的小银珠，戴大耳环，绕数道珠项链，胸前佩戴叫“阿勒卡”的大圆银饰，出门前，帽外再加白色大头巾，新娘用红色。

4. 锡伯族服饰

锡伯族是古代拓跋鲜卑族的后裔，也有说法是来源于匈奴或女真。1764 年，清政府派锡伯人 3 100 人到新疆守边防，为西北边疆做出过巨大贡献。锡伯族人口 17 万余人，主要分布在新疆伊犁地区的“射箭之乡”察布查尔锡伯自治县。

锡伯族服饰与满族服饰基本相同，男服喜用青、蓝、棕等棉麻土布、细布、绸缎做面料，穿左右开衩的长袍和短袄，上套坎肩，下着长裤，扎腿带和腰带，脚穿皮靴，夏戴斗笠，冬戴毡帽或礼帽。男袍款式都是大半截的，在膝下半尺许，袖口为马蹄形，多为大襟右衽长袍，左右开衩，往往在长裤外加套裤，有的老年人还保留长袍外套马褂。

女服兼有满、蒙古、维吾尔等民族服饰的特征，喜用各色方格布做衣服，多为长袍式宽缘边，右衽大襟，领、袖口、下摆处多镶滚边。喜穿红、绿、粉等色的腰部和下摆多褶的连衣裙，外套齐腰小坎肩，坎肩有对襟的、大襟的，均粘有或绣有花边。长裤扎黑色腿带，脚着白袜花鞋。锡伯族妇女喜用各色头巾，最有特点的是额箍，类似于塔吉克族与克尔克孜族头饰，头箍上有银圆饰，头箍下垂出一圈长长的垂珠，前边长达眉际。

锡伯族女子服饰如图 5—17 所示。

图 5—17　锡伯族女子服饰

5. 裕固族服饰

裕固族源于唐代游牧在鄂尔浑河流域的回鹘，公元 9 世纪中叶，其中一支迁徙到甘肃河西走廊一带，史称河西回鹘，公元 11 世纪中叶到 16 世纪，河西回鹘与邻族逐渐形成裕固族。人口 1 万余人，主要居住在甘肃省肃南裕固族自治县和酒泉县的黄泥堡裕固族乡。

裕固族服装既受藏族和蒙古族的影响，同时又有自己的特点。男子一般穿高领、大襟、右衽长袍，长度等同于身高，穿长裤，系红、蓝色腰带，脚蹬皮靴，腰挂佩刀、火镰、小佛像、小酒壶、烟袋等装饰物品。头戴卷沿皮帽或毡帽，侧看前尖后方，顶上绣图案，边缘绣花或贴黑边。

女子穿大襟长袍，领高齐耳根，下摆开衩，在衣衩、袖口、领口、襟边等处绣花，装饰边缘较宽，具有北方风格，长袍多以蓝色、绿色布料制成。外罩大红等色高领坎肩，束红、绿、紫色腰带，足蹬长筒皮靴。裕固族女子的头饰很丰富，比较有特点的是额带、头面、红缨帽等。额带是未婚少女额前佩戴的“格则依捏”，是在一条红布带上缀各色珊瑚珠，并吊饰玉石小珠串穗做成的饰带，齐眉垂于前额；头面是已婚妇女佩戴的“凯门拜什”（头饰），头面分三条，胸前左右两条，色彩图案对称统一，每条分四节，用金属环使之相连接，上端在耳际系于发辫，坠有彩穗的下端垂于脚面，中间勒入腰带，背后一条，称为“阿尔擦郎”，稍窄于前两条，上端戴在后脑一发辫上，上缀 23 块大小不一的用白色海螺磨制的圆块。头面用红珊瑚珠、白色海贝、玛瑙珠、珍珠、孔雀石、银牌、铜环串缀镶成图案，以红布或青、红香牛皮做底，丝线合股滚边制作而成，重约六七斤。佩戴红缨帽时，必须同时佩戴的喇叭形毡帽，沿上缝有两道黑丝条，后檐微翘，前檐平伸，顶缀红穗。

裕固族女子服饰如图 5—18 所示。

6. 土族服饰

土族源于吐谷浑，属于古鲜卑族。公元 7 世纪，吐谷浑政权亡于吐蕃，一部分东迁融于藏族，一部分降服吐蕃融于藏族，还有一部分留居凉山、祁连山、浩门河流域和河湟地区，便是土族的祖先，土族至元代基本形成，迄今已有七百多年的历史。土族人口近 20 万人，主要居住在青海省东部互助土族自治县、民和县、大通县、同仁县等地。

土族服装的最大特点是用色大胆，色彩鲜艳、对比强烈居于众民族服饰用色之首。土族男子喜穿高领绣花上衣或小斜领，镶黑边袖子的长袍，在领口、襟边、袖口、下摆镶四寸宽的红或黑色边饰，穿大裆裤，腰系两头绣花长腰带，小腿扎上黑下白的绑腿带，穿云纹布鞋，戴毡帽。老人在长袍外套黑坎肩，服装较素，以黑白为主。

土族女子多穿高领或翻领斜襟长衫，领子绣花，两袖用红、黄、蓝、绿、白无色彩布制成，意为穿彩虹袖衫的人。外套黑、蓝、紫镶花坎肩，腰系 4 m 长两头绣花的彩带。下穿镶有白边的绯红百褶裙，内穿裤子，裤腰外加一尺高的高裤筒，下沿蓝、黑色搭配镶边。色彩不同的裤筒是区别女子婚否的标志之一，未婚为红色，已婚为蓝色、黑色。脚穿彩色绣花长筒靴。头戴各种“扭达”头饰。未婚姑娘梳三根或一根发辫，扎红头绳；已婚妇女梳两辫，末梢相连，用珊瑚、松石等缀饰。

土族女子服饰如图 5—19 所示。

三、西南地区主要少数民族服饰

1. 藏族服饰

藏族是一个历史悠久、文化灿烂的民族，发源于西藏境内雅鲁藏布江流域中游地区。据汉文史籍记载，藏族属于两汉时期西羌人的一支，新石器时代已经居住在藏山南地区。藏族人口 460 万余人，主要居住在藏族自治区以及青海省的玉树、海北、黄南、海南、果洛等藏族自治州和海西蒙古族自治州，甘肃省的甘南藏族自治州和天祝藏族自治州，四川省的甘孜藏族自治州、阿坝藏族羌族自治州和木里藏族自治县，云南省的迪庆藏族自治州等地。

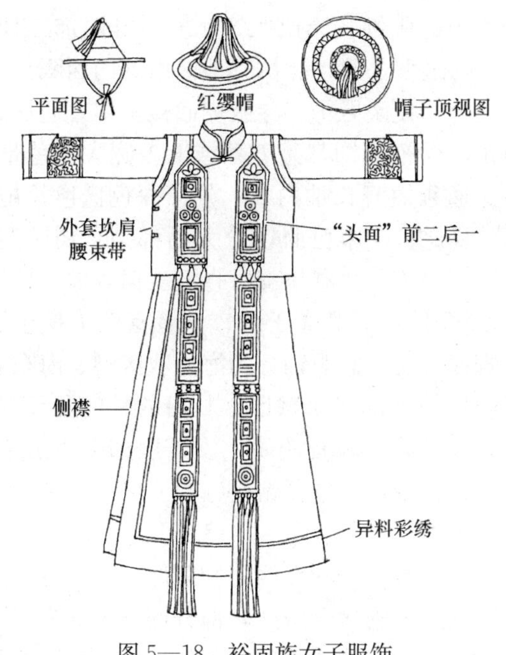

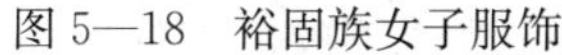
图 5—18　裕固族女子服饰

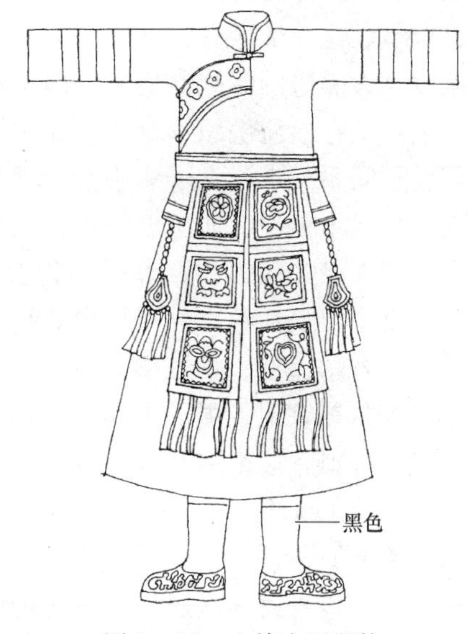

图 5—19　土族女子服饰

藏族世居西南边疆，服饰有明显的地域特点，男女皆喜欢穿绸布长袖短褂，外穿长袍，右襟系带。材料多为兽皮里，呢布面，所有边缘均翻出很宽的毛边。服装基本结构是肥腰、长袖、大襟长袍，跑袖宽敞，胳膊可自由伸缩，既防寒保暖，又便于起居、旅行。藏区属高原气候，早晚冷、中午热，中午气温升高时，便可脱出一个臂膀调节体温，有时干脆两个袖都退下，掖在腰带处，夜间睡眠可以当被子，久而久之，脱一袖的装束成了藏服特有的风格。藏服还突出表现在依次递增排比的服装色彩。藏区皮袍常用蓝、绿、紫、青、橙、黄、米等竖色块依次组成五色彩带，下摆和袖口常用约 10 cm 宽的黑、红、绿、紫色条纹依次排列，很少有具象的装饰纹样。男服多为袖长、宽腰、大襟、肥大的藏袍，袍长一般长于人高，内衬绸缎衬衣，下穿裤子，腰系腰带。

女服多为大襟藏袍，以氆氇为料，内穿红、绿色衬衣，翻领无扣。袖比衣长40 cm，平时挽起，跳舞时放下，腰部系红蓝色为主的色带，一般在下身前面围一块毛织品围裙，俗称“帮垫”，是藏族妇女服饰标志性特征，不同地区的围裙在色块的大小和色彩的组合上略有不同，另短围裙多为城镇妇女使用，长围裙多为牧区妇女使用，梯形围裙在藏北常见，下饰长穗，青海、甘肃地区没有围裙。藏族头饰繁多，妇女多梳辫，农区双辫，牧区多辫。常用鲜红、翠绿、朱红、翠蓝等鲜艳颜色发饰。最为华贵的头饰是巴珠头饰，有三角形和弓形之分，世袭贵妇的巴珠缀以珍珠，平民的巴珠以珊瑚、松石、蜜蜡、银饰等装饰。

藏族女子服饰如图 5—20 所示。

图 5—20　藏族女子服饰

藏族服饰以分布地区和方言为依据划分为卫藏服饰、康巴服饰、安多娃服饰三种。卫藏服饰又分为拉萨型、工布型、日喀则型、阿里型，包括除昌都地区以外的西藏自治区全境，这一地区有牧区和农区严格的等级之分。牧区男子多穿素皮面藏袍即普通皮筒镶以宽大黑边的藏袍，盛装一般是提花皮面袍；女袍边饰都是五条或七条宽大的色带。农区女子穿白氆氇织物制成的花领袍。女子穿通领短身长袖内衣，外穿深色氆氇长袍，男女腰间系长带，女子多在腰间系彩色氆氇“帮垫”。康巴服饰分为昌都型、稻城型、嘉戎型、木里型、迪庆型，包括四川甘孜、云南迪庆、西藏昌都、青海玉树等地。男子穿右衽大襟齐膝短衣，外罩圆领宽袖长袍，武士猎手下摆高于膝、学者富豪下摆于膝下；女子穿长袖衫，外罩坎肩，袍下摆垂至脚面。安多娃服饰分为海周牧区型、海东农区型、若尔盖型、华锐型、白马型等，包括除玉树外的青海藏区、甘肃的甘南及天祝、四川若尔盖等地。男子多喜金钱豹皮做装饰，现多喜水獭皮为贵；女子服饰多用羔羊、氆氇、呢料，边饰多为水獭皮、锦缎，腰系彩绸腰带，不系“帮垫”。

2. 羌族服饰

羌族原不是一个单一民族，三千多年前的商周时期生活在西北和中原地区，春秋战国时从甘肃青海地区迁居于岷江上游，隋唐时期羌人同化于藏人，部分同化于汉人，只有少部分单独保存下来生活在岷江南岸，与当地人融合形成羌族。羌族祖先以畜牧业为主，有“西戎牧羊人”之称，过着食肉衣皮的生活。羌族人口 19 万余人，主要居住在四川省阿坝藏族羌族自治州的茂汶县和汶川县、理县、黑水县、松潘县等地。

羌族服装既有农耕经济特点，又有鲜明的畜牧文化痕迹。男女皆穿自织麻布长袍，系腰带，戴大耳环，皆穿羊皮坎肩，毛皮朝里，肩部和前襟下摆处露出长长的羊毛，前襟一般不系，外加衣料面子或直接将光板披露在外，肩头等边缘处用线缝出图案，但更多的是排列整齐的针码，服饰朴素。传统羌族男服为自织麻布过膝长衫，外套长羊皮坎肩，头缠包头，腰系长布带，下穿裤子绑腿，现代羌族男服基本与汉服相同。

女子穿长袍，过膝略长，下摆成裙形，腰带以红为主，用麻布或羊毛织成，下穿长裤。以布裹脚，脚穿勾交绣花鞋，头上缠包头，喜戴镯子、簪子、银牌等首饰。多绣花，包头、袍子边缘及鞋面布满绣花或刺绣图案，工艺精湛，在我国工艺美术史上占有一定地位。

羌族服饰如图 5—21 所示。

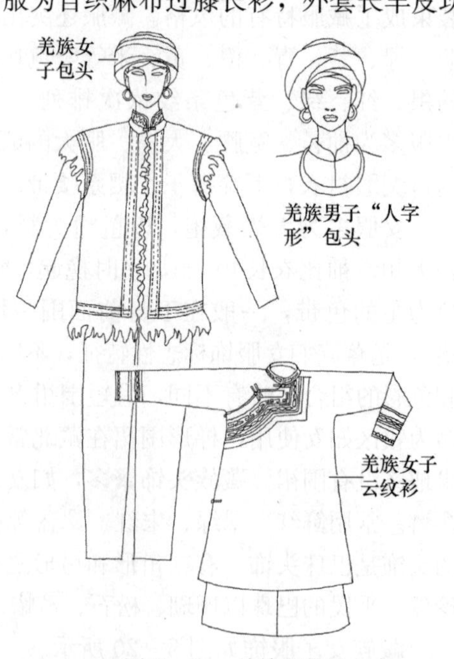

图 5—21　羌族服饰

3. 彝族服饰

彝族是古羌人南下与西南土族不断融合而成的民族，人口约 660 万人，主要居住在四川凉山、云南楚雄、红河地区，少数分布在贵州、广西。

彝族支系众多，所处地域广阔，生产经济类型差异，形成了明显的地域特征。并且，彝族有性别、年龄、盛装、常装、婚服、丧服、祭祀服、战服等各种专用服。按照地域介绍三类代表性服装：凉山型、乌蒙山型、红河型。

凉山型主要指四川凉山彝族自治州和云南沿金沙江地区的服装，山势高险，交通闭塞，与外界交往甚少，服装古朴独特，男女均为右衽大襟衣，皆披擦尔瓦披毡，裹绑腿。男缠头巾，头巾前偏于额头束一个 20～30 cm 的尖椎体，俗称“英雄结”，左耳戴饰物，下穿长裤，并因语言地域不同分为大中小裤脚；妇女穿裙戴头帕或帽、缠帕，双耳戴饰，重视颈部装饰，戴银领牌。凉山型服装又分为美姑型、喜德型、布拖型。美姑型主要流行于四川美姑、雷波、甘洛、马边、峨边等县和昭觉、金阳、云南巧家、永善等县的部分地区，俗称大裤脚地区。男子服饰以大裤脚为特色，最宽裤脚达 160 cm，立裆也很大，并于裤腿内绣一传统图案，腰系布制长腰带。上身以紧为美，多为黑蓝色，两袖及前胸均有红、黄、绿、蓝等色绣纹。男子皆缠英雄结，一般为深蓝色，年轻人的细长，老年人的粗短，由于支系不同，英雄结有的偏左，有的偏右，左耳戴饰物，不留胡须。凉山气候变化不明显，四季着单衣，寒暑变化皆披擦尔瓦（斗篷），生死不离身，死后同焚。女性皆穿右衽大襟衣，下着百褶长裙，童裙两节、成年三节彩裙，上节为腰裙，中节筒状，下节多褶，一般裙长 85 cm，裙摆宽大，周长可达 200 cm，用彩色布料拼接缝制。未婚女子头顶数层蓝布折叠帕，上压发辫；已婚妇女头帕层数增多，生育后换戴荷叶形软夹帽。喜德型流行于四川喜德、越西、冕宁、西昌和云南宁蒗、中甸等地，俗称中裤腿地区。虽比美姑式窄，但仍观之如裙。女服袖窄身长，外套坎肩，装饰花纹以色布镶嵌的“鸡冠牙”为主。妇女头帕为长方形桃花帕，擦尔瓦多为黑蓝两色，长约 100 cm，底边垂穗并镶红、黄、绿盘绣花边。布拖型流行于四川布拖、普洛县及金阳、宁南等县和云南元谋、华坪等县的部分地区，俗称小裤脚地区。男服裤脚小，腰大，裆宽，形如马裤。上衣以短为美，多不过脐，右衽襟，喜缀多排密集长袢扣，披羊皮擦瓦尔，续顶发缠头帕。女服为风格粗犷的内穿大衫，外罩短袖大襟衣，衣短不过脐，衣边、肩、袖镶彩色花纹，长裙多用羊毛织成，质地厚重，披象征性小袖的白色披毡。青年女子头饰以花线锁边的青布巾折叠耸立于头顶，元谋女子戴高筒式黑帽，生育后换戴竹架圆顶大盘帽。

凉山型喜德式彝族女子服饰如图 5—22 所示。

图 5—22　凉山型喜德式彝族女子服饰

乌蒙山型服饰流行于贵州毕节地区、六盘水市和云南昭通地区以及四川叙永和广西隆林等地，此地服饰大同小异，可分为威宁式、盘龙式两种。威宁式主要流行于贵州毕节、六盘水、云南昭通及四川一些地区，男女通穿青蓝右衽大襟长衫，着长裤，头缠黑色或白色头帕，腰系白色腰带，着绣花高钉“鹞子鞋”。男服无花纹，女服领口、袖口、襟边、下摆及裤脚均饰彩色花纹，头缠青帕呈人字形，戴“勒子”、耳环、手镯、戒指等银饰，婚后换成耳坠，系白色或绣花围腰，身后垂花飘带。盘龙式主要流行于贵州盘县以南至广西隆林一带，男女款式多为青蓝色右衽大襟长衫，头帕多为白色，女装花饰较少系黑围腰，两条花飘带垂于前身。隆林女服多为右衽大襟镶边上衣配黑围腰，下穿深色长裤或四幅长裙，在开衩裙子下摆处绣少许纹样，头缠青帕，戴耳环手镯，脚穿绣花鹰头鞋。

红河型服装主要流行于云南省南部，该地区由于历史、地理、民族等多种原因造就了政治经济发展的不平衡以及服装的丰富多彩。男装各地样式基本相同，多为立领、对襟、短衣、宽裤裆，以黑蓝色为主；女服多姿多彩，有长衫、中长衫、短装，多外套坎肩，穿长裤系围裙。头饰琳琅满目，特喜用银泡或绒线做装饰，以饰银为贵美，色彩强烈鲜艳，可分为元阳式、建水式、石屏式、路南式。元阳式主要流行于云南省元阳、新平、红河、金平等县的山区。女装多为高开衩大襟衣，一般穿两件，内为花饰长袖或套袖衣，外为多半臂衣，衣长及膝或及胫，元阳金平等地妇女还有坎肩。下穿宽腿长裤系大腰带，习惯将衣襟束于身后。上衣的托肩、衽边、袖部、下摆处装饰较多，裤子花纹较少。头饰很特别，多戴银泡镶嵌的鸡冠帽，出嫁后改为黑色包巾。建水式主要流行于云南省建水、石屏、峨山等县，汉化程度较深，男服主要特点是衣襟处密钉长襻或银币。女装多为大襟衣，宽腿长裤，衣外或套坎肩或戴围腰，也可同时穿戴。石屏式主要流行于石屏、峨山、蒙自等县的部分山区，男装多为黑、深蓝色为主的立领对襟衣，下穿宽腿裤。女装多为紧袖衣衫，坎肩一般不系扣，下穿黑或深蓝长裤，裤脚用浅蓝布镶边，全身色彩以黑红为主，夹以绿、蓝、白等色，服饰工艺以刺绣、挑花、银泡镶嵌为主。路南式主要是指云南省路南彝族自治县石林、圭山一带的撒尼人服饰，女子上衣多为蓝或白镶花边的斜襟长衫，斜背小披肩，披肩的带子露在小围腰的下面，下着深蓝色肥裤，头上用花条带子包头，形如彩虹，在包头的左右两侧有两个三角形饰物，名为“蝴蝶”，是未婚姑娘的标志，平时不能触动，只有在火把节恋人才有权触摸。

石屏式彝族女子服饰如图 5—23 所示。

4. 苗族服饰

苗族的祖先是史籍记载的“南蛮”，早在秦汉时期，苗族祖先已聚集在至今比较集中的湘西黔东地区，秦汉称“五溪蛮”，唐代时期称“苗”，苗族人口 740 万余人，主要居住在贵州、湖南、云南等省，是我国少数民族中支系多分布广的民族之一。

苗族服饰是苗族的标志，一直保持自己独特的风格，主要特点是造型款式繁多，色彩丰富，佩饰多，图案精美。由于历史条件、经济状况、自然环境、生活习惯、支系差异等不同，各地苗服区别较大，苗族服饰有百余种之多，大体分五类：湘西型、黔东型、黔中南型、川黔滇型、海南型。

湘西型流行于湖南西部方言区，包括湖南省湘西土家族苗族自治州，贵州省松桃、晴隆，四川省秀山、酉阳，湖北省鄂西土家族苗族自治州等地，这一带苗族在历史上与汉族来往密切，服饰汉化明显。女服一般上衣为圆领大襟右衽宽袖衣，下穿宽腿裤，腰系绣花围裙，衣襟、袖口、裤脚都饰以花边，头缠黑帕，冬季外套无袖坎肩，盛装喜戴银饰；男子上穿对襟短衣，腰系带，下穿长裤，缠头帕，打绑腿。

湘西苗族女子服饰如图 5—24 所示。

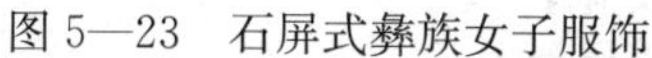

图 5—23　石屏式彝族女子服饰

图 5—24　湘西苗族女子服饰

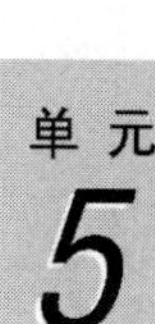

黔东型主要流行于黔东南苗族侗族自治州各县和邻近该州的都匀、三都、荔波以及广西融水、三江等县，黔西南的贞丰、安龙、兴义、兴仁等县的部分地区。男服为对襟短衣或大襟长衫，下穿长裤系腰带，用长巾缠头。衣料多以自织自染棉布为主，广泛运用刺绣、挑花、蜡染、编织工艺，图案精美，色彩艳丽和谐，丰富的银饰达 40～50 种。黔东型又分为台江式、雷公山式、丹寨式、丹都式、融水式。台江式盛装为交领右衽绣花衣，前襟略长于后襟，下穿百褶长裙或中裙系围腰，外套刺绣图案花带裙，打绑腿，足蹬绣花鞋，头上颈部佩戴银饰，有的重达二三十斤，银饰之多为少数民族之首。雷公山式特点是短裙，盛装时上衣为无绣或满绣大领对襟衣，下穿百褶裙一般都在膝部以上，最短 20 cm，平时穿 4～5 条裙子，节日时穿 7～8 条，腰系围裙长于短裙。有的还系后围裙。丹寨式流行于贵州丹寨的龙泉区，特点是不穿裙，盛装多为大领对襟短衣，袖肥花饰讲究，融合刺绣、堆花、贴花、挑花、蜡染等多种工艺，制作精细、古朴、典雅。现代丹寨姑娘多穿青色大襟，衣长及膝，下着宽脚短裤，裤长与上衣等齐。已婚妇女上穿琵琶襟短衣，襟边镶贴色布衣，短不遮腹，系前后围裙，腰系花带或缠银饰，小腿扎绑腿，婚前挽髻于顶，婚后发髻蓬松，平时头包黑帕，并在脑后别一枚银质蝴蝶为饰，节日时头叉银饰，喜戴项圈、手镯、耳环等。丹都式主要流行于贵州省的三都、都匀、丹寨等县，俗称“白领苗”。女装常装为大襟右衽短衣，襟边、袖口镶有花边，盛装上穿左衽衣，开襟和领口较为独特，领口略成梯形，肩袖部饰以精美的蜡染图案，以旋涡纹样为主，下着长裤，盛装时外套长裙，裙料多以绸缎或花条布拼贴而成。妇女蓄发挽髻，平时用方帕包头成尖帽状，外缠花带，盛装时髻上银饰，戴项圈手镯等。融水式流行于广西融水、三江，贵州榕江、从江、锦屏、黎平，湖南靖县、会同等地。男服基本汉化，只在节日时穿传统服饰，特点是上穿交领对襟衣，下着宽脚裤，头裹青布；女装特点为上穿大领对襟衣，戴菱形胸饰，襟边袖口喜用绿色或红色花边做装饰，胸及领口饰以精美的花纹，平时下着长裤，盛装时下着青色百褶裙。不同地区服饰略有不同。

黔东型融水式苗族女子服饰如图5—25所示。

图5—25 黔东型融水式苗族女子服饰

黔中南型主要流行于黔川滇方言区的贵州中南地区，贵阳市郊、黔东南重安江两岸也有部分分布，由于地理、历史原因，该地服饰兼有黔东型和川黔滇型两者的特点，按不同地区可分为罗泊河式、花溪式、南丹式、惠水式、安清式、宁安式、重安江式。罗泊河式流行于贵州龙里、贵定、福泉、开阳等县罗泊河两岸地区，传统男装为大襟长衫，腰间束带。女装盛装时上着交领对襟青布夹衣，领及两襟有宽花饰，袖部与后背也有花饰，有的还缀以银泡，下着白地蜡染细褶裙长过膝，束素色围腰缠青色绑腿。姑娘戴花帽，已婚戴蜡染头巾，巾外系白布带，老年妇女服装为无花饰青色布衣。花溪式主要流行于贵州的贵阳市郊、修文以及镇宇、贞丰等县的部分地区，以贵阳花溪等地为集中点。男装已汉化，只在盛装时才着长衫，束花围腰并饰花披带，戴项圈等饰品；女服为前短后长的贯头衣，俗称“旗帜服”，领子奇特，穿时向外翻折，两袖与背部及后摆均有精美挑花图案，下穿多褶青裙长及膝，裙外系前围腰布面桃花。南丹式主要流行在广西南丹县，主要特点是前多后长的贯头衣，下着百褶裙长及膝，系花腰带，缠白绑腿。便装花色少仅背部有蜡染花饰，盛装花饰满身挑绣与蜡染兼用，色彩以深蓝色、红色、黄色、白色为主，年轻妇女梳髻于顶，喜戴银项圈与手镯。惠水式主要流行于贵州省惠水、龙里、贵阳高坡及贵定、平塘、罗旬、长顺等部分地区。女装多为交领短衣，衣袖有长短宽窄之别，后背饰有背牌，背牌或为刺绣品或为海贝银饰镶钉。下着细褶裙长及膝，近些年某些地区服饰有所变化，妇女已改裙为裤，系前后围腰，缠绑腿。包头形式各地不一，有圆盘形、橄榄形等。安清式主要流行于贵州安顺、平坝、清镇、长顺等县的部分地区。女装为大领对襟上衣、衽边，衣袖、后背、下摆均有绣花，盛装时衣摆饰多层刺绣，有多重衣的效果，下着细褶裙，裙摆饰浅色布边，盛装时习惯多条裙子系满绣围腰，缠绑腿穿绣花鞋，头戴帽或帕。男装为蓝色布长衫系腰带，戴项圈缠头帕。安宁式主要流行于贵州省镇宁、安顺、紫云等县部分地区，因与布依族混居所以与其相似。女装上着深色右衽偏襟短衣，收腰宽摆呈扇形，袄边及摆边镶有花边，袖饰多彩色布，下着多褶蜡染长裙，前系黑色围腰。重安江式主要指贵州省黄平县重安江沿岸的服饰，以蜡染为主。苗族分支革家姑娘的盛装很有特点，像古代武士的盔甲，由红缨帽、蜡花衣、围腰、背牌、百褶裙、花绑腿等组成，上衣对襟无扣，左右及后摆开祺，头饰有象征弓箭的银饰，胸前饰以银项圈。

川黔滇型主要分布在川黔滇方言的贵州西部，四川南部，云南东南、东北部，广西西部。可分为昭通式、毕节式、开远式、织金式、安普式、江龙式、丘北式、古蔺式、马关式九种。昭通式主要分布在云南东北部和贵州西北部的乌蒙山区。男穿白色麻质对襟长衫，无领无扣，衣袖肥大，袖有蜡染挑花及贴补图案，肩背部有精美图案的花披肩，头缠白包头，下着长裤打绑腿。妇女上穿白麻布无领对襟短衣，外饰大花披肩，下着白地蜡染中长褶裙，长至膝，披肩大而厚，其图案以菱形三角形为主，后背垂以数条红穗，有的地区披肩较小，在上衣两肩处另缀花袖臂。年轻姑娘梳辫盘，婚后椎髻于顶插梳子。毕节式主要流行于贵州省毕节地区，俗称“小花苗”和“木梳苗”。女装上为缀有花披肩的对襟无扣上衣，下为蜡染或挑花及膝百褶裙。“小花苗”裙子花饰色彩有固定的顺序，青年女子头饰掺假发或红色、黄色毛线缠成大包头，生育后缠髻于顶；“木梳苗”裙子色彩依个人喜好，以头戴牛角形大木梳得名。男子传统服饰为无领无扣白色麻布对襟长衫，下着衣裤，腰缠白麻布腰带，盛装时均着花披肩，披肩图案精美，以挑花、镶补、蜡染为主，其主要色彩为红、黑、黄，间用白色。开远式主要流行于云南省文山、红河两州部分地区以及贵州普定、六枝、盘县等地，以及开远、蒙自、弥勒等地区。男装与汉服相似，女装简便，盛装丰富，上为交领右衽窄袖花衣，下着蜡染裙，裙长及膝，系围腰戴头帕，扎绑腿，以挑花及蜡染为主，头饰因地而异，有戴绣花巾的，有缠头帕的，未婚姑娘喜梳双辫。织金式主要流行于贵州省普定、大方、纳雍、织金等地以及广西隆林、云南个旧地区。女穿交领偏襟绣花短衣，衣的前后摆多为双层，下着过膝或及脚面长裙，周长约 5 m，有的穿时在两侧打褶，有的只在右侧打褶，有的在前腰打褶。装饰工艺以蜡染、镶花、刺绣、缠绣等为主，图案以卷曲的花草纹为主，主要颜色有红、黄、绿、蓝等，妇女梳髻插木梳，头饰较简单。安普式主要流行于贵州安顺、普定、平坝等地，妇女常装素雅，盛装为交领右衽肥大短衣，下着过膝长裙，内穿长裤，系围腰和织花腰带，裙腰及裙的一侧有花饰。头上掺少量假发盘髻于顶，插月牙形木梳，外用银链缠绕，也有地方缠青布包头。江龙式主要流行于贵州镇宁、紫云、安顺三县的交界处，女装上为交领右衽窄袖衣，外套无扣敞胸短坎肩，下围筒裙，裙长及踝，系白麻布长围腰束织花腰带。发型是将一根两端各扎半截木梳的竹片，一端固定于头顶，另一端悬在右方，然后将长发分为三股并掺假发分别缠绕在竹片上，发型蓬松呈长角状。丘北式流行于云南丘北、文山、麻栗坡，贵州望谟、安龙以及广西隆林等县的部分地区。女装上为带后坡领的对襟短衣，下穿多褶蜡染或白色麻布裙，裙外系长围腰，扎腰带缠绑腿。古蔺式主要流行于四川古蔺、筠连，云南彝良、威信以及贵州仁怀、金沙等县。传统男装为青色大襟长衫，衣衩开得很高，有些还系缀长方形绣花披领，腰系花带，头缠包头。传统女装为青色对襟或大襟衣，蜡染绣花褶裙，衣外套梯形绣花长裙，腰系织花带，缠头帕打绑腿。马关式主要流行于云南省的马关、屏边等县，还有四川、贵州、广西等地。现代男装基本与汉服相似，只少数地方还保留穿大襟长衫的习惯。女装基本为大襟右衽短衣，下着蜡染褶裙，系围裙垂飘带，缠绑腿。装饰工艺以蜡染、挑花为主兼以织花、刺绣。妇女多缠圆盘形青布包头，布长 15 m 之多，盛装时包头外饰一条带花穗的绣花带，有的地方也缠白布，银饰较少，只少数地方戴手镯耳环。

海南型服饰主要指海南岛少数苗族的穿着，因地处亚热带所以不分季节性。传统男装为青色立领琵琶襟短衣，一般有 5～7 粒扣，下着单色长裤，头缠青布，现代男子穿汉服。妇女穿深蓝色圆领右偏襟及膝长单衣，一般只在颈下钉一粒扣，下围蜡染无褶短裙，与上衣所掩并与上衣齐，衣外系织花彩色腰带，天冷时打绑腿。束发，或包挑花头帕，或戴有花饰的尖角头帕，或戴顶部有圆洞的巾帽。银饰较少，只戴耳环、手镯。

海南型苗族女子服饰如图 5—26 所示。

5. 侗族服装

侗族是古代“骆越”的一支发展而来的，秦汉时期在岭南的广西、广东地区聚集着许多部落，统称为“骆越”。侗族人口 250 万余人，主要居住在贵州黎平、从江、榕江等县。

侗族服饰多用自纺自织的侗布为衣料，色彩多为黑色、深蓝色、深紫色、白色等，分不同场合和季节穿，朴素美观，常用鲜花装饰。古时男子梳髻，腰系花带，至今一些山区仍如此。最典型的男服是用“蛋布”制作的，“蛋布”是侗族独特的传统手工织染品，结实耐穿，染色得适，先将土布浸入靛蓝染缸中浸泡数小时后，在河中冲洗，晾干后反复多次，上色后以牛胶上浆，再用薯莨染定，放入甑子蒸熏，涂上鸡蛋清，置于光滑的青石板上捶捣，使布由粗变细，由厚变薄，呈紫红色闪光发亮，称之为“亮布”“蛋布”。有些地区穿右衽无领短衣，长巾围腰，青布包头，外罩无扣短坎肩，下穿长裤裹腿，上绣图案。

图 5—26　海南型苗族女子服饰

侗族男子服饰如图 5—27 所示。

女子服饰色彩有青、紫、蓝、白等色，上衣为半长袖，对襟无领无扣，颈部挂一个较长的围胸以遮胸腹，外罩青围裙，围裙上端一条 6～7 cm 宽的蓝或绿腰带。不同年龄要使用不同颜色，未婚用蓝、已婚用深蓝或绿、生育后腰带要与围裙同色。下穿分穿裙和穿裤两种，裙为及膝百褶裙，小腿裹蓝色或绣花裹腿，穿绣花鞋。头饰为三角巾或头帕，未婚多用红线与头发合编发辫盘于头上，已婚挽髻于顶插银簪、木梳等饰物。图案简练，除围胸上有精美刺绣外其他部位花纹较少。

侗族女子服饰如图 5—28 所示。

图 5—27　侗族男子服饰

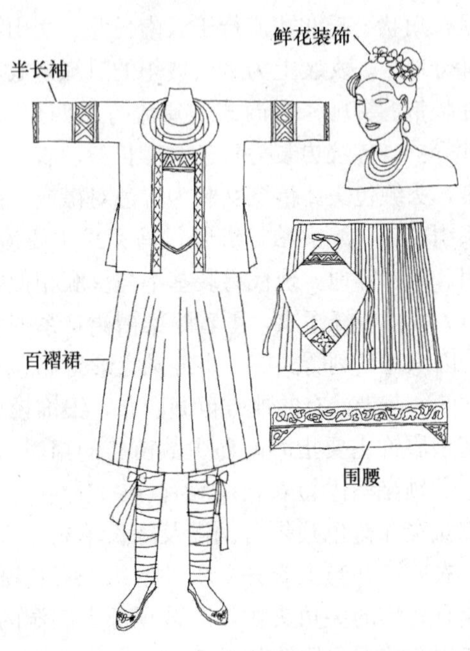

图 5—28　侗族女子服饰

6. 布依族服饰

布依族是古代“百越”中的一支，自称“布依”“布雅伊”“布仲”“布饶”等，新中国成立后统称布依族。布依族人口255万余人，主要居住在贵州省西南地区两个布依族苗族自治州及安顿地区和贵阳市等地。

布依族男服与汉服区别不大，比较单纯，年轻人穿对襟短衣排扣，中年人穿大襟短衣，老年人穿短衣或长衫，下衣均为长裤，多半包花格或青色头帕。

布依族女服主要分为两大类：短衣长裙和短衣长裤。短衣长裙通常上衣为大襟短衣，领口、盘肩、衣袖、下摆边沿皆用织锦和蜡染几何图案镶制，前系绣花长围裙，下穿百褶长裙，用白底蓝蜡染花布缝制而成，盛装穿6件上衣、9条裙，系一条青或蓝绣花腰带。短衣长裤通常上衣为蓝色圆领大襟半长衫，衣肥袖宽，长及膝，下穿青布长裤，衣襟、领口、裤脚上镶蜡染或刺绣花边，系青布围腰。未婚姑娘要头顶绣花头巾，用发辫压住，已婚妇女要在包头内衬近一尺长的箕形竹皮，俗称“假壳”，以竹笋壳为架用布扎成，喜戴银或玉手镯、戒指、项圈、银簪等装饰品。

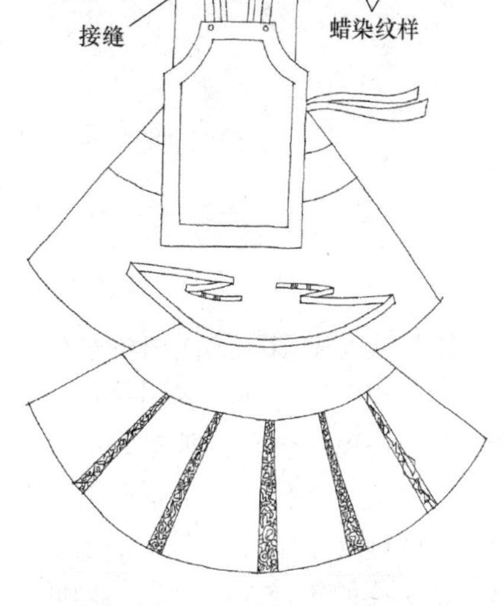

图5—29 布依族女子服饰

布依族女子服饰如图5—29所示。

7. 佤族服饰

佤族的祖先是周秦时期“百濮”的一支，不同地区有不同自称，如“佤”“巴饶”“布饶”“阿佤”等，新中国成立后统称佤族。佤族人口35万余人，主要居住在云南省西盟、沧源、孟连三县。

佤族男子上身穿黑色或青色无领短上衣，下身穿黑色或青色折腰、大裆、宽短的大裤脚裤，缠绑腿，头缠包头，喜戴银饰，耳穿黑、红线穗，颈部戴竹、藤圈，挎长刀。

佤族男子服饰如图5—30所示。

佤族女子上身穿V领贯头无袖紧身短衣或连袖上衣，下身穿筒裙，以枣红色为主色，间织黑白横纹，腰系球链，多披发。束7～8 cm金属做的头箍，颈部饰多个项链、耳坠、耳筒或大圆耳环，上臂及手腕戴银饰，腰和小腿上端均套若干竹圈或藤圈。

佤族女子服饰如图5—31所示。

8. 景颇族服饰

景颇族祖先是羌族的一支，古代生息在康藏高原南部山区，唐代开始迁入云南省西北部，是我国云南省西部山区的开拓者之一，人口10万余人，主要居住在云南省德宏傣族景颇族自治州的潞西、瑞丽、陇川、盈江和梁山等地。

景颇族男子多穿黑或白色对襟短上衣，下穿肥腿长裤系腰带或绣花腰带，挎彩色民族包，佩长刀，年轻人喜戴两端绣图并缀有彩色绒球的包头，领部缀绒球或黑色藤圈。

图 5—30　佤族男子服饰

图 5—31　佤族女子服饰

景颇族女子多穿黑或白色对襟圆领或无领窄袖上衣，下穿红色景颇族锦裙或花色毛织筒裙，腰围黑色藤圈或刻花竹圈，小腿绑红色为主的护腿，头戴筒形包头，戴耳环，挎红色织锦民族包。盛装穿无领黑色对襟上衣，肩部和胸、后背都装饰许多大大小小的银泡，以银币为扣，女子婚前为齐眉短发，婚后开始蓄发缠头。

景颇族女子服饰如图 5—32 所示。

景颇族的年轻人不许在父母面前蓄长发留胡须，对长辈的包头不准乱动，为庆丰收景颇族同胞非常爱跳“母脑纵”，即大型歌舞，包头上插长孔雀毛的领舞带领上万人围着舞场中竖起的三块木牌尽情欢跳，一般持续四天四夜。

9. **纳西族服饰**

纳西族源于古代羌人向南迁徙的一个支系，自称“纳西”“纳恒”“纳汝”，统一后统称纳西族。纳西族人口近 30 万人，主要居住在云南省西北部丽江纳西族自治县，维西、中甸、宁蒗等地。

纳西族男子服饰以蓝、黑、白为主，喜穿藏式袍，头戴皮帽或礼帽。中年男子穿大襟长衫，过膝宽脚裤，腰系羊皮兜，缠绑腿，现在的男服接近汉服，只有少数地区还保留民族服饰。

纳西族女子服饰分为丽江式、三坝式、泸沽湖式。丽江式是指女子上穿浅色衬衣，外套重色大襟坎肩，有很宽的边缘，前襟短后襟长，下身着裤，裤外再套裙，裙外还有一件黑色或深蓝色长围裙，出门时再披羊皮

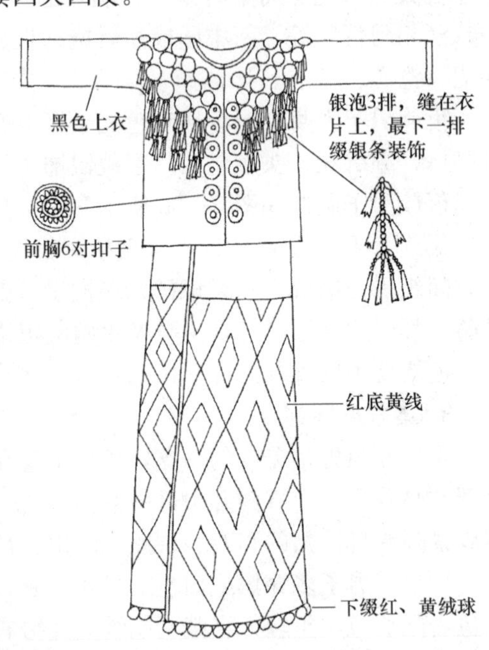

图 5—32　景颇族女子服饰

披肩，俗称“披星戴月”“七星披肩”，肩部缀有两个大圆布圈，左圆代表太阳右圆代表月亮，大圆下并排七个直径约 10 cm 的小圆布圈，每圆下垂两根 50 cm 长的细鹿皮线可系所背之物。两条白布飘带由肩部至胸前交叉十字结再围于腰间，飘带尾端有淡雅古朴的单色挑花图案。三坝式是指纳西族汝支系服饰，上身穿绣有彩色花饰的开领对襟麻布长衫，两侧在腰部开长衩，下穿多褶长裙内套长裤，腰系彩带，冷时披长毛羊皮披肩。婚后红布缠头，喜戴银耳环手镯等装饰品。泸沽湖式是指纳西族支系泸沽湖摩梭人服饰，13 岁以下男女皆穿长衫腰束布带，13 岁后女子有个更衣仪式俗称“穿裙礼”，其后改穿深红色右衽大襟金边上衣，盘扣系结，中式立领、连袖，用较宽艳丽毛织物围腰，下穿白色百褶长裙，裙下方绣一道红色彩线装饰，裙内穿裤。以粗大发辫为美，选黑色丝绒线合着发辫搓成绺盘于顶或用牦牛尾编成假发，一般上缀彩色珠串。

纳西族男女披肩如图 5—33 所示。

10. 基诺族服饰

基诺族意为舅舅的后代或尊敬舅舅的民族，关于基诺族的记载直到清初才开始，据历史传说基诺族是从普洱、墨江甚至更远的北方迁来的，后定居基诺山、攸乐山及周边，另一传说是随孔明南征掉队的将士，因此有很多习俗与孔明有关。基诺族人口 1 万余人，主要居住在云南省西双版纳傣族自治州景洪县基诺乡。

基诺族男子服饰多以蓝、红、黑条纹相间的土布制成，穿镶边的白色粗布对襟圆领短褂上衣，无领无扣，下摆和袖口都有黑红相间的条纹。下穿白、蓝色及膝宽裤，用白、黑土布缠腿。男服背部图案最为突出，衣背上有 10 cm 左右的黑或白布中间绣圆形彩色花纹，称“太阳花”或“孔明印”，头戴黑包头巾，未婚缀彩色绒球，已婚去掉球，男女皆穿耳洞，并在耳垂上戴竹制或银制的刻有花纹的耳铛，以耳洞大为美。男女皆挎包，挎包均用约半尺的背带并垂穗绣花。

基诺族女服上衣为深色无领无扣对襟短褂，上半部分多用黑或白布，下半部分及袖子多用红、蓝、黄、白、黑、绿等七色刺绣或配置，短褂内穿饰满各种银饰珠子的鸡心形肚兜，少女肚兜在外，已婚肚兜在里，上衣背部缝一块约三寸见方的白布上绣太阳花式图案。下着红色镶边的黑色前开合筒裙长及膝，用绣着花边的黑或蓝布绑小腿，全身为横条间图案。基诺族女子的首服很有特色，长约 60 cm、宽约 20 cm 的尖顶帽，由黑、淡红、黄色条纹的土布（俗称砍刀布）制成，帽尾较长垂至肩上，将竖条纹土布对折缝一边，戴时正面向上翻卷，也称尖翅帽。姑娘一般不束发，帽子尖顶朝上，已婚多将头发挽成髻用竹制发卡卡紧，帽边向前倾斜。

基诺族女子服饰如图 5—34 所示。

基诺族服装上喜在背部绣太阳花，来源于一个有关爱情的传说，为纪念随彩虹上天的姑娘，便把姑娘留下的太阳花绣在背上。

11. 德昂族服饰

德昂族的祖先是汉晋时期的濮人、隋唐时期的茫蛮、扑子蛮、望苴子蛮，也是佤、布朗等族的祖先，自称“崩”“崩龙”“德昂”，1985 年确定为德昂族，是西南古老民族之一，人口 1 万余人，主要居住在云南省德宏傣族景颇族自治州。

德昂族男子多穿黑或蓝色大襟无领长衣，下着肥大长裤，胸前佩戴银项圈，腰系腰带，筒帕、耳垂、颈部、胸前都佩戴各种颜色的绒球，头裹白或黑布，两端也佩戴彩色绒球。

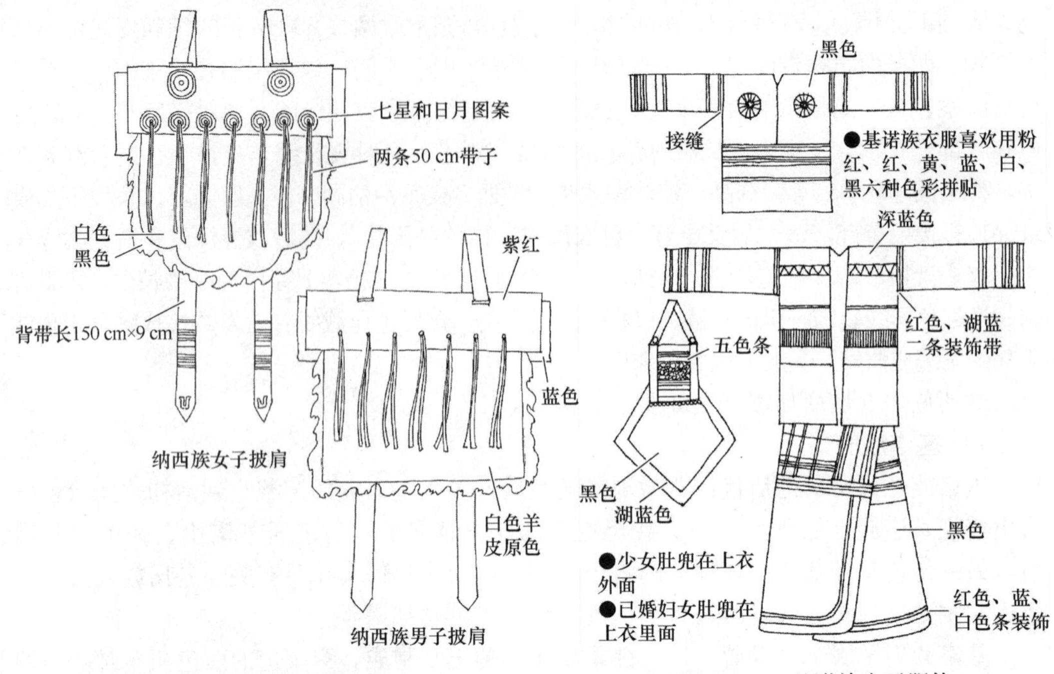

图 5—33　纳西族男女披肩　　　图 5—34　基诺族女子服饰

德昂族女子多穿蓝、黑对襟短上衣，襟边镶两条红布条，下摆用红、绿、黄三色小绒球装饰，以大方银牌为扣，戴大耳坠银项圈，腰带衣边等处施绣加穗，下穿黑绒织成的裙，间织有红绿白细线条，长度到踝。德昂族最具特点的是腰箍和鲜艳的小绒球，姑娘成年后都要佩戴数个甚至数十个，腰箍越多越精致，说明越能干越巧。

德昂族女子服饰如图 5—35 所示。

腰箍习俗是唐代德昂族祖先—茫人部落“藤篾缠腰”习俗的延续，传说德昂族的祖先是从葫芦里出来的，女人到处乱飞，男人为拴住女人就用藤篾套住，后变为装饰美的标志。

12. 傣族服饰

傣族祖先是古代南方越人，自称“傣泐”“傣那”“傣雅”“傣朋”等，唐代称之为“金齿”“银齿”“黑齿”，元明称之为“白衣”，清称之为“摆夷”，新中国成立后正式定为傣族。人口 100 万余人，主要居住在云南西双版纳傣族自治州和德宏傣族景颇族自治州、耿马傣族自治县、孟连傣族拉古族自治县。

傣族男服多为大襟或对襟无领小袖短上衣，长裤束腰，缠丈余长的白或青色头巾，冬季披线毯，现代男服与汉服相仿。

傣族女服多为浅色紧身窄袖短上衣，细腰宽下摆，下为及脚面的彩色筒裙，系银质链式腰带，脑后偏右梳发髻插梳子和鲜花。最有特点的是花腰傣服饰，上衣短小一般为两件，一件是贴身的圆领左衽无袖内衣，长及腹部，多由青蓝、粉红、草绿色绸子制成，领边、襟边及下摆镶有一排排银泡、银穗。外罩一件比内衣还短的无领无扣短衣，襟边下摆装饰彩条或绣花边，有的襟边也镶细银泡银穗，袖子细长到腕部，下半截镶红、黄、绿、白等色相间的彩条。下为宽大青色土布裙，裙边用彩条镶饰。花腰带穿着时左高右低，裙摆呈横斜状，因上衣较短腰带外露，所以都用一条比较宽的自织彩带缠腰数周既可系裙，又可束腰，花腰之名由此得来。

傣族女子服饰如图 5—36 所示。

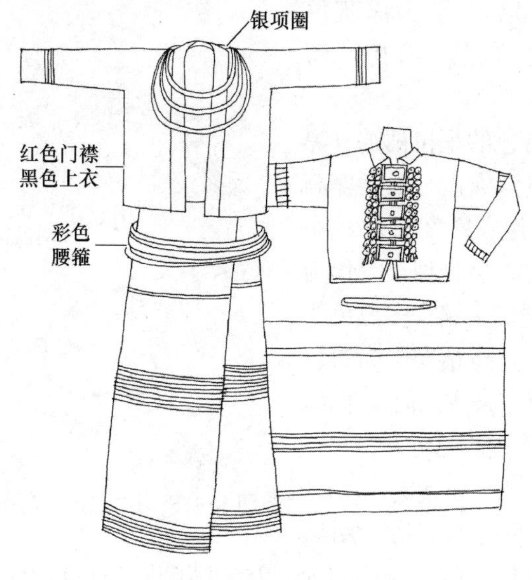

图 5—35　德昂族女子服饰

图 5—36　傣族女子服饰

傣族是古越人的后裔，文身历史悠久，一般文于胸、腹、背、四肢，傣族的传统文身方式一种是鳞刺，即刺完的纹样呈鱼鳞状或蛇皮状，现在已不多见；另一种是字刺即刻刺佛经或巫术咒语（傣文），流行于西双版纳地区；还有一种是形刺，即刺大象、孔雀、龙、蛇、佛塔等形象，流行于临沧、思茅等地。

13. 白族服饰

白族祖先与古羌人有密切关系，自称“白子”“白尼”，1956 年中央人民政府定为白族，人口约 1 600 万人，主要居住在云南大理白族自治州。

白族崇尚白色，白族男子盛装多穿白色黑领对襟上衣，外套黑布坎肩，腰系绣花肚兜，白或蓝布包头，黑或蓝色长裤打白绑腿，喜背艳丽的绣花挂包，现今男服已受外来影响改变甚大。

白族女子穿白色前短后长的上衣或蓝色宽袢，外套黑色或紫色丝绒斜襟坎肩，右衽上挂银饰，腰束绣花飘带的短围裙。下穿蓝或绿色长裤，脚踏绣花鞋，头上是深蓝色扎染或白色绣花布，喜在耳、手、胸佩戴银饰。未婚梳辫子，用红色头绳将辫子盘于顶，戴帽箍，已婚挽髻头戴挑花或扎染头帕。

白族女子服饰如图 5—37 所示。

图 5—37　白族女子服饰

14. 拉祜族服饰

拉祜族源于甘肃、青海一带的古羌人，早期过着游牧生活，公元 8 世纪迁入西南地区定居，意为火烤虎肉，自称“猎虎的民族”等，新中国成立后定为“拉祜”，含幸福之意。人口 40 万余人，主要居住在云南西南地区澜沧江东西两面的思茅、临沧以及西南边境各县。

男服上为黑色或蓝色对襟或开襟圆领短衣，用银泡或铜币做纽扣，左胸有彩色图案的小口袋，下为深蓝色肥裤，缠包头或戴黑帽，帽顶缀红蓝色布条，身挎“筒帕”（挎包）、长刀、牛角等。

女服因支系不同各有差异，比较有特色的是拉祜纳（黑拉祜）和拉祜西（黄拉祜）。黑拉祜女服为袍式右衽大襟高开衩长衫，衣领、衣襟袖口等处镶贴几何纹图案布块或布条，沿衣领开襟处缝制很多小银泡或镶贝、植物种子等作为装饰。长袍内穿肥大蓝色土布长裤打绑腿，头缠丈多黑色头巾，两端缀彩色丝绒穗，一端垂于腰际。黄拉祜女服为黑色无领对襟短衣，胸前衣袖衣身上镶贴红色布条或几何纹布条，下穿褶裙或镶贴彩条的筒裙，内穿长裤，头裹浅色包头。

拉祜族女子服饰如图 5—38 所示。

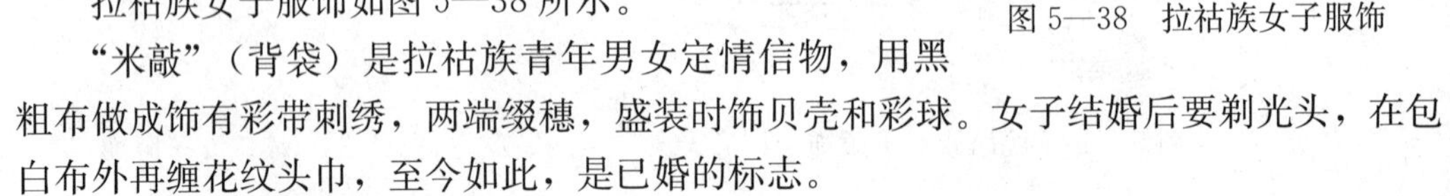

图 5—38　拉祜族女子服饰

“米敲”（背袋）是拉祜族青年男女定情信物，用黑粗布做成饰有彩带刺绣，两端缀穗，盛装时饰贝壳和彩球。女子结婚后要剃光头，在包白布外再缠花纹头巾，至今如此，是已婚的标志。

15. 哈尼族服饰

哈尼族与彝族、拉祜族同源于古羌人，人口 125 万余人，主要居住在云南南部，自称哈尼的主要分布在红河自治州，自称雅尼、僾尼的分布在西双版纳和澜沧，自称碧约、豪尼、卡多的分布在思茅地区和元江县等地。

哈尼族支系多服饰也多，各支系男服大体相同，多为青布对襟上衣和长裤，缠黑或白头巾，束绣花腰带。西双版纳地区的哈尼族男服还在沿衣襟处镶两排大银片和银币，头缠螺旋状青布包头，上缀彩色羽毛鲜花等。

各支系女服较有特点的是僾尼服和叶车服。僾尼服是哈尼族的分支僾尼人的服饰，多为自染自织的藏青土布做成的对襟无领无扣短衣，肩和袖口镶彩色花边，裹围胸，下穿及膝百褶裙打绑腿。头饰最漂亮，头饰上有排列整齐的银泡、银币、绒球和珠穗，两耳边垂下两束鲜艳的彩线。15 岁开始系围裙染红牙齿，表示进入青年阶段，1～2 年后摘掉少女圆帽“欧厚”，改戴有银牌的“欧丘”，表示可以接受求爱，18 岁改“欧丘”为“欧昌”后缀银泡表示到已婚阶段。叶车服是哈尼族的另一分支叶车人的服饰，特点是上身穿三件不同式样的服装：汗衫、衬衣、外衣，像乌龟壳也称“龟式服”，外衣和衬衣都是无领对襟短衣，半圆形摆边，两侧圆形开口，襟边左侧镶 17 个假布扣，上衣的下角边镶各样彩色滚边。外衣要在衣襟边缘上折叠 9～12 层，表示穿 9～12 件衣服，以示财富。半裸右胸，传说右胸是留给情人的，左胸是留给丈夫的。下穿青色紧身短裤俗称“拉八”，裤口缝制多褶，中年妇女的短裙俗称“拉朗”无褶，外用一条一掌宽的红、黄、蓝三色线编织的腰带束腰，上佩银质大梅花片、银螺、银链。叶车姑娘头戴白色尖顶三角帽俗称“帕常”，边缘后端有彩线深红色锯齿形花边图案，妇女帽子类似基诺族妇女帽，用宽约 30 cm、长约 60 cm 的白布缝制，尾部略长似燕尾，燕尾边缘绣花里面有根线栓于发辫之上。

哈尼族女子服饰如图 5—39 所示。

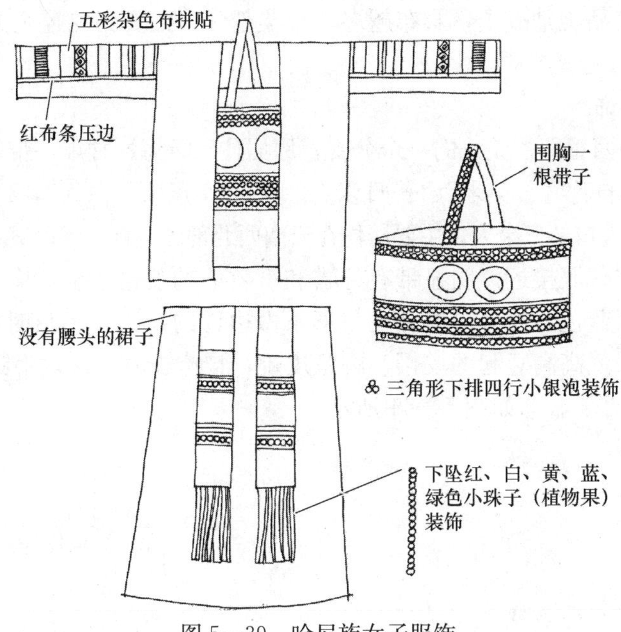

图 5—39　哈尼族女子服饰

哈尼族有崇尚黑色的习俗，传说古时有人在山上被鬼追，追的过程中衣服被植物染得青一块黑一块，结果鬼找不到他们了，因此为防鬼纠缠衣服都改为黑色；哈尼族还有崇尚鸟的习俗，因此服装上很多地方像鸟形，如男女腰部留有形似燕尾的“批甲”和“马乘”，即妇女遮臀的箭头形蓝布带和男子两肋下摆的开口。

16. 傈僳族服饰

傈僳族在唐代认为是当时“乌蛮”的一个组成部分，其名称从唐代沿用至今，历史上傈僳族和纳西族在族源上有密切关系。人口近 60 万人，主要居住在云南怒江傈僳族自治州各县。

傈僳族男子大都上穿麻布短衫下穿青色及膝长裤，裹腿包头或蓄发，有的系白围腰，佩挂刀箭袋。服装虽与邻近民族相似，但也有特殊之处，典型的是普遍穿乳白色底赭石色或蓝色细条纹的长衫，斜掩领中露出衬衣领子。左耳戴珊瑚耳坠。

女服因地区不同分为三类：怒江类、泸水类、永胜德宏类。怒江类是指怒江地区的傈僳族服饰，多穿白或黑条纹土布右衽大襟短衫，外加蓝红等色右衽大襟坎肩，下着宽大多褶麻布长裙，为白底有纵向青条纹，头戴红白料珠及贝壳穿缀成的“珠珠帽”俗称“欧勒”，喜戴由料珠和海贝串成的项链，数条齐戴以示富有，胸前挂“拉伯里底”，即用料珠玛瑙镶嵌而成的装饰带。已婚戴垂及肩部的大耳环。泸水类是指泸水等地的妇女服饰，上穿黑色大襟土布衣，下着黑色长裤系绣花围腰，缠黑头巾。永胜德宏类是指永胜德宏一带的妇女服饰，穿右衽大襟长衫，着过膝长裙，系围腰，将两片精美的三角垂穗缀彩球的饰品围于腰后，成为西南民族服饰中最典型的“尾饰”，缠护腿裹包头，衣裤喜用红、白、黄、绿布料镶拼而成，服装从上到下由前到后，到处镶缀着色彩鲜艳的布条组成几何图案，尤其以层层彩色绣边为多，遍及全身却毫不雷同，形成傈僳族女子服装的特色。

傈僳族女子服饰如图 5—40 所示。

德宏傈僳族服装色彩鲜艳对比强烈，穿戴起来就像一朵朵鲜花，传说古代战争中首领们用彩布包装奖品奖励战士，彩布越多，得奖越多，妇女为炫耀丈夫的功绩就在身上尽可能配上彩布。

17. 普米族服饰

普米族祖先为西番即古羌戎的一个分支，原居住于青海、甘肃一带，后逐渐南迁到川滇边区陆续定居，自称“普英米”“普日米”“培米”，意为“白人”，1960 年经本民族意愿改名为普米族。人口 2 万余人，主要居住在云南西北部的兰坪、维西县和宁蒗、永胜县。

普米族男服与藏服接近，明显带有狩猎和畜牧业的痕迹，上衣多为大襟立领布衣，下身穿长裤，喜黑蓝色，外套皮边翻毛与彩条做边饰的皮衣，天热时将皮袍置于腰间，两袖系于腰前。头戴高高竖起的皮帽，脚蹬皮靴，腰挎长刀，喜戴手镯戒指和耳环（仅限左耳）。普米族男子服饰如图 5—41 所示。

图 5—40　傈僳族女子服饰

图 5—41　普米族男子服饰

普米族女服有两大区域类别，一类是宁蒗、永胜一带的服饰，与纳西族摩梭妇女服饰相似，一般为高领右衽大襟长袖上衣，多为红色或紫色，外披羊皮坎肩，下穿白或浅蓝等浅色至脚面长百褶裙，劳动时常将裙从左面提起掖在腰间，腰间缠多层彩条毛织物腰带，男女均用，系在长衫之外，不露上衣下摆（与摩梭女服不同之处）。脚蹬长筒皮靴，头缠形态甚大的黑色包头和假发，带头垂及肩背，风格较为粗犷，与藏服更接近。另一类是兰坪、维西一带的服饰，多穿青色、蓝色、白色大襟短衣，外套黑色、白色、褐色绣花坎肩，上缀银扣，下着长裤扎麻布绑腿，系绣花围腰，穿自制牛皮鞋或草鞋，喜将发辫盘于头帕外，串缀红色料珠等饰品，或包头或戴小帽。

普米族女子服饰如图 5—42 所示。

普米族女裙中间也绣一道红线，说是祖先从遥远的北方南迁的路线，没有这条线，就会迷路回不了老家；普米少年 13 岁前只穿长衫腰系布带，不穿裙，也不穿裤，13 岁那天举行仪式即改装，男子上为短袄下为裤，女子上为短袄下为裙，腰系彩带，头缠牦牛尾编成的假发结。

18. **独龙族服饰**

有关独龙族的族源及历史，文献记载很少，但有很多传说和世系族谱，表明独龙族是独龙江、怒江一带最古老的居民，从语言上分析，独龙语属藏缅语族，凡是属汉藏语系、藏缅语族的民族都与古羌人有密切关系。独龙族人口 5 000 余人，主要居住在云南西北部的贡山独龙族怒族自治县的独龙江河谷。

新中国成立前，独龙江常年无商旅，独龙族虽会织麻布但不裁衣，男女均用一块麻毯披身遮羞，用草绳竹针固定，白天为衣夜晚当被。男子披“约多”，为长方形以两角系结于胸前，腰扎布带或麻绳，喜用麻布绑腿佩长刀挂箭包，喜将藤条染红做手镯或腰饰，独龙族开化较晚，服装具有原始趣味，现代男服与汉服大体相近。

女服为“独龙毯”，从左腋下缠至右肩，用竹别住，头包麻布下穿筒裙或裤，腰系染色藤圈，出门挂“搭吉”（小篾箩），随着经济文化的发展和生活的改善，服装发生很大变化，内着花衣外披五色线织成的独龙毯，头披大花毛巾，佩戴珠饰。

独龙族女子服饰如图 5—43 所示。

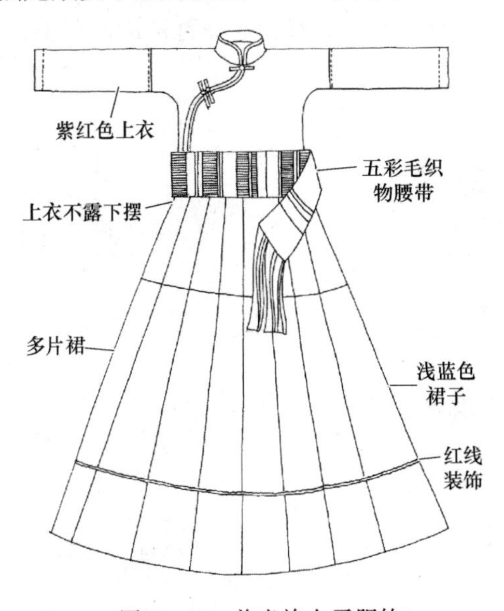

图 5—42　普米族女子服饰

图 5—43　独龙族女子服饰

独龙族妇女自古有文面习俗，以此为美，还是氏族标志。女子 12～13 岁开始文面，独龙江上游流行大文面，下游仅文嘴唇的下一圈或不文。

四、中东南地区主要少数民族服饰

1. **瑶族服饰**

瑶族起源历史悠久，又无文献记载，尚难以定论，但“长沙五菱蛮”“五溪蛮”的说法较普遍，因起源传说、生产方式、居住地区等原因，有“盘古瑶”“过山瑶”“茶山瑶”“红头瑶”“八排瑶”等 30 余种不同称呼，新中国成立后经民族识别统称为瑶族，人口200万余人，主要居住在广西、湖南、云南、广东、贵州、江西等地130多个县。

瑶族男服上衣分为左大襟和对襟两种，均束腰，裤子各地长短不一，比较有特色的是南丹的“白裤瑶”，以五大件为主：白或蓝布包头，对襟无扣短衣，青布腰带，白色紧腿短裤，青或白色绑腿。用料都是自织自染的土布，裤裆宽大便于行动，短紧的裤腿便于狩猎，白裤上有五条红线是纪念祖先的标志。

瑶族女服各地差异性较大，以田林式、贺县式、金绣式、南丹式最有特点。田林式多用自织自染的黑蓝土布，内衣是类似兜兜的胸衣，红色为底上镶银牌，四周与领口用红、黄、蓝、白镶边，外衣对襟无扣长过膝几乎与裤脚齐平，领口沿两襟至腰部绣五彩布边，衣外系长腰带，腰前挂长围裙，再系丝织花腰带，下穿长裤，脚穿布鞋，头饰是用两丈多的黑布包头，上有刺绣，或插鲜花；贺县式女服为上穿及膝对襟无扣上衣，领口至前胸两襟边绣彩色图案，两侧从腰部开衩，下摆及袖口镶有蓝白装饰花边，腰系花带下穿长裤，头饰是像塔形的帽子，是用十余层刺绣头帕重叠包起来的，再缀银饰和花穗，远看犹如彩色宝塔；金绣式女服为黑蓝色对襟上衣，外披花披背，颈胸用花带交叉缠绕，腰系短围裙，下穿长裤，着布鞋，头戴白色毛绒及花带缠绕的包头，上饰缀有彩穗的花帕；南丹式“白裤瑶”简洁质朴，上衣为无领无袖无扣贯头衣，两侧只用带子连接（冬季穿右衽有袖衣），后背采用蜡染或刺绣工艺绣花牌，下衣为蜡染百褶裙，系腰带绑腿。

瑶族女子服饰如图5—44所示。

图5—44　瑶族女子服饰

2. 畲族服饰

畲族起源目前有两种说法，一种认为是畲瑶同源，另一种认为是古越人的后裔，在公元7世纪，畲族人民就已居住生息在福建、江西、广东三省交界地区，宋代向福建东北一带迁徙，明清时定居福建、浙江等地。人口60万余人，主要居住在浙江、福建、江西、广东、安徽五省60多个县市山区，是我国统一多民族大家庭里较典型的散居民族之一。

畲族男服过去一般是麻布圆领大襟短衣、长裤，冬天套没有裤腰的棉套裤，老年扎黑头巾外罩背褡，婚服为青色长衫，祭祖时穿红色长衫，现在均已汉化，只有在节日中才能看到传统服饰。

畲族女子平时多穿自织自染的青蓝麻布上衣，在衣领、盘肩、袖口、右衽门襟处装饰花边，有的地区一年四季均穿短裤，裹绑腿，束腰带。“凤凰装”是畲族女子服饰最有特色的服装，在服饰和围裙上刺绣各种艳丽的图案纹饰镶金丝银线，已婚头戴畲族凤冠俗称“布冠”“竹冠”，将竹制成 7 cm 的筒形，用红布或花布缠绕以丝线穿石珠，挂在冠周，妇女梳螺旋式或筒式高髻，将冠戴于髻上用红绳系紧。

福建畲族女子盛装如图 5—45 所示。

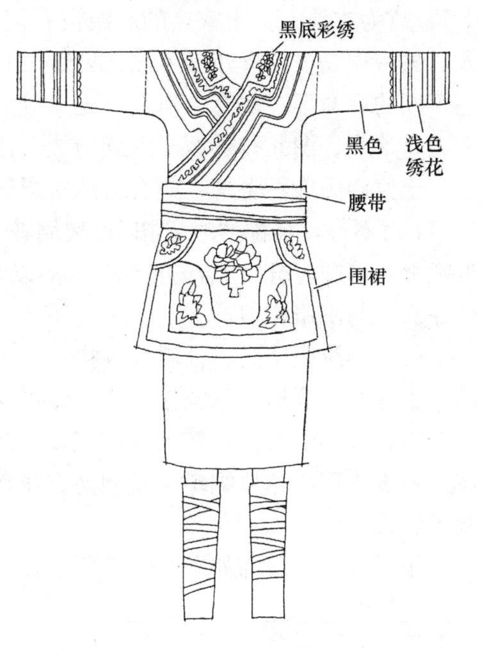

图 5—45　福建畲族女子盛装

传说畲族崇拜始祖盘瓠，曾居住在广东凤凰山上，所生女儿均赐凤凰鸟似的装束予以庇护，因此，畲族妇女流行凤凰装，象征万事如意；畲族花带俗称“定情带”，流行于江浙等地，姑娘用丝线精心编织 1～7 cm 的丝带 7～19 根，编成蝴蝶、蜻蜓、梅花、日月、井等图案花纹，做腰间装饰，并供捆扎衣物，订婚时将编织的鸳鸯彩带交给男方，结婚时用这根彩带将新娘牵入洞房，此后长系此带以示永不分离。

3. 壮族服饰

壮族最早见于宋代文献，是由古越人的一支发展而来，与周秦时期的西瓯、骆越，汉唐时期的傣、俚、乌浒，宋以后的僮人、土人等有密切关系。“壮”“布壮”是壮族的自称，另根据地区不同还有 20 余种称呼，新中国成立后统一为“僮”，1956 年经周恩来总理提议，经国务院批准改为“壮”。人口 1 500万余人，是我国人口最多的少数民族，主要居住在广西壮族自治区。

壮族男子多穿自织自染的青布对襟上衣，用布结代替纽扣，腰部用围布系带，下穿深色宽口长裤，有的缠腿有的缠头，脚穿云头布底鞋。

壮族女子一般是一身蓝黑色，头上包彩色印花毛巾，腰系精致围裙，上衣有大襟和对襟、无领和有领之分。桂北地区一般穿深蓝色或带花短衫，外套及腰的对襟无领上衣，胸前有两组布纽扣，露出带花内衣，外衣一般不绣花，也不镶边，裤子多为青黑色，裤脚上方镶一宽一窄两道红或蓝布条，头包花毛巾，脚穿绣花鞋；桂南地区女装多为短衣长裙，上衣为右衽大襟短小窄瘦的短衣，多为黑色或蓝色，裙子是黑色土布缝制的扇形百褶裙；桂西地区的女装一般是蓝色或白色右衽大襟布上衣，门襟不用扣，而用蓝、黑、白三色的带子系结，上衣环肩襟边镶绣一道三寸宽的花边，下穿黑裤外套百褶短裙，衣裙边镶绣花图案，俗称“古壮人”。

广西壮族女子盛装如图 5—46 所示。

壮锦是壮族妇女独特的手工艺品，始于宋代盛于清代，多用彩色丝线和细纱织成，色彩丰富质地牢固，富有民族特色，传说有个叫达吉妹的姑娘因不满织布技艺夜不能寐，有天见到蜘蛛网上沾着露珠在太阳光下五颜六色，很漂亮，于是受启发用各种色彩织出了漂亮的布匹。

4. 土家族服饰

土家族是一个历史悠久的民族，很早就定居在今湖南湖北西部地区，自称“毕兹卡”，意为本地人，土家族的起源没有记载，所以说法不一，一说来源于秦灭巴后的巴人，另一说是古代贵州迁入湖南西部的乌蛮一部，还有一说是唐末五代从江西迁徙的百艺工匠的后裔等，都有待研究。土家族人口 570 万余人，主要居住在湖南省湘西土家族苗族自治州、湖北省鄂西土家族苗族自治州。

土家族服饰不奢华，颇有古风，男子传统服装为对襟或琵琶襟短上衣，很多扣子，7～11 对不等，俗称“蜈蚣扣”，腰缠花板带，肩背袖口门襟等处镶有间色宽布条。下着宽裤，裤腿短裤口宽，打绑腿，多以 5 m 的长布缠头，多为黑或白色，四季不离，现在男服与汉服相似。

妇女传统服装为右衽斜襟大褂，袖大而短，领口、袖口、衣襟处镶有多种彩条宽花边，下穿八幅罗裙，每幅接缝处均镶以黄蓝色小花条，图案以如意花为主。有的穿大脚裤，裤脚镶彩色条纹，鞋面较讲究，一般用蓝色或粉红色的绸子做鞋面，鞋口滚边或挑花，鞋尖正面绣花草蝴蝶。发型挽髻或盘辫，戴帽或用布缠头，喜戴耳环、项圈、手足圈等银饰。

土家族女子服饰如图 5—47 所示。

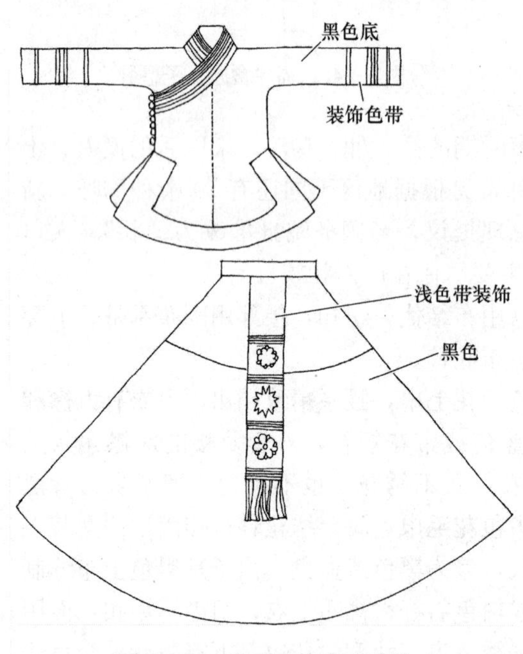

图 5—46　广西壮族女子盛装

图 5—47　土家族女子服饰

土家族特有的织锦叫“西兰卡普”，意为土花铺盖，名字来源于一个美丽的传说，有个叫西兰的姑娘善于织锦，织尽了所有名花异草，夜梦神仙邀她观看世界上最美的白果花，于是西兰半夜去观察，其嫂妒忌西兰的美丽和才华，向其父搬弄是非说半夜出门伤风败俗，结果西兰被父打死，为纪念她便将织锦命名为西兰卡普。西兰卡普是土家族姑娘必备嫁妆，织西兰卡普也是姑娘必学的本领。

5. **黎族服饰**

黎族源于古代百越的一支，在古籍上很早就有记载，“黎”这一称谓始于唐末，到宋代才固定下来沿用至今，是海南岛最早的居民。黎族人口 1 110 万余人，主要居住在海南省五指山一带，保亭、琼中两个黎族苗族自治县和白沙、陵水、昌江、乐东、东方五个黎族自治县。

黎族服饰体现了南太平洋区域服饰文化特点，由于分布地区不同以及方言的差别，主要分为侾黎、美孚黎、歧黎、本地黎、德透黎五个支系。在服饰上既有共性，又有差异，妇女服饰尤是如此。

黎族女子服饰如图 5—48 所示。

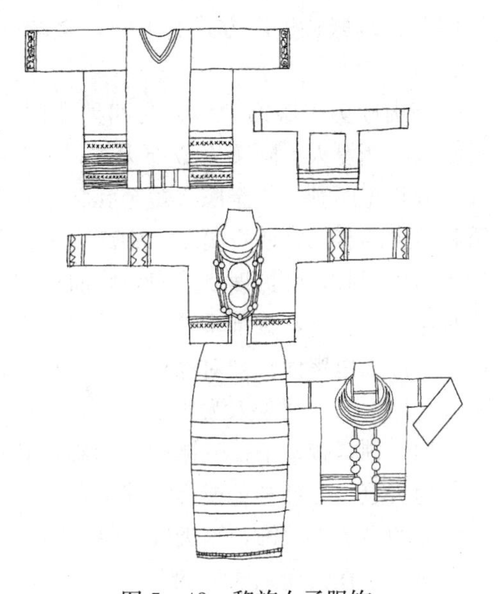

图 5—48　黎族女子服饰

侾黎又称哈黎，是黎族人数最多的支系，有的地区妇女穿无领对襟上衣，用线系扣，对襟的两边和下摆有花纹，襟前左右花纹的上端各系铜钱和小花球，衣背有道垂直的红线或白线，前片长后片短，前襟和下摆织有花纹，摆端系铜铃挂流苏，下身穿过膝长筒裙，裙中花纹以小方格几何图案为主，戴耳环包黑头巾。

美孚黎妇女系黑头巾，两端各有两道白色条纹，平领黑蓝色上衣用红线扣，衣背间有一道横条纹，衣袖口上端套绣一道白色花纹，下穿五光十色的华丽宽大筒裙长及脚面，裙子的合口折在前面。盛装时头插银钗，系银链和珠铃，手戴银圈。

岐黎又称杞黎，妇女头系黑色绣花有穗头巾，部分地区系红黄线织的菱形方格花纹头巾，上身内着菱形胸褂，外穿青、蓝色对襟无领或矮领上衣，衣襟有排列整齐的金属扣饰，下穿艳丽紧身过膝花筒裙，裙上织人物、动物、植物和几何图案，耳戴小耳环，颈饰各色料珠串成的多道项圈，胸挂银牌和珠玲，手脚戴银圈走路叮咚作响。

本地黎又称润黎，妇女穿黑色圆领贯头上衣，领口用白、绿两色珠串形成三条边，衣身前后用小珠连成方格的图案，袖口和下摆饰以贝纹、人纹、动植物纹，下穿色彩艳丽的紧身超短花筒裙，坐时下拉走时上提，纹饰以人和动物为主，小腿缠黑色绑腿。

德透黎又称赛黎，女子穿圆领蓝布、白布或红布镶边的上衣，下穿长及小腿的筒裙，花纹简单，裙子腰头和下摆多为横条彩纹或水波纹，头缠五尺长的黑色布头，插银钗银铃，戴项圈，胸挂珠铃，腰系银链，戴耳环玉镯等。男子服饰一般为对襟无领无袖上衣，留长发结髻，用红布或黑布缠头，下身穿前后两幅吊布，有的地区穿裤，有的地区戴耳环，现代男服大多与汉服相似。

黎族文身历史悠久，据文献记载，早在 2 000 多年前就有文身习俗，传说洪水毁灭了人类只剩下一对兄妹，为繁衍人类，妹妹文面使哥哥认不出来于是才得以成婚繁衍；

黎族有儋耳习俗，大耳环多为锡制直径长达 20 cm，每耳穿孔不少于十个，戴又大又重的耳环把耳垂也拉长了，有时由于分量过重，只得将两耳垂下方拎起来倒扣在头上。

6. 高山族服饰

高山族是指台湾原住民，石器时代从中国内陆迁来的越人和不同时期来自不同地区的人一起生活逐渐形成单一民族："东番"或"番族"。高山族是中国政府对台湾地区南岛语系各族群的统称，人口 40 万余人，主要分布在台湾东部沿海纵谷草原及岛屿上，在福建省等地也有少数人口。

由于台湾气候温暖，高山族服饰没有明显的四季变化，以裸为美，在过去高山族习惯于裸形跣足，仅以麻布或树皮遮羞，喜欢佩戴由贝壳、兽骨、羽毛、花草、竹管、钱币等制成的装饰品。接触汉文化后，逐渐变为男穿长衫女着裙。由于高山族各族群的自然环境、地域、生产方式的不同，服饰也各有特点，但由于台湾地域狭小，各族群服饰又有所影响。

高山族男子服饰大体分为四种类型：北部型、中部型、南部型、岛屿型。北部型以泰雅人、赛夏人、阿美人服饰为主，上穿以窄幅麻布为衣料缝制的对开前襟的无袖筒上衣，分长短两种，长至膝，短至肚脐。盛装以白色为底，胸前背后绣几何花纹，再加上挑绣和珠贝的装饰，庄重美观。中部型主要以邹人和布农人为代表，以鹿皮为原料，上衣为带毛鹿皮背心，外披鹿皮坎肩，胸前挂方形胸袋，下身是方形斜布折叠的三角形腰袋。盛装时穿挑绣胸衣，腰部垂黑布，再加上鹿皮套臂和套裤。邹人老者礼服更隆重，盛装之外再罩一件红里黑面长袖对襟外衣，头戴皮帽，脚蹬皮靴，威武庄重。南部型以排湾人、鲁凯人、卑南人、阿美人为代表，上衣为对襟长袖上衣和背心形短褂，腰部系半腰裙或宽腰带，袖、领、腰、下摆处镶细条的彩色花边。排湾、卑南的贵族以豹皮为披肩，以豹牙、鹿角为头冠，下穿彩色或挑绣棉布套裤，平民只用黑布缠头，跣足无履。岛屿型主要指兰屿岛上的雅美人服饰，因天气炎热，除有时穿植物纤维制作的对襟短衣或背心外，男子不穿衣裤，只在腰间系丁字带，过去用植物纤维制作现用棉布，为避暑，头戴藤盔或木盔。

高山族女子服饰大体分三种：短衣长裙式、长衣下裳式、裸露式。短衣长裙式以泰雅人、夏赛人、邹人、阿美人为主，上身穿对襟长袖短衣，仅披胸背、腰缠长裙，胸前挂一块斜方胸衣，形似肚兜，皆穿膝裤以遮下腿；长衣下裳式以布农人、鲁凯人、排湾人为主，上穿白麻布窄袖长衣，在袖与肩的部位有滚边刺绣，下穿到膝长裤或长裙，外罩围裙，以黑布或红布缠头，赤足；裸露式主要指雅美人的服饰，上身只穿背心，下身只横围一块腰布，冬季用一块方布自左肩围裹全身，头戴木片制成的八角头盔，赤足，盛装时胸前佩戴数条玛瑙或玻璃项链。

高山族阿美人女子服饰如图 5—49 所示。

图 5—49　高山族阿美人女子服饰